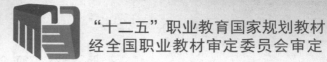

"十二五"职业教育国家规划教材
经全国职业教材审定委员会审定

现代通信技术

第五版

XIANDAI TONGXIN JISHU

主　编　庄宜松

副主编　范泽良　许　斌

参　编　谢忠福

主　审　张卫国

U0216072

重庆大学出版社

内 容 简 介

本书主要介绍了现代通信技术的基本原理和技术要点,同时也介绍了现代通信系统的基本组成、新技术和发展趋势。

全书共 12 个项目,主要介绍通信技术的基本概念和系统指标,模拟通信技术,模拟信号的数字传输、建立数字通信和模拟通信的有机联系,复用与数字复接技术,数字信号的基带传输,数字信号的频带传输,差错控制编码,同步在通信中的意义与地位,并讨论了同步的种类及各自的原理,几种正在使用的现代通信系统。本书推荐教学时数为 60 学时。

本书可作为高职高专通信、电子类专业或同等学历相近专业的教科书,也可作为相应专业工程技术人员的参考用书。

图书在版编目(CIP)数据

现代通信技术 / 庄宜松主编. --5 版. --重庆 :
重庆大学出版社,2019.8(2023.7 重印)
高职高专电子技术系列教材
ISBN 978-7-5624-8897-2

Ⅰ.①现… Ⅱ.①庄… Ⅲ.①通信技术—高等职业教
育—教材 Ⅳ.①TN91

中国版本图书馆 CIP 数据核字(2019)第 148643 号

现代通信技术
(第五版)
主 编 庄宜松
副主编 范泽良 许 斌
责任编辑:杨粮菊 版式设计:杨粮菊
责任校对:刘志刚 责任印制:张 策

*

重庆大学出版社出版发行
出版人:饶帮华
社址:重庆市沙坪坝区大学城西路 21 号
邮编:401331
电话:(023) 88617190 88617185(中小学)
传真:(023) 88617186 88617166
网址:http://www.cqup.com.cn
邮箱:fxk@ cqup.com.cn(营销中心)
全国新华书店经销
重庆市远大印务有限公司印刷

*

开本:787mm×1092mm 1/16 印张:15 字数:376 千
2019 年 8 月第 5 版 2023 年 7 月第 12 次印刷
印数:22 231—23 230
ISBN 978-7-5624-8897-2 定价:39.80 元

前言

本书是普通高等教育"十一五"国家级规划教材,是"十二五"职业教育国家规划教材。为适应新时代高职高专教育的需要,针对高职高专学生的实际情况,依据"够用为度、重在实用"的原则,在总结了许多工作在高职高专教育第一线的教师的经验和现代通信技术发展成果的基础上,在前四版成功的基础上,采用项目化加任务的模式编写成本书。

根据职业技术教育的特点,本书在编写过程中放弃了以前的教材对"系统性、完整性、权威性"的强调,把重点放在"实用性"方面,强调理论和实际的结合,同时加强了课程之间的融合,打破原有的课程界限,将以前分别在通信原理、通信系统、数字通信原理、光纤通信、移动通信、卫星通信等课程的内容有机地结合在一起;使学生在有限的学时内掌握现代通信技术的基本原理和系统构成,了解现代通信技术的新成果和发展的新趋势。

本书共分为 12 个项目,主要以数字通信技术为主,对数字基带信号的传输、数字信号的频带传输、差错控制编码等数字通信原理做了简明实用的分析,同时兼顾到知识的连贯性,也编入了模拟通信技术、模拟信号的数字传输、复用与复接等数字与模拟结合的技术内容,并简要介绍了几种现代通信系统的实际组成与应用。删除了传统的通信原理课程中大量繁冗的数学运算,以简单明了的语言,将现代通信技术的基本原理和系统构成基本阐述清楚。

本书由庄宜松担任主编,制订本书的编写大纲及负责全书的统稿和审阅工作,并编写了概论、项目 5、项目 8、项目 9、项目 10 和项目 11。范泽良任副主编,参与了全书稿件的审阅,校对了本书的全部插图,并编写了项目 3、项目 4、项目 6 与附录。许斌任副主编,参与了全书稿件的审阅并编写了项目 7 和项目 12。谢忠福编写了项目 1 和项目 2。深圳润迅通信集团有限公司高级工程师张卫国审阅了全稿,并提出了许多中肯的修改意见。

1

本书在 2004 年出版了第一版之后,紧盯通信技术的发展,不断更新内容,于 2007 年 9 月、2012 年 4 月和 2015 年 3 月相继出版了第二版、第三版和第四版。前四版教材得到很多使用本教材的院校师生的肯定。此次在听取了使用院校师生的意见之后,依照高职高专的新教学要求重新进行了编排。

　　本书能够顺利出版,得到各参编老师所在院校领导的大力支持,离不开重庆大学出版社理工分社编辑们的辛勤劳动,在此表示诚挚的感谢。

　　由于编者水平有限,书中错漏之处在所难免,恳请广大读者批评指正。

编　者
2019 年 4 月

目录

绪　论

1.通信的定义与发展

（1）通信的定义

通信（communication）的一般定义是指人类利用自身所掌握的各种技术手段，克服空间的限制，完成不同地点之间的信息传递与交换。信息交流是人类的生产和社会生活的客观需要，人们利用各种不同的方法以完成信息的交流，如古代的烽火台、消息树和近代的信号灯，现代的电报、电话、传真等。伴随着人类社会生产力的发展，随着电和无线电的发现，利用电信号完成信息传递的方法被不断完善，以至于现代"电信（telecommunication）"几乎就成了"通信"的代名词，因此本书所述"通信"如无特殊说明均指"电信"。也就是说，本课程所讨论的"通信"可以重新定义为：利用电子技术等手段，借助于电信号（含光信号）实现的两个或两个以上不同地点之间的信息传递与交换。

（2）通信的发展

远古时代，人类的生产力不发达，需要远距离传递的消息往往以书信的形式，通过人力或畜力（马匹等）的长途传递完成，这种实物或文字信息的传递需要的时间较长。而对于较为紧急的事情如外敌入侵等，则依靠"烽火台"传递消息，其信息量又十分有限。由于存在着信息传递的传递时间与信息量的矛盾，人们为了在尽量短的时间内传递尽量多的信息，不断地尝试用各种所能找到的最新技术手段。随着电的发现，人们开始尝试利用电来传递信息。1835年莫尔斯电码出现，1837年发明的莫尔斯电磁式电报机标志着电信时代的正式开始。之后利用电进行通信的研究取得了长足的进步，在信息传递的数量、传播的速度和范围等方面均获得了迅速的发展，在1866年利用海底电缆实现了跨大西洋的越洋电报通信。1876年贝尔发明了电话，利用电信号实现了语音信号的有线传递，使信息的传递变得既迅速又准确。随着无线电的发现，1896年马可尼发明了无线电报，并于1901年实现了横跨大西洋的无线电报通信。随着电子管的发明，微弱的电信号可以被放大，而使电报、电话的传播距离更加遥远。

进入20世纪以来，随着晶体管、集成电路的出现与普及，无线通信迅速发展。特别是在20世纪的后半叶，伴随人造地球卫星的发射，大规模集成电路、电子计算机和光导纤维等现代科技成果问世。通信技术在几个不同的方向上取得了巨大的成功。首先是微波中继通信使长距离、大容量的通信成为现实;移动通信和卫星通信的出现,使人们随时随地通信的愿望得以实现;光导纤维的出现更是将通信容量提高到了以前想象不到的地步;而电子计算机的出现,则将通信技术推上了更高的层次,借助现代电信网和计算机的合作,人们将世界变成了地球村;而微电子技术的发展,使通信终端的体积越来越小,成本越来越低,越来越普及。

随着现代电子技术的发展,通信技术正在向着数字化、网络化、智能化和宽带化的方向发展。信息的内容与格式也向着多样化、多媒体化转变,使用方法更加个性化。随着科学技术的进步,人们对通信的要求会越来越高,各种新技术不断地应用于通信领域,各种新的通信业务将不断地被开发出来。人们的生活将越来越离不开通信。

2.通信系统的分类与构成

(1)通信系统的分类
①按信号特征分

按照信道中传输的是模拟信号还是数字信号,可以将通信系统分成模拟通信系统和数字通信系统。

凡信号的某一参量(如振幅、频率、相位等)可以取无限多个数值,且直接与消息相对应的,称为模拟信号。凡信号的某一参量只能取有限个数值,且常常不直接与消息相对应的,称为数字信号。从信号的特征上来看,模拟信号常常又被称为连续信号,数字信号常常又被称为离散信号。但并非所有时间上离散的信号就一定是数字信号,而时间连续的信号也不一定就是模拟信号,如时间上离散的 PAM 信号(将在项目 2 中说明)实际上是一种模拟信号,而时间上连续的 FSK,PSK(将在项目 5 中说明)信号却是数字信号。

②按传输媒质分

通信系统按照使用的传输媒质的形态可以分成有线通信系统和无线通信系统两大类。典型的有线通信系统如电话、有线电视、海底光缆等,需要依靠如架空明线、同轴电缆、光导纤维或波导管等有形的传输媒质完成通信任务。而典型的无线通信系统如广播、微波通信、卫星通信等,均依靠电磁波在空间的传播来完成通信。

③按传输方式分

根据信号在传输的过程中是否进行了调制,可将通信系统分成基带传输和频带传输两种。一般由消息直接转换得到的信号称为基带信号,传输基带信号的通信系统称为基带传输系统。经过调制后的信号称为已调信号或频带信号,如果通信系统中传输的信号是频带信号,则称该系统为频带传输系统。

④按工作波段划分

按照通信系统工作的不同频段可以将其划分为长波通信、中波通信、短波通信、微波通信和光通信等。

⑤按通信终端是否可移动分

按通信终端是否具备移动的条件划分,可将通信系统划分为固定通信和移动通信两种。

⑥按多址连接方式分

按不同的多址连接方式可将通信系统分成频分多址通信、时分多址通信、码分多址通信和空分多址通信。

⑦按通信业务类型分

通信系统按通信业务类型划分,可分为话务通信和非话务通信。电话作为话务通信的代表一直在通信领域中占据着重要的地位。而随着科技的发展和人类生产、生活的需求的提高,随着计算机和因特网的普及,各种数据通信、图像通信等非话务通信的业务量大幅度增长。

⑧按信道的复用方式划分

通信系统的多路信号传输主要有三种信道复用方式,即频分复用、时分复用和码分复用。传统的模拟通信系统主要使用频分复用方式,随着数字通信系统的普及,时分复用方式和码分复用方式的应用逐渐被广泛采用。

(2)通信系统的构成

通信系统是用于完成信息传输的全部设备和传输媒介的总称。其基本模型如图0.1所示。由信源、发送设备、接收设备、信宿和信道组成。

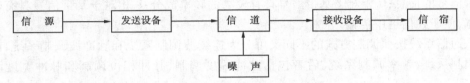

图 0.1 通信系统基本模型

信源又称为信息源或发终端,是信息的产生地,是各种消息转换成电信号的转换器,信源输出的信号称为基带信号。根据消息的内容不同,信源可以分成音频信源、视频信源和数据信源等。而根据转换后输出的基带信号的类型,又可将信源分为模拟信源和数字信源。

发送设备是用于将信号发送出去的设备和电路的总和概念,包含很多具体的电路和设备。主要作用是将信源产生的基带信号转换成适合于信道传输的频带信号。发送设备的典型组成包括在模拟通信系统中的调制、放大、滤波和发射等功能模块,以及在数字通信系统中特有的编码、加密等功能模块。

信道是信号传输的通道,其对信号的传输性能直接影响系统的通信质量。从形态上划分,信道主要分成有线信道和无线信道两种。

接收设备也是若干设备和电路的总称,其作用与发送设备的作用正好相反。接收设备主要完成从接收到的信号中正确恢复原始基带信号的工作,如解调、译码等。

信宿又称为受信者或收终端,是信息传输的终点。其作用是将电信号转换成原来的消息。

图0.1中的噪声不是人为制造的设备。在通信的过程中,通信设备要受到来自系统内外各方面的噪声干扰,通信的各个环节以及每一台设备都有可能产生噪声。为了更方便地分析问题,将各种噪声源汇总归一等效为由信道引入。

针对模拟通信系统和数字通信系统各自的特点,下面分别进行讨论。

①模拟通信系统

模拟通信系统信道中传输的是模拟信号,其系统模型如图0.2所示。

从图0.2中可以看出,模拟通信系统的模型与图0.1所示的通信系统基本模型非常相似,其工作过程主要完成两类变换:一类是原始消息和电信号的相互转换,把原始消息转换成电信号的过程由信源完成,把电信号恢复成为原始消息信号的过程由信宿完成;另一类是基带信号和频带信号的相互转换,把信源发出的基带信号转换成适合信道传输的频带信号的过程由调制器完成,把接收到的频带信号转换成基带信号的过程由解调器完成。除此以外,通信系统完成通信任务尚需要完成滤波、放大、发射、接收和控制等过程,只是相对于前述的两类变化来说,这些过程不起决定性的作用,所以讨论重点将放在两类信号的转换过程中去。

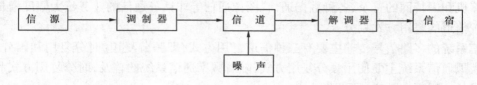

图 0.2　模拟通信系统模型

基带信号由于下限频率较低、相对带宽较大,不太适合在信道中传输,一般需要把它变换成为较适合于信道传输的频带信号。频带信号又称为已调信号,通常具有以下三个特点:a.携带有基带信号的信息;b.相对于基带信号具有较高的频率成分;c.相对于基带信号具有较小的相对带宽,便于在信道中传输。

模拟通信系统按照调制方式的不同又可分为连续波调制系统和脉冲波调制系统,前者包括振幅调制系统、频率调制系统,后者包括脉冲幅度调制、脉冲相位调制和脉冲宽度调制等系统。

模拟通信系统具有占用频带宽度较窄、频带利用率较高和设备简单、成本较低的优点。同时也具有抗干扰能力差,不易保密,以及不易集成化和不便于与计算机连接等缺点,使得模拟通信系统的使用量越来越少。

②数字通信系统

信道中传输数字信号的通信系统称为数字通信系统。数字通信系统的一般模型如图 0.3 所示。

从图 0.3 中可以看出,数字通信系统与模拟通信系统相比就是在调制器之前增加了两个编码器,相应地在解调器之后增加了两个译码器。其余部分与模拟通信系统基本一致。

信源编码的主要任务是完成信号的模数转换和数据压缩,如果信源送来的是模拟信号,那么信源编码需包含一个将模拟信号转换成数字信号的模/数转换器。信源编码可以提高通信系统的有效性。接收端的信源译码的作用与信源编码刚好相反。

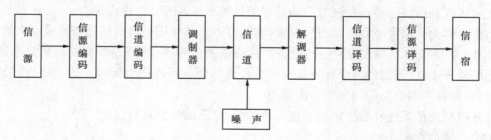

图 0.3　数字通信系统模型

信道编码又称为抗干扰编码或纠错编码,它将信源编码器输出的数字基带信号按照一定的规律人为地加入多余码元,以便在接收端的信道译码器中发现或纠正码元在传输过程的错误,这样可以降低码元传输的错误概率,提高通信系统的可靠性。

调制器对经过前述两种编码得到的数字基带信号进行调制,调制的方法可以和模拟通信的调制方法一致,但考虑到数字信号的特点,数字调制往往采用键控方式调制,如振幅键控(ASK)、频率键控(FSK)和相位键控(PSK)。解调也可以采用与模拟解调相同的方法,但更多地采用与三种键控调制相对应的专用解调器。

数字通信系统还有一个同步问题未在模型中表现出来。数字通信系统收发两端必须同步,即建立一种收发两端相一致的时间关系,如此方能确定每一码元的起止时刻,并确定接收码组和发送码组之间的正确对应关系。同步的种类主要有:位同步、码元同步、帧同步和载波同步等。

数字通信和模拟通信相比,具有以下的优点:

- 抗噪声性能好。
- 接力通信时可采用再生中继的办法消除噪声积累,实现高质量、远距离通信。
- 由于采用了信道编码技术,使通信误码率大为降低,提高了通信的可靠性。
- 便于加密,保密性好。
- 便于与计算机等数字终端设备连接,可以方便地实现数字信号的处理、存储和交换。
- 便于集成化,使数字通信设备的成本迅速降低。

当然,数字通信系统也有一些缺点。如系统和设备较复杂、占用频带较宽等,其中最突出的就是占用频带过宽问题。然而随着卫星通信、光纤通信等宽带通信技术的日益发展与成熟,频带宽度这个制约通信发展的瓶颈已被突破,使数字通信得到迅速的发展,正在逐步取代模拟通信系统而成为现代通信系统的主流。

3.信道与噪声

任何一个通信系统都不可能离开信道而独立存在,信道的特性将直接影响通信的质量。而噪声以各种形式存在于各种通信系统中,虽然我们不喜欢它的存在,但它却是一个不可回避的客观现实。为了提高通信系统的有效性和可靠性,必须掌握信道和噪声的特性。

(1)信道的定义与分类

一般来说,信号的通道就称为信道。通常将仅指传输媒质的信道称为狭义信道。在通信理论的研究中,信道的范围还可以扩大,除了传输媒质之外,包括与信息传输有关的转换设备,如馈线与天线、调制器和解调器、发送与接收放大器等,均包含在信道以内,称为广义信道。

狭义信道按照传输媒质的特性可分为有线信道和无线信道两类。有线信道包括架空明线、电缆、波导管和光缆等可以看得见的、有形的传输媒质。无线信道包括中长波地表传播、短波电离层反射、微波视距传播(含微波接力和卫星通信)等不属于有线信道的信道。一般来说,有线信道的传输特性稳定可靠,无线信道则具有方便、灵活、可移动等特点。狭义信道是广义信道十分重要的组成部分,其特性在很大程度上决定了通信系统通信效果的好坏。

广义信道是从信号传输的观点出发,针对所研究的问题来划分信道。可以将广义信道划分为调制信道和编码信道,其划分如图 0.4 所示。

调制信道的输入和输出均是已调信号,既可以是数字已调信号,也可以是模拟已调信号。因为已调信号的瞬时值是连续变化的,所以常将传输这种信号的调制信道称为连续信道。编码信道是从研究编码和解码的角度定义的,无论是信源编码或是信道编码,传输的都是离散的数字信号,所以编码信道又称为离散信道。

根据信道特性参数的变化速度,可将调制信道分为恒参信道和随参信道。恒参信道的参数随时间的变化缓慢或不随时间变化。随参信道(或称变参信道)的参数随时间随机变化。一般情况下可以认为:有线信道基本上是恒参信道,无线信道基本上是随参信道。

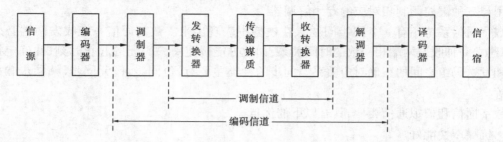

图 0.4　调制信道与编码信道的划分

编码信道中传输的是数字信息,根据传输信息的码元差错与前后码元差错是否相关,可将编码信道划分为无记忆信道和有记忆信道。如果当前码元的错误与前后码元的错误无关,则称该信道为无记忆信道。如果当前的码元错误与前后码元的错误相互关联,则称该信道为有记忆信道。

至此已基本弄清楚了信道的定义和分类,现将它们的分类关系概括如下:

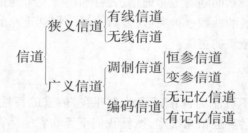

(2)信道中的噪声

从广义上讲,通信系统中有用信号以外的有害信号均可称为噪声。习惯上把周期性的、有规律的有害信号称为干扰,把其他有害信号称为噪声。本书对干扰和噪声未加区分,统称为噪声。

噪声的种类很多,可以有很多种分类方法。按照其来源划分,可以分成人为噪声、自然噪声和内部噪声三种。其中人为噪声是指人类活动产生的各种噪声,包括工业噪声和无线电噪声,如各种电开关的接触噪声,其他电台的干扰等;自然噪声是指各种自然现象产生的各种噪声,如雷电干扰、太阳黑子和宇宙射线等;内部噪声是指通信系统内部的电子元器件产生的各种噪声,如电阻等导电体因为内部自由电子的热运动而产生的热噪声、真空器件与半导体器件中由于电子发射的不均匀引起的散弹噪声等均属于内部噪声。

根据噪声的性质,可将噪声划分为单频噪声、脉冲噪声和起伏噪声。单频噪声是指噪声频谱为单频或窄带频谱,这类噪声主要来源于无线电干扰,其特点是持续的连续波干扰;脉冲噪声是时间上不规则的突发脉冲干扰,如工业上的电火花、雷电等,其特点是干扰脉冲持续时间短、幅度大、无周期及干扰脉冲之间有较大的间隔等;起伏噪声是一种连续波随机噪声,如热噪声、散弹噪声和宇宙噪声等,其特点是具有很宽的频带并且始终存在,是影响通信质量的主要因素。

通过上述的讨论,了解了噪声的许多种类,但对通信系统的干扰最大,对通信质量的影响

$$\eta = \frac{码元速率}{频带宽度} \tag{0.4}$$

对于采用二进制传输时的系统频带利用率可以表示为：

$$\eta = \frac{信息速率}{频带宽度} \tag{0.5}$$

衡量数字通信系统可靠性的指标是差错率,常用误码率和误信率表示。它们表示的是接收到的数字信号发生错误的概率。

④误码率 P_e

误码率 P_e 又称为码元差错率,是指发生差错的码元在传输码元总数之中所占的比例,即码元在通信系统中被传错的概率。

$$P_e = \frac{单位时间内接收的错误码元数}{单位时间内系统传输的码元总数} \tag{0.6}$$

⑤误信率 P_b

误信率又称为信息差错率,是接收的错误信息量与传输信息总量之间的比值。

$$P_b = \frac{单位时间内接收的错误比特数}{单位时间内系统传输的总比特数} \tag{0.7}$$

显然,误码率和误信率越低,数字通信系统的可靠性就越高,通信质量越好。

小　结

1.通信的基本概念。本课程所讨论的"通信"是指利用电子等技术手段,借助于电信号(含光信号)实现的两个或两个以上不同地点之间的信息传递与交换。

2.通信的分类。通信的分类有很多方法,按系统传输信号的特征可以将通信系统分为模拟通信系统和数字通信系统。两种通信系统有各自不同的特点,但是不论什么样的通信系统,其最根本的任务是完成信息的传输。

3.信道。信号的通道就称为信道,通常将仅指传输媒质的信道称为狭义信道。狭义信道按照传输媒质的特性可分为有线信道和无线信道两类。

4.噪声。从广义上讲,通信系统中有用信号以外的有害信号均可称为噪声。习惯上把周期性的、有规律的有害信号称为干扰,把其他有害信号称为噪声。本书对干扰和噪声未加区分,统称为噪声。

5.通信系统的性能指标。衡量通信质量好坏的两个主要指标是有效性和可靠性。对于模拟通信系统而言主要是传输带宽和信噪比,而对数字通信系统则主要有码元速率、信息速率和误码率、误信率等指标。

思考与练习

1.通信系统是如何分类的？

2.画出通信系统的基本模型,并简要说明各模块的作用。

3.模拟信号与数字信号的区别是什么？

4.数字通信系统的特点是什么？

5.信道是如何分类的？

6.对通信质量影响最大的噪声主要是什么类型的噪声？有何特点？

7.数字通信系统传送的是二进制信号,其码元速率 $R_{B2}=3\ 600\ B$,试求该系统的信息速率 R_{b2}。若该系统的码元速率不变,改传输八进制信号,相应的信息速率 R_{b8} 是多少？

8.已知某系统的码元速率为 $2\ 400\ kB$,接收端在一小时内收到 $1\ 728$ 个错误码元,试计算系统的误码率 P_e。

【项目描述】

本项目主要包含模拟通信系统的构成,模拟信号的特点,模拟基带信号的传输技术,模拟通信系统的性能指标,模拟调制的基本原理以及各种模拟调制系统的抗噪声性能等知识。

【项目目标】

知识目标:

- 了解模拟通信系统的基本概况;
- 掌握模拟基带信号的传输原理;
- 掌握双边带调制、单边带调制、振幅调制的原理;
- 了解非线性调制的原理;
- 了解各种模拟通信系统的性能比较。

技能目标:

- 掌握各种调制系统中已调波频谱和基带信号频谱之间的关系;
- 掌握各种调制解调系统输入、输出信噪比的计算方法,进而完成各种系统的抗噪声性能分析。

【项目内容】

通过前面的学习,已经知道通信系统分为模拟通信系统和数字通信系统。目前,尽管数字通信技术发展非常迅速,而且有逐步替代模拟通信的趋势,但模拟通信有着庞大的设备保有量和成熟的技术,因此,模拟通信目前仍被大量使用,并且将与数字通信系统并存相当长的一段时间。

(1)模拟通信系统的构成

在电话通信中,发信者是人,而信号的形式是声音。为了将声音传输到接收端,必须要由通信系统设备进行相应的处理和变换,其过程如图 1.1 所示。模拟通信系统框图主要由信源、输入变换器、发送设备、信道、接收设备、输出转换器、受信者和干扰源组成。图中发送设备和接收设备对信号的处理变换起着决定性的作用,它们是保证通信系统质量和效率的关键。

图 1.1 中的信源是消息的来源,故简称为信源。输入转换器担负着将输入的消息(如声

音、图像等)变换为电信号的任务。当输入消息为非电量时,必须有输入转换器;当输入为电信号时,可以不使用输入转换器,直接进入发送设备。发送设备将基带信号变成适合信道传输的信号,以使信号和信道特性相匹配。如采用频带传输时,发送设备可由调制器、振荡器、放大器、滤波器等多个部件组成。信道是信号的传输媒质,不同的信道有不同的特性。接收设备将信道传输来的信号进行处理,以恢复出与发送端基带信号一致的信号。在频带传输中,接收设备可由解调器、滤波器等部件组成。输出转换器是将接收设备输出的电信号变换为原来形式的消息(如声音、图像等)。此外,把信号在传输过程中混入的噪声及由干扰引起的信号失真称为干扰源,通常都把它们等效于信道的干扰源来进行分析。

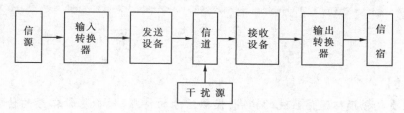

图 1.1　模拟通信系统框图

(2)调制的意义与分类

在实际通信中,若基带信号要进行频带传输就必须对基带信号进行调制。因此,调制是各种通信系统中的重要组成部分,它把基带信号的频谱搬移到一定频带范围以适应信道的传输要求,其所起的作用是非常大的。第一,使信号与信道特性相匹配。由于信源端直接产生的信号大多数为低通型信号,而大多数信道为带通型信道,为使低通型信号能在带通型信道中传输,就需要调制,这样调制的目的是把调制信号的频谱搬移到信道的通频带内,使信号频谱特性和信道特性相匹配。第二,实现频分多路复用。由于信道的带宽一般远大于某个单路信号的带宽,若在一个信道上仅传输单路信号会造成极大浪费(如要在一个信道上实现多路信号传输),而且各路信号互不干扰,此时可采用调制将各路信号所占的频带在信道通带内一个接一个地排列,并且互不重叠,从而实现多路通信。由于这种复用是以频带位置不同而区分信号,因此称为频分复用。第三,便于电波辐射。根据电磁波传播原理,要使电磁能量有效地耦合到空间,天线的尺寸要与传输信号波长相当。如要将频率为 3 kHz 的信号有效辐射,天线尺寸约需 10^5 m,这实际上是无法实现的,若用其对 3 GHz 载波进行调制,天线尺寸只需 10 mm左右就可以了。第四,充分利用现有的频率资源。随着通信、广播、电视等的发展,空间频率资源越来越紧张,通过调制,可对频率资源进行有效分配,使通信、广播、电视等在指定的频段工作而互不干扰。第五,减小干扰。由于干扰信号的时间、频谱位置是不断变化的,可以通过调制减小干扰的影响,实现通信;也可以通过调制减小信号的相对带宽,降低设备的制作难度;同时调制还可以把信号安排在人们特意设计的频段中,使滤波、放大等处理变得容易实现。

调制的实质是频谱变换,把携带消息的基带信号的频谱搬移到较高的频率范围。经过调制后的已调信号应具有两个基本特性:一是仍然携带有消息,二是适合于信道传输。

根据调制信号、载波信号及调制器功能等的不同,可将调制分为以下几类:

①根据调制信号的不同可分为模拟调制和数字调制。在模拟调制中,调制信号是连续变

化的模拟量,一般以单音正弦波为代表;而在数字调制中,调制信号为离散的数字量,一般以二进制数字脉冲序列为代表。

②根据载波的不同,又可把调制分为连续载波调制和脉冲载波调制。在连续载波调制中,载波信号为连续波,一般以高频单音正弦波为代表;而在脉冲载波调制中,载波信号为脉冲波形,一般以矩形周期脉冲为代表。

③根据调制器功能的不同,调制可分为幅度调制、频率调制、相位调制。其中幅度调制是用调制信号去控制载波信号的振幅参量(如调幅 AM、脉冲调幅 PAM、振幅键控 ASK 等);频率调制是用调制信号去控制载波的频率参量(如调频 FM、脉冲频率调制 PFM、频率键控 FSK等);相位调制是用调制信号去控制载波信号的频率参量(如调相 PM、脉冲相位调制 PPM、相位键控 PSK 等)。

④根据调制器频谱搬移特性的不同可将调制分为线性调制和非线性调制。在线性调制中,输出已调信号的频谱和调制信号的频谱之间呈线性搬移关系,如调幅(AM)、单边带调制(SSB)等;而在非线性调制中,输出已调信号的频谱和调制信号的频谱之间不存在线性搬移关系,如调频(FM)、调相(PM)等。

在模拟通信中,可靠性通常用系统的输出信噪比和失真来衡量。通常收端恢复的信号与发端的调制信号是有差别的,这种差别受两个方面影响:一方面信号传输时叠加了噪声,称这种噪声为加性干扰;另一方面信道传输特性不理想,造成信号的频谱发生变化,称这种影响为乘性干扰。前一种干扰,无论有无信号,它始终是存在的;后一种干扰,则只是信号存在时才存在。加性干扰不可克服,这种影响造成的误差通常用系统的输出信噪比来衡量,即输出信噪比越高,通信质量就越好。输出信噪比除与信号功率和噪声功率大小有关外,还与调制方式有关。后一种干扰对通信的影响表现为信号通过信道传输后发生畸变,通常用失真度来衡量。失真度越高,畸变越大,通信的质量越差。通常采用均衡的方法克服这种干扰。采用不同的调制方式,可获得不同的系统性能。

任务 1.1　模拟基带信号传输

由输入转换器(如拾音器)直接产生的电信号是频率很低的电信号,其频谱特点是包含有直流分量的低通频谱,其最高频率与最低频率差别较大。如话音信号的频率范围在 300 ~ 3 000 Hz,则把这种信号称为基带信号。基带信号可以直接通过架空明线、电缆等有线信道传输,这种模拟基带信号不经过调制而直接进行传输的通信方式称为模拟基带信号传输,其对应的通信系统称为模拟基带通信系统,其原理框图如图 1.2 所示。

从图 1.2 中可看出,其主要由发送设备、信道及接收设备三部分组成。$m(t)$ 为携带消息的模拟基带信号,$n(t)$ 为

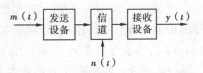

图 1.2　模拟基带信号传输系统

噪声,$y(t)$ 为输出信号与噪声之和。发送设备和接收设备一般为信号放大和滤波的部件——功率放大器和低通滤波器。从图中,可看出信号的传输不需要调制器和解调器。信道一般为

有线信道,由于信道特性不理想和信道中存在噪声,将使输出信号 $y(t)$ 与输入信号 $m(t)$ 有较大的差别而产生失真,在实际通信中,希望信号在传输的过程中不要产生或尽可能小地产生失真。但在这种通信方式中,一般会存在线性失真和非线性失真。

线性失真是由于信道中存在分布电容和分布电感等分布元件引起的,分布元件的存在使信道的幅频特性在信号的频谱范围内不是常数。如话音信号是由很多种不同频率成分的正弦波组成的,不同的频率成分受到的干扰程度不同,同时信道对各频率的信号衰减也不一致,因此信号被传输到接收端之后,其输出波形幅度已不再具有发送端的形状。但实验表明,只要幅频特性在信号频谱范围内幅度变化在±1 dB 以内,幅度失真就可以忽略不计。

如果幅频特性在输入信号频谱范围内离开常数的要求比较大,理论上可以采用均衡的方式使幅频特性等于常数,但在实际制作中很难准确达到这个要求,只有采用良好的电路才能达到幅频特性近似为常数的要求,如带有抽头的横向滤波器就是一种良好的均衡电路。

非线性失真是由于信道和放大器等部件存在非线性元件和非线性传输特性而产生的。一般当输入信号 $m(t)$ 比较小时,实际的传输特性接近于线性,而当输入信号较大时,传输特性成为非线性,从而引起非线性失真。信号动态范围越大非线性失真也越大。

解决非线性失真的一般方法是适当选择非线性元器件,优先选取线性范围较大的元器件,并适当选择信道特性曲线的工作点,使信号尽量工作在特性曲线的线性范围。同时在放大器中可采用负反馈电路,压缩输入信号的动态范围也可以减小非线性失真。如在话音通信中,由于讲话人的声音区别较大,即输入信号的动态范围很大,此时可采用压扩器加以解决。其原理框图如图 1.3 所示。

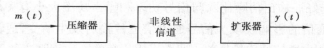

图 1.3　具有压扩器的基带信号传输系统

输入信号 $m(t)$ 加到压缩器进行压缩,压缩后将话音振幅大的成分相对压缩,振幅越大压缩越大,这样可以把话音信号幅度的动态范围减小,使它工作在信道的线性范围以内。在接收端再把接收到的信号送到扩张器进行扩张,扩张器的特性与压缩器的正好相反,把幅度大的信号扩张,幅度越大扩张作用越大。通常把压缩器和扩张器合称为压扩器,具有压扩器的基带传输系统,可以减少非线性失真。

在基带传输系统中,由于信道传输特性的不理想而产生波形失真。在输出端除了基带信号 $m(t)$ 以外,还有噪声成分,这种噪声是在信道中加入并送到均衡器输入端的加性噪声。由于噪声的存在使信号受到干扰而产生波形失真,衡量噪声对信号的影响一般用信噪比来表示,即模拟信号输出端输出信号功率与噪声功率的比值。对于话音信号的传输,只有信噪比达到30 dB 时,才满足一般电话通信的要求,而对于高保真度的电话信号则需要达到 60 dB 的输出信噪比。此外,若基带信号的传输信道是理想的,则不会产生波形失真,在接收端不需要均衡器,这时的噪声可看成加性白噪声,这种噪声在系统的带宽内的功率谱密度基本上是常数。在实际应用中,基带传输系统的信噪比一般都可以通过合理选择元器件、正确设计信道工作点和减小输入信号动态范围等措施来提高和改善。

1.2.2 振幅调制(AM)

(1)幅度调制的基本工作原理

振幅调制可看成是由一个大的载波成分和双边带信号相加得到。振幅调制信号的表达式为:

$$S_{AM}(t) = [A_0 + m(t)]A_c \cos \omega_c t \tag{1.7}$$

式中,调制信号为 $m(t)$,载波为 $A_c \cos \omega_c t$, A_c 可看成未调载波的振幅,载波频率的起始相位可认为是0。一般情况下,把 $A_c[A_0+m(t)]$ 看成已调波形的包络,要求 $m(t)$ 的幅值小于 A_0,使已调波形的包络幅度保持为正值。振幅调制的波形与频谱如图1.7所示。从图中可以看出AM 的频谱是 DSB 频谱和载波相加的结果。

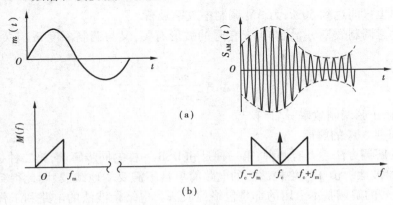

图 1.7 振幅调制的波形及频谱

从图 1.7 中可以得到以下几点结论:

①调幅过程是使原始信号频谱搬移了 f_c,搬移后的频谱中包含载波分量和边带分量。

②AM 的频谱是关于 f_c 对称的,高于 f_c 的频谱称为上边带,低于 f_c 的频谱称为下边带。

③AM 占用的带宽是基带信号带宽 f_m 的 2 倍,$B_{AM}=2f_m$。

④在所有时刻,必须满足 $|m(t)| \leqslant A_0$。

为了使已调波的包络和 $m(t)$ 的形状完全相同,必须以保证 $f_c \gg f_m$ 和 $A_0+m(t)$ 为正值的条件,这样基带信号才会包含在包络振幅之中,否则,将会产生包络失真。

此外,振幅调制信号还有一个重要的参数是调幅度 m,也称为调幅系数。若基带信号 $m(t)$ 的波形对称,则 m 一般有三种情况:$m<1$,$m=1$,$m>1$。当 $m<1$ 时,无包络失真;当 $m=1$ 时,此时已调波幅度在 $m(t)$ 为负的最大值时为 0,这种情况称为满调幅或百分之百调幅;当 $m>1$ 时,称为过调幅,此时会产生包络失真,这种情况可采用同步检波器对其进行无失真解调。在一般情况下,为了保证不产生包络失真,总要求 $m \leqslant 1$。对语音信号而言,为了防止 $m>1$ 的过调制现象出现,m 通常取 0.3 左右。

根据信号功率的定义,可以得到振幅调制(AM)信号的功率,即

$$P_{AM} = \frac{A_c^2}{2} + \frac{A_c^2}{2}P_m \tag{1.8}$$

式中 P_m——调制信号的平均功率;

$\dfrac{A_c^2}{2}$——载波平均功率,不携带任何信息。

式中第二项 $\dfrac{A_c^2}{2}P_m$ 为调制信号边带功率,边带功率携带信息,把携带信息的边带功率与已调信号总功率的比值称为调制效率,用 η_{AM} 表示,则

$$\eta_{AM} = \frac{\dfrac{A_c^2}{2}P_m}{P_{AM}} \tag{1.9}$$

实际上 η_{AM} 是一个小于 1 的数,η_{AM} 越大,说明 AM 信号平均功率中携带信息的那一部分功率就越大。一般正弦波进行 100%($m=1$)调制时,其调制效率也只有 33.3%,而方波进行 100% 调制时,其效率也只能达到 50%,为 AM 调制中效率最高。

此外,应注意调制效率 η_{AM} 既与调制信号的波形有关,又与调制深度 m 有关,它们之间的关系式为:

$$\eta_{AM} = \frac{m^2}{2 + m^2} \tag{1.10}$$

显然当 $m=1$ 时,正弦调制效率 $\eta_{AM} = 1/3$。

(2)振幅调制 AM 的解调

AM 信号的解调方法主要有两种:第一种是和 DSB 一样的同步解调,第二种是不用本地同步载波的包络检波法。由于包络检波法的电路简单且不需要本地载波,因此得到了广泛的应用,目前 AM 信号的解调基本上用的都是包络检波法。包络检波法的电路和工作原理已在电子线路课程中做过详细的介绍,在此不再重复。

1.2.3 单边带调制(SSB)

对于振幅调制(AM)和双边带调制(DSB)信号,其调制的结果是将调制信号的频谱搬移 f_c,同时又使调制信号带宽增加一倍。但从发送信号功率和传输带宽这两个参数考虑,它们的功率和带宽都是不够节约的。在振幅调制中,携带信息的边带功率只占总功率的 1/3~1/2,传输带宽是基带信号的两倍;而在双边带调幅中,虽然载波已被抑制掉,调制效率比振幅调制时有所改善,但传输带宽和振幅调制时一样,仍是基带信号的两倍。实际上在 AM 和 DSB 调制中,把上、下两个边带都完整地传送出去了。从 DSB 的频谱中可以发现,上、下两个边带的频谱是关于 f_c 完全对称的,其中的任何一个边带都包含调制信号的完整信息。从信息传输的角度来看,仅传输其中的一个边带同样可以达到传送信息的目的。这种只传送一个边带的通信方式称为单边带通信。只产生一个边带的调制方式就称为单边带调制,即 SSB 调制。

在单边带调制(SSB)的已调信号中,不含载波分量,更节省功率,同时由于只采用一个边带传送信息,会比 AM 和 DSB 节省一半的带宽。

(1)单边带调制的工作原理

根据调制时所选边带的不同,单边带调制可分为上边带调制和下边带调制两种,其频谱图如图 1.8 所示。图 1.8(a)所示为上边带调制,图 1.8(b)所示为下边带调制。由图可以看出,无论是采用上边带调制还是采用下边带调制,都只传输一个边带,已调信号的带宽都只有 f_m,与基带信号的带宽相同。

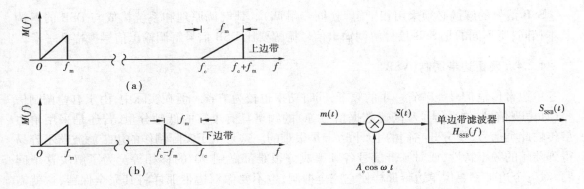

图 1.8   单边带调制信号的频谱   图 1.9   单边带调制模型

单边带调制的原理示意图如图 1.9 所示。单边带调制的基本原理是将基带信号 $m(t)$ 和载波信号经乘法器相乘后得到双边带信号,再将此双边带信号通过单边带滤波器滤掉一个边带就得到需要的单边带信号,如果单边带滤波器是上边带滤波器,则得到相应的上边带信号;如果是下边带滤波器,则得到相应的下边带信号。

(2)SSB 信号的带宽和功率

从图 1.8 可以看出,SSB 信号的带宽是 DSB 信号的一半,即 $B_{SSB} = f_m$。等于调制信号的带宽,也是低通型信号(话音信号)的调制信号的最高频率。由于 SSB 信号只传输半个边带,因此单边带信号的功率为 DSB 信号功率的一半,即

$$P_{SSB} = \frac{1}{2}P_{DSB} = \frac{A_c^2}{4}P_m \tag{1.11}$$

综上所述,单边带已调信号的发送功率和传输带宽都是双边带调制时的一半,这是由于将双边带调制中的一个边带完全抑制掉的结果。此外,单边带信号的调制效率与双边带的相同,仍为 1。

(3)SSB 信号的产生与解调

产生 SSB 信号的方法比较多,常用的有滤波法和移相法,滤波法的原理如图 1.9 所示。下面主要介绍移相法产生 SSB 信号,移相法产生单边带信号的原理如图 1.10 所示:图中有两个相乘器,上面的相乘器产生一般的双边带信号,下面的相乘器的输入载波需要移相 90°,这是单个频率移相 90°,用一般移相网络即可实现。而输入的基带信号中的各个频率成分均需移相 90°,就需要采用宽带移相网络来实现了。最后通过加减法器求和或求差以后,则会有一组边带被抵消,而另一组边带得到加强,这样就会得到上边带或下边带信号。

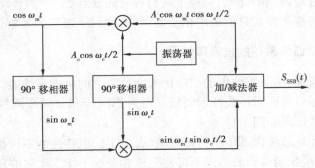

图 1.10   移相法产生 SSB 信号

SSB 信号的解调必须采用相干解调(同步解调)。其解调原理和系统构成与 DSB 的解调基本相同,所不同的是 SSB 信号解调输出信号振幅要比 DSB 信号解调输出信号振幅低一半。

1.2.4　残留边带调制(VSB)

单边带传输信号能节省一半的频带,同时功率也较为节省。但在实际中,由于有些调制信号(如电视信号、传真信号和高速数据信号等)的频谱具有丰富的低频分量,若还是采用单边带传输此类信号,要分开它们的上、下边带是很难的。这是由于实际制作的边带滤波器不容易得到陡峭的频率特性,或对基带信号各频率成分很难都做到 90° 的移相等。为了解决这个问题,对一个边带不要像单边带那样使它完全抑制,也不要像双边带那样将其完全保留,这就需要在双边带和单边带之间寻找一种折中的方式,就是让一个边带完全通过,而让另一个边带残留一部分,使它逐渐截止,这就是残留边带调制。

残留边带调制和解调的原理和双边带、单边带调制与解调的原理框图极为相似。调制时都是将基带信号和载波信号相乘后得到双边带信号,所不同的是后面接的滤波器。接不同的滤波器就会得到不同的调制方式,如接特性为全通网络的双边带滤波器则得双边带信号输出;接截止频率为载频的高通或低通滤波器的单边带滤波器则得单边带信号输出。

如图 1.11 所示,残留边带滤波器使传输边带(图中为上边带)绝大部分顺利通过,而让另一个边带绝大部分被抑制,只保留一小部分的残余。在接收端经解调后,若一个边带损失的部分能让另一个边带的残留部分完全补偿,那么最后输出的信号就不会失真。

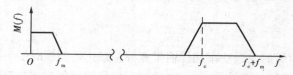

图 1.11　残留边带(上边带)调制的频谱

要直接准确地求出残留边带信号的平均发送功率是比较困难的,相对于单边带和双边带而言,它的发送功率大于单边带而小于双边带;其传输带宽介于单边带和双边带之间,大于单边带而小于双边带,通常约为单边带信号带宽的 1.25 倍。因此,残留边带调制在节省带宽方面几乎与单边带系统相同,同时也具有双边带良好的低频基带特性。因此,采用残留边带调制来传输低频分量较丰富的信号是一种较好的方式。

残留边带滤波器要比具有陡峭截止特性的单边带滤波器简单得多。因此,残留边带调制综合了单边带和双边带调制的优点,克服了它们各自的缺点。

残留边带调制的解调方式只能采用相干解调,其解调原理与 SSB 解调相同。

1.2.5　线性调制通信系统的抗噪声性能

对于模拟传输系统,用系统输出的信噪比来衡量系统的抗噪声性能,它是在加性干扰影响下系统可靠性的指标。前面所述线性调制信号可采用同步和非同步两种解调方式,同步解调和非同步解调的原理框图如图 1.12 所示。

各种调制信号都是通过信道传输到接收端的,由于信道特性的不理想,以及信道中存在的各种干扰和噪声,使接收端得到的信号不可避免地要受到干扰。实际应用中,在分析系统性能时,为了讨论的方便,通常只考虑加性噪声对通信系统的影响,这样在接收端接收到的是传输信号与加性噪声的和,并且认为通信系统中的调制器和解调器等部件都是理想的。此外还可将接收机中的高放、混频、中放及各种高、中频滤波器等电路和部件等效为一个带通滤波器,最后通过解调器把基带信号解调出来,从而实现通信的目的。

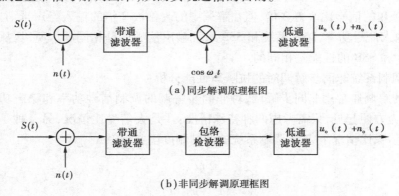

（a）同步解调原理框图

（b）非同步解调原理框图

图 1.12　有噪声影响的同步与非同步解调

最终评价一个通信系统质量的关键是要看接收机解调器输出端调制信号平均功率 S_o 和噪声平均功率 N_o 之比,即输出信噪比 S_o/N_o 的值越大越好。但输出信噪比不仅与解调器输入端的输入信噪比 S_i/N_i 有关,而且还和调制方式有关,同样的输入信噪比通过不同的调制方式后,具有不同的输出信噪比,因此为了比较各种调制系统性能的好坏,可以用输出信噪比和输入信噪比的比值来表示,即

$$G = \frac{S_o/N_o}{S_i/N_i} \tag{1.12}$$

G 称为调制解调增益或调制制度增益,G 越大,说明这种调制制度的抗干扰性能越好。

（1）线性调制系统同步解调时的抗噪声性能分析

为了便于直接比较各种线性调制系统同步解调时抗噪声性能的好坏,式（1.13）给出了各种线性调制系统的调制制度增益。

$$G = \frac{S_o/N_o}{S_i/N_i} = \begin{cases} 1 & (\text{SSB,VSB}) \\ 2 & (\text{DSB}) \\ \dfrac{2\,\overline{m^2(t)}}{A_c^2 + 2\,\overline{m^2(t)}} & (\text{AM}) \end{cases} \tag{1.13}$$

式中　$\overline{m^2(t)}$——调制信号的平均功率。

由式（1.13）可见,双边带调制制度增益为 2,这说明 DSB 信号解调后输出信噪比 S_o/N_o 增加一倍,即 DSB 系统信噪比改善了 2 倍。这是因为随机噪声通过相干解调器后其正交分量被移到 2 倍频率以上,被低通滤波器滤除。这样,噪声功率的一半（在正交分量中）被消除,结果使信噪比改善 2 倍。SSB 调制的制度增益为 1,这说明单边带解调时,输出信噪比与输入信噪比相等,这是由于同步解调的同时滤去了正交项的信号和噪声。AM 调制的制度增益为:

$\dfrac{2\,\overline{m^2(t)}}{A_c^2 + \overline{m^2(t)}}$,当 $m(t)$ 为单音调制信号时,如进行 100% 调制,则此时的制度增益为 2/3;当 $m(t)$ 为双极性矩形脉冲调制信号,则此时对应的制度增益为 1。VSB 信号在残留边带不是很大的情况下,一般近似认为与 SSB 的抗噪声性能相同,也就是通过相干解调后信噪比保持不变。

此外,从式(1.13)看出,DSB 的制度增益为 SSB 的 2 倍,会使人产生 DSB 优于 SSB 的印象,这是不正确的。因为 SSB 信号的带宽仅为 DSB 的一半,所以 DSB 系统的输入噪声是 SSB 的 2 倍,尽管 DSB 的信噪比改善 2 倍,但在解调中的改善被 2 倍的输入噪声抵消。因此,实际上,对给定的输入信号功率,DSB 系统和 SSB 系统输出信噪比是相同的。所以,从信噪比改善的观点看,DSB 和 SSB 的性能是相同的。

(2)线性调制系统非同步解调时的抗噪声性能分析

AM 信号的解调通常用非同步解调,对非同步解调的调制信号功率和噪声功率作一般分析比较困难。为方便起见,只需考虑两种特殊情况:一是大信噪比情况,另一种是小信噪比情况。在输入大信噪比情况下,AM 调制系统的调制制度增益为:

$$G = \frac{2\,\overline{m^2(t)}}{A_c^2 + \overline{m^2(t)}} \tag{1.14}$$

如 $m(t)$ 为单音调制,且为百分之百调制时,这时的制度增益为 2/3,但一般 AM 信号的调制指数是小于 1 的,在这种情况下,其抗噪声性能和在同步解调时的抗噪声性能相同,制度增益一般都小于 2/3。在输入小信噪比的情况下,包络检波器的输出信噪比基本上和输入信噪比的平方成比例,当输入信噪比远小于 1 时,输出信噪比远远小于 1。输入信噪比越小,输出信噪比将更加严重劣化。

非同步解调都存在一个"门限效应"。即输入信噪比下降到某一值时,它的输出信噪比随之急剧下降,这个值通常称为门限值。门限值的大小没有严格的定义,一般可认为门限值为 10 dB,在这个门限值以上工作时,检波器的输出信噪比为正常值,而在门限值以下工作时,输出信噪比严重劣化,甚至使系统无法工作。

任务 1.3 非线性调制(角调制)

非线性调制同样是把调制信号的频谱在频率轴上作频谱搬移,但搬移后的频谱并不保持线性关系。即调制后信号的频谱不再保持调制信号的频谱结构,而且已调信号的带宽一般要比调制信号的带宽大得多。

1.3.1 角调制的概念和分类

载波的相角受调制信号的控制而变化的调制称为角调制。在这种调制方式中,载波的幅度恒定不变,用载波的频率和相位的变化来承载信息,因此角调制分为频率调制(FM)和相位调制(PM)两种。频率调制和相位调制之间可相互转换,通常频率调制使用得较多,本节将主要讨论频率调制系统。

调相(PM):相位调制时,载波的振幅不变,调制信号控制载波的相位,使已调信号的相位按调制信号的规律变换。瞬时相角 $\theta(t)$ 等于未调载波的瞬时相角加上一个与调制信号 $m(t)$ 成比例的时变相角,即

$$\theta(t) = \omega_c t + K_p m(t) \tag{1.15}$$

式中, ω_c 为载波角频率, K_p 为比例常数, 称为调相器的调制灵敏度(rad/V), 则调相波的时域表达式为:

$$S_{PM}(t) = A_c \cos \left[\omega_c t + K_p m(t) \right] \tag{1.16}$$

调频(FM):频率调制时, 载波的振幅不变, 调制信号控制载波的频率, 使已调信号的频率按调制信号的规律变化, 其瞬时角频率等于未调载波的角频率加上一个与 $m(t)$ 成比例的时变角频率, 即

$$\omega(t) = \omega_c + k_f m(t) \tag{1.17}$$

式中　ω_c——未调载波角频率;

　　　k_f——调制器的调频灵敏度, Hz/V。则调频(FM)波的时域表达式为:

$$S_{FM}(t) = A_c \cos \left[\omega_c t + k_f \int m(t) \, dt \right] \tag{1.18}$$

(1)窄带调频和宽带调频

从角度调制的整个过程来看, 角度调制属于非线性调制, 其频谱表示式是相当复杂的。对于频率调制, 当最大相位偏移和最大频率偏移较小时, 属于窄带调频(NBFM), 已调信号所占的频带较窄, 接近调制信号的 2 倍带宽。而最大相位偏移和最大角频率偏移较大时, 已调信号所占的带宽将超过调制信号的 2 倍带宽, 属于宽带调频(WBFM)。

1)窄带调频(NBFM)

对于表达式(1.18), 当其中的 $k_f \int m(t) \, dt < \dfrac{\pi}{6}$ 或 0.5 时, 称为窄带调频(NBFM)。窄带调频信号的带宽较窄, 只有调制信号带宽的 2 倍, 相当于 AM 和 DSB 调幅信号的带宽, 这是它的优点, 但它的抗噪声性能不是很好。由于 NBFM 的最大相位偏移较小, 使得调频制度抗干扰的优点不能充分发挥出来, 因此只用在抗干扰性能要求不高的短距离通信, 或作为宽带调频的前置。若要实现微波或卫星通信以及超短波通信等长距离高质量的通信时, 就得采用宽带调频。

2)宽带调频(WBFM)

对于表达式(1.18), 当其中的 $k_f \int m(t) \, dt > \dfrac{\pi}{6}$ 或 0.5 时, 称为宽带调频(WBFM)。宽带调频用较宽的频谱换来了较强的抗干扰性能。常用在远距离、高质量的通信系统中。

与线性调制不同, 即使在单音调制的情况下, 调频波也可以展开成无限多个频率分量, 使得调频波的带宽变为无穷大。但实际上, 调频波总功率的 98% 以上集中在有限频带内, 对这有限频带内的调频波解调不会产生明显的失真。所以我们将幅度小于 0.1 倍载波幅度的边频忽略不计, 可以得到调频信号的带宽为:

$$B_{FM} \approx 2(\Delta f + f_H) \tag{1.19}$$

式中　Δf——最大频偏;

　　　f_H——基带信号的最高频率。

(2)调频信号的功率

载波频率远大于调制信号的频率时, 调频波的疏密变化是缓慢的, 所以在调制周期内, 调频信号的平均功率就等于未调制时的载波功率, 其表达式为:

$$P_{FM} = \frac{A_c^2}{2} \tag{1.20}$$

1.3.2　FM 波的产生和解调

（1）调频波的产生

通常调频波的产生有方式两种：一种是直接调频法，又称参数变值法；另一种是间接调频法，又称为阿姆斯特朗法。

直接法是直接利用压控振荡器进行调频的方法，利用变容管组成压控振荡器，使压控振荡

图 1.13　直接调频法原理框图

器的瞬时频率随调制信号的变化而呈线性变化。广泛使用在小型调频电台中，其原理框图如图 1.13 所示。直接用调制信号 $m(t)$ 去控制振荡器的频率。通常，振荡器的频率取决于 LC 调谐电路，所以只要设法使 L 或 C 受调制信号

控制，就能达到直接调频的目的，如将调制信号加到 LC 回路的变容管上，则回路的变容管容量就会随调制信号的变化而变化，使输出信号的频率随之发生变化。由于输出信号的瞬时频率与调制信号幅度呈线性关系，所以输出的波形就是调频波。

直接调频的主要优点是电路简单，可以得到较大的频偏，但频率稳定度不是很高，载频经常发生较大的漂移，有时甚至和调频信号的最大频偏有相同的数量级，常用于对频率稳定度要求不高的场合。为了使载波频率保持稳定，一般需要对载频采取稳频措施。

间接法是先用调制信号产生一个窄带调频信号，然后将窄带调频信号通过倍频器得到宽带调频信号。这种方式要先对调制信号 $m(t)$ 积分，然后对积分后的信号进行相位调制，这样就可以得到一个窄带调频信号，再经 N 次倍频得到宽带调频波。其原理如图 1.14 所示。

图 1.14　间接调频法原理框图

间接调频器中，通过 N 次倍频，调频信号的载频增加 N 倍，同时调频指数也会增加 N 倍，而成为宽带调频。通常经过 N 次倍频后调制指数满足了要求，但输出的载波频率有可能不符合要求，此时就需要加入混频器进行混频处理，将载波变换到要求的值。混频器混频时只改变载波频率而不会改变调制指数的大小。

（2）调频波的解调

调频信号的解调是要产生一个输出幅度与输入调频波的频率呈线性关系的信号。完成频率/电压转换的器件是频率解调器。常用的调频信号解调方式主要有两种：斜率鉴频解调和反馈解调。

1）斜率鉴频解调

斜率鉴频解调器不仅适用于宽带调频信号，也适用于窄带调频信号，是使用最广泛的一种解调方式，其原理如图 1.15 所示。

限幅器将调频信号在传输过程中叠加噪声引起的幅度变化去掉，变成固定幅度的调频波，带通滤波器让调频信号顺利通过，滤除带外噪声及高次谐波分量。微分器和包络检波器组成

鉴频器。鉴频器的功能是把输入信号频率的变化转变成输出信号电压瞬时幅度的变化,也就是鉴频器输出电压的瞬时幅度与输入调频波的瞬时频率偏移成正比。FM 波经微分之后变成了调频调幅波 $S(t)$。

$$S(t) = 2\pi f_c A_c + A_c K_f m(t) \tag{1.21}$$

式中　第一项——直流分量;
　　　第二项——所需要的调制信号。

图 1.15　鉴频器原理框图

只要对 $S(t)$ 信号进行包络检波,就可以隔除直流分量,最后得到的就是所需要的调制信号 $A_c K_f m(t)$。

2)反馈解调

在有噪声的情况下,反馈解调器的解调性能比无反馈解调器好。反馈解调器有频率负反馈解调器和锁相环解调器两种。

①频率负反馈解调。前面讨论过的斜率鉴频解调和调幅非相干解调一样,都有门限效应。即当解调器输入端信噪比低到某个程度后,解调器的输出信噪比急剧下降,甚至无法取出信号。为了减少解调器输入端的噪声功率,应该使带通滤波器的带宽窄一些,但当带宽较窄时,不能使调频信号全部通过,反而引起调频信号的失真。为了解决这一问题,必须采用频率负反馈解调器解调,其原理如图 1.16 所示。反馈电路使压控振荡器的频率变化跟踪输入调频信号频率偏移变化,混频后的中频信号是频偏受到压缩的调频信号。因此,中频滤波器可以由窄带滤波器代替。因为中频滤波器的输出信号频偏和输入的调频信号频偏成比例地变化,所以鉴频器输出端同样可以得到无失真的调制信号,只是输出调制信号的幅度减小而已。频率反馈解调器的最终目的是使压控振荡器的输出瞬时频率较好地跟踪输入调频信号 $S_{FM}(t)$ 的瞬时频率变化以实现频率解调。它的解调性能要比一般鉴频器好。

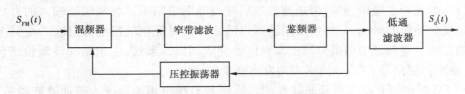

图 1.16　频率负反馈解调器原理框图

②锁相环解调。这种解调器具有优良的解调性能,调整比较容易。便于用廉价的集成电路来实现,因此,被广泛地使用在现代通信系统中。这种解调方式的原理如图 1.17 所示。它主要由鉴相器、环路滤波器、压控振荡器组成。鉴相器是一个相位比较装置,它对输入的信号 $S_{FM}(t)$ 和压控振荡器输出信号 $S_o(t)$ 的相位进行比较,产生一个对应两者相位差的误差电压 $S_e(t)$,环路滤波器实质上是一个低通滤波器,它将 $S_e(t)$ 中的高频成分和噪声滤除掉,以保证系统的稳定性。压控振荡器受控制电压 $S_d(t)$ 的控制,使输出信号频率与输入信号频率相近,

直到频差消除而锁定,最终使输入信号与输出信号同频,即频差为 0,相位不再随时间变化。当 $S_e(t)$ 为一固定值时,环路就进入"锁定"状态。最终使压控振荡器的输出瞬时相位跟踪输入调频信号的瞬时相位变化以实现频率解调。若输入信号的频率和相位不停地变化,则要求锁相环具有更良好的跟踪特性。

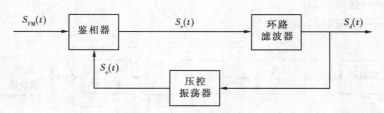

图 1.17　锁相环解调器原理框图

1.3.3　调频系统的抗噪声性能分析

调频信号解调也和幅度调制信号解调一样,同样有同步解调和非同步解调两种,也称为相干解调和非相干解调。相干解调主要用于窄带调频信号,相干解调需要在接收端产生一个相干信号,会增加接收机的复杂程度,所以,实际上用得不多;而非相干解调不需要同步信号,电路简单,并且适用于宽带调频和窄带调频,故得到比较广泛的应用。FM 非相干解调的原理框图如图 1.18 所示。由限幅器、鉴频器和低通滤波器等组成。

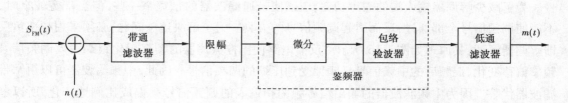

图 1.18　FM 非相干解调的原理框图

带通滤波器用来限制带外噪声,但必须有足够的带宽保证调频信号顺利通过。窄带调频时,带宽 $B_{FM} \approx 2f_m$;宽带调频时,带宽 $B_{FM} \approx 2(\Delta f + f_m)$。一般把噪声 $n(t)$ 看成单边带功率谱密度均匀分布的高斯白噪声,经过带通滤波器后变成高斯带限噪声。限幅器输入的合成振幅和相位都会受到噪声的影响,但经过限幅器可以消除噪声对振幅的影响,因此,一般只考虑噪声对相位的影响。鉴频器中的微分器把调频信号变成调幅调频波,由包络检波器检出包络。通过低通,滤出调制信号 f_m 以外的噪声而取出调制信号。

由于 FM 的调制和解调都是非线性的。当信号与噪声相加后进入带通滤波器后,噪声对幅度的影响经限幅器可以消除,但噪声对信号相位也要产生影响,这种影响限幅器无能为力。信号与噪声合成后,总的相位偏移不仅与信号有关,而且还与噪声有关。当它们进入鉴频器后,由于鉴频器是个非线性部件,它们不满足叠加性,因此解调过程中信号与噪声相互作用,给分析带来了许多不便。只有在大信噪比的条件下作某些近似,才能把输出的信号与噪声分开,这样可求出调频信号的制度增益为:

$$G_{FM} = 3m_f^2(m_f + 1) \tag{1.22}$$

式中　m_f——调频指数,也是最大相位偏移。

　　可以看出调频系统解调的信噪比是很高的，m_f 变大时，G_{FM} 会迅速增大，但同时所需带宽也会越宽。这说明调频系统抗噪声性能的改善是以增加传输带宽为代价得到的。

　　对于调频系统，可以得到以下几点结论：

　　①调频信号的功率等于未调制时的载波功率。这是由于调频后，载波功率和边频功率分配关系发生变化，载波功率转移到边频功率上的缘故。这种功率分配关系随调频指数 m_f 的变化而变化，但只要适当选取 m_f，基本上可以使调制后载波功率全部转移到边频功率上。

　　②解调器输出的基带信号幅度与输入调频信号的最大频偏 Δf 成比例，Δf 越大，输出基带信号的幅度就越大，但所需的传输带宽也相应增大。

　　③调频信号的解调是一个非线性过程，理论上应考虑调频信号和噪声的相互作用，但在大输入信噪比的情况下，它们的相互作用可以忽略。

　　④调频信号解调器输出端的噪声功率谱密度与频率的平方成比例，并且在正负一半的传输带宽内呈抛物线形状，可以采用加重和去加重技术来提高调频解调器的这种抗噪声性能。

　　⑤调频信号的非相干解调和振幅调制信号的非相干（非同步）解调一样，都存在门限效应。当输入信噪比大于门限电平时，解调器的抗噪声性能较好，而当输入信噪比小于门限电平时，输出信噪比急剧下降。

1.3.4　加重技术

　　前面已经了解到：线性调制系统输出信噪比的增加只能靠提高输入信噪比的方法得到。对于非线性调制系统可以用提高输入信噪比或加大调频指数的方法增加输出信噪比；此外，还可以用降低输出噪声功率的方式提高输出信噪比，即只要能保持输出信号不变的任何降低输出噪声的措施都是有用的。

　　鉴频器输出的噪声功率谱密度如图 1.19 所示，由图可以看出，解调后的噪声功率谱不是常数，即不是白噪声。频率偏移越大，噪声越大。当调制信号的带宽（$B = 2f_m$）较小时，这时噪声落入输出端低通滤波器的部分很少，输出噪声功率也很小。但当调制信号的带宽较大时，输出的噪声

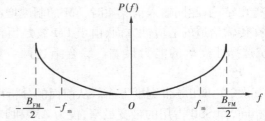

图 1.19　鉴频器输出噪声功率谱

在高频端会急剧上升。因此，在整个基带信号的频带内，高频端和低频端的输出信噪比会相差很大。为进一步提高整个调频系统的输出信噪比，通常采用在发送端调制器输入端接预加重滤波器，同时在接收端解调器输出端接去加重滤波器的方法来达到这一目的，预加重滤波器的特性和去加重滤波器的特性呈互补关系，其过程如图 1.20 所示。

图 1.20　调频系统中的预加重和去加重技术

　　预加重和去加重的工作原理如下：由于调频通信系统输出噪声功率谱呈向上开口抛物线形状，即噪声随频率升高而迅速增大，如果在调频系统输出端外接一个网络，传输函数为 $H_R(f)$，该网络在输出信号频带内，其传输函数随频率增大而滚降，称为去加重网络。显然接

入去加重网络,使高频端的输出噪声进一步衰减,则总的噪声功率就可以减小。然而由于接入去加重网络,会使传输信号产生频率失真,为了补偿由去加重网络产生的频率失真,可在调频调制器之前接入一个预加重网络,其传输函数为 $H_T(f) = \dfrac{1}{H_R(f)}$,以均衡去加重网络产生的频率失真。这样在保证输出信号不变的要求下,输出噪声得到降低,提高了输出信噪比。

图 1.20 中的 K 是一个衰减网络,其作用是使在预加重的情况下,保持调频波的最大频偏不变,保证采用加重技术后不增加传输带宽。因为信号经过预加重以后,高频分量幅度提高,这样信号幅度的最大值就会增加,导致调频波的最大频率偏移增大,使信号带宽变大。

预加重、去加重技术在调频系统中普遍被采用,其进一步改善了调频系统的输出信噪比。实验统计表明,使用预加重和去加重技术可以使输出信噪比能提高 5~6 dB。

任务 1.4　各种模拟通信系统的性能比较

本项目已经讨论过的模拟通信系统按调制方式可分为线性调制和非线性调制两大类,其中线性调制系统有 AM、DSB、SSB 和 VSB 等种类,非线性调制系统有 FM 和 PM 两类。将从系统的抗噪声性能、频带利用率和设备的复杂程度与实用性等几个方面对之进行比较。

首先,在抗噪声性能方面,图 1.21 所示为各种调制方式时输出信噪比与输入信噪比之间的关系。从中可以看出,各种调制方式的输入信噪比和输出信噪比之间基本上呈线性关系,输入信噪比越大,输出信噪比就越大。各条直线的斜率表示的就是各种调制方式的制度增益。其中,FM 和 AM 方式的制度增益还与各自的调制度有关,但相对关系基本如图 1.21 所示。由此可得出结论,相同输入信噪比时,FM 的制度增益最高,AM 的制度增益最低。

在传输信道的适应性方面,由于 FM 波是恒包络波形,所以抗选择性衰落的能力最强,而 AM 抗选择性衰落的能力最差。综合上述两方面的因素可知,FM 的抗噪声能力最强,AM 最差。

其次,在占用频带宽度方面。从前面的分析可知,FM 占用的带宽最大,AM 和 DSB 占用的带宽相同,而 SSB 占用的带宽最窄,仅为 AM 和 DSB 的一半。所以从占用频带宽度方面来看,SSB 最经济,而 FM 最浪费。同时也可以得出 FM 是以频带宽度为代价来换取较强的抗噪声能力的结论。

从通信系统设备的复杂程度与经济性指标来看,SSB 和 DSB 由于只能采用同步解调的方式,所以系统设备较为复杂。而 AM 可以采用非同步解调的方式,不需要本地载波,所以设备最简单。在对通信质量要求不是特别高、可使用频带不是特别紧张的时候,AM 方式仍是一种不错的选择。FM 方式也可以采用非同步解调方式,但其设备复杂程度要高于 AM 方式。设备越简单,就意味着系统的总体成本越低。在决定采用何种通信体制时必须综合考虑各种因素,方可选取最适合于自己使用目的的系统。

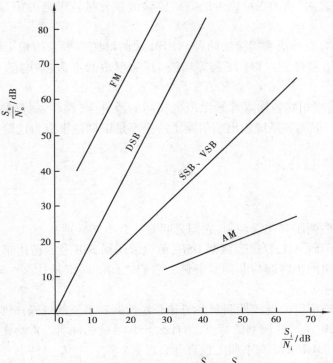

图 1.21　各种调制方式时 $\frac{S_o}{N_o}$ 与 $\frac{S_i}{N_i}$ 的关系

小　结

1.模拟调制有线性调制和非线性调制两类。线性调制是指调制信号频谱在频率轴上的线性搬移过程,在调制过程中没有新的频率成分产生,频谱结构不会发生变化,只是将信号的频谱进行简单搬移;非线性调制的已调信号频谱是调制信号频谱的非线性变换,在调制过程中有新的频率成分产生,即调制信号的频谱结构发生了变化。

2.线性调制包括振幅调制(AM)、双边带调幅(DSB)、单边带调幅(SSB)和残留边带调幅(VSB);非线性调制有调相(PM)和调频(FM)。

3.AM 完全传输载波功率和上下两个边带的功率,其带宽为调制信号带宽的两倍,在功率和带宽上都比较浪费,调制效率不高,是一个小于 1 的数。但 AM 信号的产生和解调都比较简单,所以仍被广泛使用。

4.DSB 信号中没有载波成分,所以 DSB 调制效率能达到 100%,即 $\eta_{DSB}=1$。可以利用平衡调制器或环形调制器产生 DSB 信号,解调时使用相干解调。DSB 信号的带宽同样为调制信号带宽的 2 倍。

5.SSB 调制只采用信号的上边带或下边带传送信息,带宽比 DSB 信号减少了一半,其调制效率同样可达到 100%。SSB 信号可采用鉴频法或鉴相法来产生,解调时采用相干解调。残留边带调幅 VSB 方式的特点是一个边带完全被传输,另一个边带的一些"余迹"也被传输,其性能介于 DSB 和 SSB 之间,适于以单边带的方式传输低频分量较丰富的信号,如电视信号和宽带数据信号等。

6.FM 波的产生有直接法和间接法两种,对 FM 波的解调一般采用相干解调。其带宽一般都大于 2 倍的调制信号带宽。FM 波是等幅波,其功率由载波振幅决定,与调制信号 $m(t)$ 无关。

7.在输入信号功率相同和输入背景噪声也相同的条件下,调频系统的抗噪声性能大大优于双边带调制系统。但调频系统输出端信噪比的提高是以牺牲带宽为代价换取的。

思考与练习 1

1.1　什么叫线性调制和非线调制,它们之间有什么本质区别?

1.2　试述振幅调制 AM、双边带调幅 DSB、单边带调幅 SSB 及残留边带调幅 VSB 的特点?

1.3　试述什么叫同步解调与非同步解调? 它们之间的区别是什么? 同步解调主要用在哪些调制系统中?

1.4　有哪些措施可以改善线性调制系统和非线性调制系统的抗噪声性能?

1.5　试比较 DSB 和 SSB 调制的特点,为什么 SSB 系统的性能通常会比 DSB 系统的要好?

1.6　为什么说 PM 和 FM 在本质上没有什么区别?

1.7　什么叫窄带调频和宽带调频,它们的带宽如何确定?

1.8　产生调频信号的方法有几种,它们分别是什么,各有什么特点?

1.9　若一个 1 kHz 的正弦波对 10 MHz 的载波进行调频,产生 2 kHz 的频率偏移。

1)求调频信号的带宽?

2)若把调制信号改为 2 kHz 和 4 kHz,调频带宽又为多少?

1.10　对调频信号的解调有几种方式,它们分别是什么,各有什么优点?

1.11　什么叫预加重和去加重,加重技术为什么广泛使用在调频系统中,其他调制系统是否可以采用?

1.12　为什么宽带调频系统的抗噪性能要比一般线性调制系统的优越?

1.13　什么叫调制系统的制度增益? 怎样用它衡量一个通信系统的性能指标? 试写出各类线性调制系统和调频系统的制度增益。

项目 **2**

模拟信号的数字传输

【项目描述】

本项目包含模拟信号的数字传输的相关技术,主要有脉冲编码调制(PCM)系统、增量调制(ΔM)系统、差分脉冲编码调制(DPCM)系统、自适应差分脉冲编码调制(ADPCM)系统的工作原理及相关的传输模型、各单元的作用。其中穿插介绍了低通型信号和带通型信号的抽样定理、均匀量化和非均匀量化的特性、非线性编解码的过程及原理。最后总结了 PCM 系统和 ΔM 系统的抗噪性能。

【项目目标】

知识目标:

● 掌握抽样定理;

● 掌握脉冲编码调制(PCM)的过程;

● 了解增量调制的类型与工作原理;

● 了解自适应差分脉冲编码调制的组成与工作原理。

技能目标:

● 掌握 A 律 13 折线 PCM 编码/解码的方法;

● 会比较 PCM 和增量调制系统的性能。

【项目内容】

用数字系统来传输信号具有很多优点,但由信源设备(如拾音器等设备)直接产生的原始信号通常都是模拟信号,要想使它实现数字化传输和交换,首先必须将模拟信号数字化。数字化的过程就是先将模拟信号抽样,使它成为一系列在时间上离散的抽样值,然后再将这些样值进行量化并编码,变成数字信号;在接收端通过相反的变换,把接收到的数字信号还原成模拟信号。

为了能让模拟信号 $m(t)$ 在数字通信系统中传输,模拟信号 $m(t)$ 在发送端必须经过抽样,将连续的模拟信号变成在时间上离散的 PAM 信号,其仍属于模拟信号,当这种信号直接在噪声信道中传输时,接收端将不能准确地接收到所发送的抽样值。为了消除信道随机噪声的干扰,必须将样值信号进行量化,以满足信道特性。在模拟信号经过抽样、量化后,还需要进行编码处理,将量化后的样值变成有限位数字信号(PCM 信号)。经过编码得到的数字信号就可作为基带数字信号直接送到信道进行数字基带传输,也可作为频带传输的调制信号。PCM 信号在信道中传输时,会出现衰减和失真,尤其在长距离传输时,必须在一定距离的信道内对 PCM

31

信号波形进行再生、均衡和识别,以使接收端解码时减少码元差错和失真。

在接收端将接收到的数字信号经过解码和低通滤波之后,恢复出原来的模拟信号 $m(t)$ 成比例的信号 $m'(t)$。单路 PCM 通信系统的原理框图如图 2.1 所示。

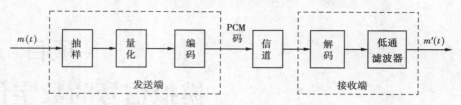

图 2.1 单路 PCM 通信系统原理框图

任务 2.1 脉冲编码调制(PCM)

从图 2.1 中不难看出,要实现 PCM 数字通信,首先应在发送端完成对模拟信号的抽样、量化、编码 3 个步骤,实现模拟信号的数字化。

2.1.1 抽样定理

抽样也称为取样,是模拟信号数字化的第一步,取样是在指定的时间里,取该时间上模拟信号的瞬时值,可以用图 2.2 所示的取样模型来表示抽样的过程,取样脉冲 $s(t)$ 到来时,取样开关闭合,输出为该时刻信号的瞬时值;无取样脉冲 $s(t)$ 到来时,取样开关断开,输出为 0。经过取样,原模拟信号变成了一系列窄脉冲序列,脉冲的幅度就是取样瞬时的信号值,经过取样,连续的模拟信号在时间上被离散化了,如图 2.3 所示。

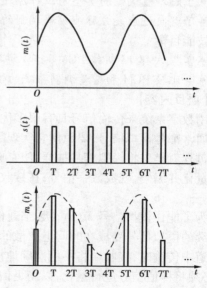

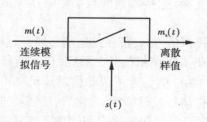

图 2.2 取样模型

图 2.3 模拟信号的抽样

在图 2.3 中,离散样值 $m_s(t)$ 的包络线仍与原来的模拟信号 $m(t)$ 的形状一致,因此,离散样值信号 $m_s(t)$ 包含有原模拟信号 $m(t)$ 的信息,此样值也称为脉冲幅度调制(PAM)信号。该样值信号在时间上虽然是离散的,但其幅度值仍然有无限多个可能的取值,所以它仍然是模拟信号。

在对信号进行抽样时还应该考虑到抽样脉冲 $s(t)$ 的抽样频率究竟要取多高,才能保证在接收端接收到的信号经解码之后还原出的 PAM 信号中可以恢复出原来的模拟信号 $m(t)$。

(1)低通信号的抽样频率

抽样定理又称取样定理或采样定律,按其发现者的名字命名为奈奎斯特(Nyquist)定律,它是模拟信号数字化的理论基础。其基本意义是:若对某一时间连续的信号进行抽样,抽样速率(频率)取什么样的数值才能保证所取得的抽样值能够准确地还原出原信号。

低通信号的抽样定理:设有一个频带限制在 $(0～f_H)$ 内的连续模拟信号 $m(t)$,若对它以大于或等于每秒 $2f_H$ 次的速率进行抽样,则取得的样值完全可以确定 $m(t)$。从该定理中可知,$m(t)$ 是低通信号,其最高频率为 f_H,则对应的抽样速率:

$$f_s \geqslant 2f_H \tag{2.1}$$

抽样速率也可称为奈奎斯特速率,单位为 Hz,故又被称为抽样频率。一般采用等间隔取样,只要在取样过程中满足以上条件,所取得的样值就可以确定原信号 $m(t)$。

在实际通信系统中,考虑到实际滤波器特性的不理想,为避免样值信号的频谱与原信号的频谱发生混叠,通常取抽样频率比 $2f_H$ 大一些,但也不能取太大,能满足 $f_s \geqslant 2f_H$ 即可,以免频谱间隔太大,降低信道的复用率,浪费频率资源。比如话音信号的上限频率通常在 3.4 kHz 左右,抽样频率通常取 $f_s = 8$ kHz。

(2)带通信号的抽样频率

上述的抽样速率是假定信号带宽为 $0～f_H$ 的条件下得到的,它对任何低通带限信号都成立。但是,若连续信号的频带不是限制在 $0～f_H$,而是限制在 $f_L～f_H$,其中 f_L 为信号的最低频率,f_H 为信号的最高频率,且带宽 $B = f_H - f_L \leqslant f_L$ 时,则这样的信号称为带通型信号。

如果采用低通信号的抽样定理对这种信号进行抽样,虽然抽得的样值完全可以表示原信号 $m(t)$,但抽样信号的频谱中会有较多的频谱空隙得不到利用,使信道的利用率不高,为此,在不产生频谱重叠的前提下,降低抽样速率,以减小传输带宽。对于带通信号而言,可以使用比信号中最高频率 2 倍还要低的抽样速率。

带通信号的抽样定理:如果模拟信号 $m(t)$ 是带通信号,频率限制在 $f_L～f_H$,则最低抽样速率必须满足:

$$f_{s\,min} = \frac{2f_H}{m+1} \tag{2.2}$$

式(2.2)中,m 取 f_L/B 的整数部分,而在一般情况下,抽样速率应满足如下关系:

$$\frac{2f_H}{m+1} \leqslant f_s \leqslant \frac{2f_L}{m} \tag{2.3}$$

只要满足式(2.3),抽样信号频谱就不会发生重叠,如果特别要求原始信号频带与其相邻频带之间的频带间隔相等,则可选择如下抽样速率:

$$f_s = \frac{2(f_L + f_H)}{2m+1} \tag{2.4}$$

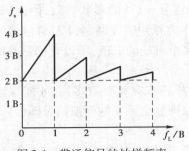

图2.4　带通信号的抽样频率

图2.4 说明了带通信号抽样速率的取值范围,从图中可以看出,带通信号的抽样速率为2~4 B,即$2 B \leqslant f_s \leqslant 4 B$。取值随$f_L/B$不同而异,当$f_L/B$为整数时,$f_s$最小值为2 B,其他情况均大于2 B,并且随着$f_L/B$的增大,无论增大到什么情况,抽样速率均可近似取2 B。

以上介绍了低通信号和带通信号的抽样速率。对于一个模拟信号要采用多大的抽样速率对其抽样,首先要判断它是属于低通信号还是带通信号。若$f_L > B$时,它是带通信号,适用带通信号的抽样定理;若$f_L < B$时,它是低通信号,适用低通信号的抽样定理。

(3)实用抽样技术种类

理想抽样过程是采用周期性冲激序列对连续模拟信号进行抽样,但是这种没有时间宽度的周期性冲激序列在现实中并不存在。因此,实际上都是采用周期性窄脉冲序列来完成的,由此产生了两种不同的抽样技术:自然抽样和平顶抽样。

自然抽样时,抽取的样值信号的幅度在每个抽样脉冲持续期间一直跟随模拟信号波形的变化而变化,样值信号的顶部与连续模拟信号的波形完全贴合。在抽样速率满足奈奎斯特定律的情况下,这样的样值信号经低通滤波器就可以无失真地恢复原连续模拟信号波形。

平顶抽样时,抽取的样值信号的幅度在每个抽样脉冲持续期间内为一个常数,其幅度值通常恒定为抽样脉冲开始时所抽取的连续模拟信号的值。平顶抽样通常由抽样电路和保持电路完成,抽取样值的幅值为抽样脉冲开始时模拟信号的值,并在整个抽样脉冲持续期间保持不变。这样,在这个抽样脉冲持续期间(称为孔径时间)内,抽取的样值信号与原来的连续模拟信号之间的失真称为孔径失真。

自然抽样和平顶抽样的示意图如图2.5所示。

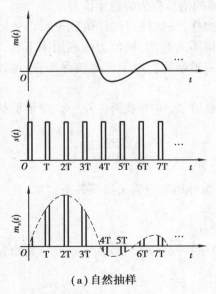

(a)自然抽样

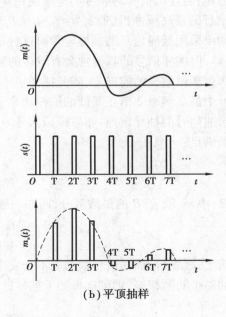

(b)平顶抽样

图2.5　自然抽样与平顶抽样

2.1.2　脉冲幅度调制(PAM)

PAM 是脉冲载波的幅度随消息信号 $m(t)$ 变化的一种调制方式。其实现方法是用宽度有限的窄脉冲序列作为抽样信号对消息信号 $m(t)$ 进行取样,所得到的随 $m(t)$ 的变化而变化的脉冲串序列就是 PAM 波。如图 2.3 和图 2.5 中的 $m_s(t)$ 所示。通常只要按取样定理选取抽样信号的周期 T_s,保证 $1/T_s$ 等于或大于 $m(t)$ 上限频率的两倍即可得到 PAM 波信号。

PAM 信号通常会产生幅度失真,即在取样脉冲宽度内,被抽取的信息幅度并非都是相等的;同时引入时延后,将会引起脉冲的中心无法对准取样时刻,也会引起失真。因此,PAM 波抗干扰能力很差,一般很少用它传输信息,而是把它作为一种中间处理信息的手段,以便过渡到其他脉冲调制方式。但在信道性能良好的情况下,采用时分复用的方式,只要接收机和发射机同步,也可以达到良好的 PAM 通信。PAM 的另一个特点是解调比较简单,只需要一个截止频率等于 $m(t)$ 最高频率的低通滤波器即可。

2.1.3　量化

模拟信号经抽样后变成了离散样值信号 PAM,为了适合数字系统传输,必须将样值信号变换成数字信号,也就是用二进制码来代替样值脉冲。样值脉冲是随时间变化的模拟信号,因此它具有的幅度会有无穷多种不同的值,若要将这些样值用二进制码来表示,势必要用无穷多位二进制码才能表示一个样值,这实际上是无法实现的。因此要将抽样信号的无穷多个取值"近似"为有限个标准值,然后用有限位二进制数表示,这个近似的过程称为量化。这有限个标准值与原抽样信号之间存在误差,这个误差称为量化误差,对于信号来说这相当于一种噪声,所以也称为量化噪声。若要将 $-U \sim +U$ 的抽样值用 n 位二进制码来表示,可在 $-U \sim +U$ 均匀分成 2^n 等份,每一等份称为一个量化间隔,又称为量化级或量化阶距,简称量阶。每一量化间隔的中间值称为该量化间隔的量化值。

(1)均匀量化

每一量化级都相等的量化称为均匀量化,该量化间隔也称为量化阶距,用 Δ 表示。根据这种量化进行的编码称为线性编码。均匀量化的间隔是一个常数,其大小由输入信号的变化范围和量化电平数决定。如输入信号的最大值为 H,最小值为 L,量化电平数为 N,则均匀量化间隔 Δ 的大小为:

$$\Delta = \frac{H - L}{N} \tag{2.5}$$

均匀量化的特性曲线如图 2.6 所示,图中的 x 和 x_q 分别是量化器的输入和输出。从图中可以看出,输出端用四舍五入的方法将连续变化的输入信号转换成了阶梯状的输出信号,每一阶梯的差值就是一个量化阶距 Δ。由于用量化值取代了准确的抽样值,所以量化过程会在重现信号中引入不可消除的误差,这种误差称为量化误差。量化误差对通信的影响类似于在系统中引入了附加噪声。对话音通信,表现为背景噪声;对图像通信,表现为使连续变化的灰度出现不连续现象。

由于量化误差表现为量化噪声,可以用研究噪声的方法来研究量化误差的影响。设量化器的输出信噪比为 S_q/N_q,则对于用 n 位二进制码表示的输出信号,样值被分为 N 个量阶,即 $N = 2^n$。此时有如下的量化信噪比表示公式:

$$\frac{S_q}{N_q} \approx 10 \lg N^2 = 20n \lg 2 \approx 6n \tag{2.6}$$

这表明,每增加一位编码,量化信噪比大约可以增加 6 dB。均匀量化的量化信噪比与编码的位数有关,编码位数越高,输出信噪比就越高。为了保证有足够的量化信噪比,在均匀量化中就必须靠增加量化级数的方法来实现。例如,话音信号要求在信号动态范围大于 40 dB 的情况下,量化信噪比不能低于 26 dB。由式(2.5)可以算出,此时 $n \geqslant 11$。也就是说,每个样值至少需要编 11 位二进制码。这一方面使设备的复杂性增加,另一方面又使二进制码的传输速率过高,占用频带过宽。而在大信号时信噪比又显得过分地大,造成不必要的浪费。这就使得必须找到一种既能满足量化信噪比及动态范围指标,同时编码的位数要求又比较少的量化系统,这就是非均匀量化系统。

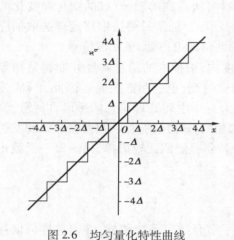

图 2.6　均匀量化特性曲线

（2）非均匀量化

在均匀量化中,量化噪声与信号电平大小无关。量化误差的最大瞬时值等于量化阶距的一半,即 $\Delta/2$,所以信号电平越低,信噪比越小。例如,对于话音信号,大声说话对应的电压值比小声的约大 10^3 倍,而"大声"的概率是很小的,主要是小声信号。为了使小幅度信号的信噪比满足要求,必须使量化阶距跟随输入信号电平的大小而改变,即在输入小信号时,用小的量化阶去近似;输入大信号时,用大的量化阶去近似。这样使输入信号与量化噪声之比在小信号到大信号的整个范围内基本一致。对大信号进行量化所需的量化级数比均匀量化时少。这样缩短了实际编码码字的长度,提高了通信效率。

在实际中,人们利用压扩技术实现非均匀量化,其原理如图 2.7 所示。在进行均匀量化之前,先对信号进行一次处理;对大信号进行压缩,对小信号进行放大。由于小信号的幅度得到较大的放大,从而使小信号的信噪比得到较大改善,这一处理过程通常称为压缩量化,它是由压缩器完成的。在整个压扩过程中,PAM 信号先经过压缩器压缩,再进行均匀量化,经过编码后送入信道传输。在接收端将解码后的 PAM 信号恢复为原始信号 $m(t)$,扩张特性与压缩特性相反。从图 2.7 的(b)图中可以看出,压缩和扩张的特性曲线是相同的,只是输入和输出坐标互换而已。整个过程实际上是在编码之前先把信号的动态范围压缩,然后在译码之后再把信号的动态范围扩张。

上述的特性在早期是通过非线性器件来实现的,也就是用模拟的方式来实现的。目前则广泛采用数字集成电路来实现压扩律,也就是数字压扩技术。在实际通信系统中采用的数字非线性压扩技术有两种,一种是以 μ 作为参量的压扩特性,称为 μ 律特性;另一种是以 A 作为参量的压扩特性,称为 A 律特性。μ 律主要用于美国、加拿大和日本等国的 PCM 24 路基群中,A 律主要用于中国和英、法、德等欧洲各国的 PCM 30/32 路基群中。在 CCITT 建议中规定,以上两种压扩特性都为国际标准,且在国际通信中一致采用 A 律。在这里将只讨论 A 律特性。

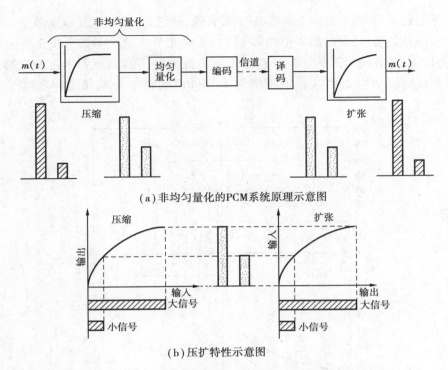

(a)非均匀量化的PCM系统原理示意图

(b)压扩特性示意图

图 2.7   非均匀量化的 PCM 系统原理及压扩特性示意图

1)13 折线 A 律压扩

不论是 A 律还是 μ 律,其压缩特性都具有对数特性,是关于原点呈中心对称的曲线。A 律特性的表示式为:

$$Y = \frac{AX}{1 + \ln A} \qquad 0 \leqslant |X| \leqslant \frac{1}{A} \qquad (2.7)$$

$$Y = \frac{1 + \ln AX}{1 + \ln A} \qquad \frac{1}{A} \leqslant |X| \leqslant 1 \qquad (2.8)$$

式(2.7)和式(2.8)称为 A 律压缩特性公式。式中 A 为压扩系数,表示压缩的程度。A 的取值不同,表示压缩特性的不同。当 A 等于 1 时,对应于均匀量化,无压缩。当 A 值越大时,在小信号处斜率越大,对提高小信号的信噪比越有利,如图 2.8 所示。

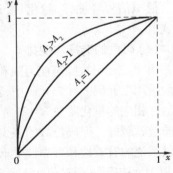

图 2.8 A 律压扩特性

2)13 折线特性

图 2.9 为近似 A 律 13 折线压缩曲线,图中 x 和 y 分别表示归一化输入和输出信号的幅度。将 x 轴的区间(0,1)不均匀地分为 8 段,分段的规律是按段距近似为 1/2 的幂次分段,然后,每段再均匀地分为 16 等份,每一等份为一个量化分层。因此在(0,1)范围共有 8×16 = 128 个量化分层,但各段上的阶距是不均匀的,把 y 轴在(0,1)区间均匀地分为 8 段,每段再等分为 16 份,因此 y 轴在(0,1)范围内被分为 128 个均匀的量化层。将 x 和 y 的分段点连接起来,在正、负方向上分别得到 8 个折线段,正方向的 1、2 段和负方向的 1、2 段斜率相同,因此可连在一起

作为一段,于是在正、负两个方向上共形成 13 段折线,如图 2.9 所示。这就是数字非均匀压缩的 A 律 13 折线压缩特性,此时的 A 值约等于 87.6。一般在实际中只需分析正方向的 8 段即可。在正方向上,第⑧段的斜率为 $1/8 \div 1/2 = 1/4$,以此类推;第⑦段的斜率为 $1/2$,第⑥段的斜率为 1,第⑤段的斜率为 2,第④段的斜率为 4,第③段的斜率为 8,第②段和第①段的斜率为 16。

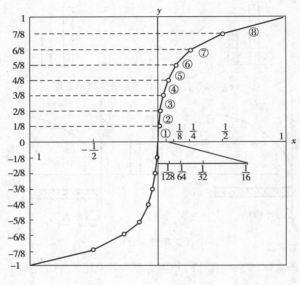

图 2.9 A 律 13 折线压缩特性

2.1.4 编码

模拟信号经抽样、量化后,还需要进行编码处理,才能使离散样值信号变成数字信号的形式。

（1）码位的选择与安排

由于二元码抗噪声能力强和易于再生,同时在电路上也容易实现,因此,在 PCM 通信系统中一般采用二元码。在二元码中,若有 n 个比特,共可组成 2^n 个不同的码字,可表示 2^n 个不同的抽样值。相应的量化阶数 $N = 2^n$,N 越大,量阶的值就越小,量化分层越精细,量化信噪比就越大,通信质量就越好。但码位数的多少将会受编码电路和信道带宽的限制,实际上码位数应根据 PCM 通信系统的有效性和可靠性要求对其进行适当选取。在实际应用中常根据 A 律 13 折线特性用 8 位 PCM 码表示一个样值。下面将讨论有关 A 律 13 折线的码位安排和编码方法。

A 律 13 折线 PCM 编码由 $B_1B_2B_3B_4B_5B_6B_7B_8$ 共 8 位码组成,其中 B_1 表示极性码,$B_2B_3B_4$ 表示段落码,$B_5B_6B_7B_8$ 表示段内码。各位码字的意义如下:

极性码表示信号样值的正负极性,"1"表示正极性,"0"表示负极性。

段落码表示信号样值属于哪一段,同时也表示各段不同的起点电平。A 律 13 折线压缩律有 8 个折线段,每段的长度各不相同,第①段和第②段的长度最短,为 $1/128$,第⑧段最长,为 $1/2$。同时每一段的起点电平都不相同,如第①段为 0,第②段为 16 等。

段内码用于表示各小段在折线段内所处的位置。在各折线段内,再均匀划分成 16 个小段。由于各段长度不同,每段均匀分为 16 小段后,每一小段的量化值也不同。第①段和第②

段为 $1/128$，等分 16 个单位后，每一量化单位为 $1/128 \times 1/16 = 1/2\,048$；第 8 段为 $1/2$，每一量化单位为 $1/2 \times 1/16 = 1/32$。若以第 1 段、第 2 段中的每一量化单位 $1/2\,048$ 作为一个最小均匀量化阶 Δ，则在第①~⑧大段内的每一小段依次为 1Δ、1Δ、2Δ、4Δ、8Δ、16Δ、32Δ、64Δ。它们之间的关系如表 2.1 所示。

表 2.1　各段落长度及段内量化阶

折线段落编号	①	②	③	④	⑤	⑥	⑦	⑧
段起始电平	0Δ	16Δ	32Δ	64Δ	128Δ	256Δ	512Δ	1024Δ
段落长度	16Δ	16Δ	32Δ	64Δ	128Δ	256Δ	512Δ	1024Δ
段内量化阶 Δ_i	1Δ	1Δ	2Δ	4Δ	8Δ	16Δ	32Δ	64Δ
段落码	000	001	010	011	100	101	110	111

【例 2.1】　设样值信号为 $U_s = +658\Delta$，试编写其对应的 8 位 PCM 码。

解：由于 U_s 为正极性，所以 $B_1 = 1$。

查表 2.1 可知，因为 $1024\Delta > U_s > 512\Delta$，所以该样值处于第⑦段，对应的段落码 $B_2B_3B_4 = 110$

其段内电平为：$U_s - U_{7\text{起}} = 658\Delta - 512\Delta = 146\Delta$，折算为段内量阶 $146\Delta/32\Delta = 4.6 \approx 5$，转换成二进制码为 0101，表示该样值的段内码为：$B_5B_6B_7B_8 = 0101$

最后得到该样值的 8 位 PCM 码：$B_1B_2B_3B_4B_5B_6B_7B_8 = 11100101$

（2）A 律 13 折线编码原理及过程

前述的 A 律 13 折线 PCM 编码方法是基于其编码原理所得的，但并不适于在电路中实现，所以下面将主要介绍逐级反馈型编码的原理和过程，逐次反馈型编码原理框图如图 2.10 所示。

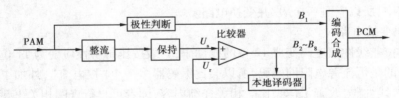

图 2.10　逐次反馈型编码原理框图

由整流、极性判断、保持、比较、本地译码器等主要部分组成。量化后的样值 PAM 信号，直接进行极性判断，编出第一位极性码 B_1。当极性为正时，$B_1 = 1$，当极性为负时，$B_1 = 0$；同时 PAM 信号经整流、保持展宽后送入逐次反馈型比较器进行编码，可依次编出 $B_2 \sim B_8$ 位幅度码。在图 2.10 中，U_s 代表信号幅度，U_r 代表本地解码的输出，把 U_r 作为每次比较的起始标准；当 $U_s > U_r$ 时，由比较器判断输出"1"；当 $U_s < U_r$ 时，由比较器判断输出"0"。经过前 3 次比较，可以确定段落码 $B_2B_3B_4$，再通过 4~7 次的比较就可以确定最后的 4 位段内码 $B_5B_6B_7B_8$。

2.1.5　解码

（1）A 律 13 折线 PCM 解码原理

PCM 信号的解码是编码的逆过程。译码时，按照 PCM 编码的相反步骤，根据 PCM 码组的极性码、段落码和段内码分别确定译码后样值的极性、所在段落和段内的电平值,最终还原出原样值。判断的依据同样是表2.1。

【例2.2】 PCM码组的8位码为11010110,试写出其对应的信号样值幅度。

解:极性码$B_1 = 1$,说明样值为正极性。

段落码$B_2B_3B_4 = 101$,查表2.1表明,该样值在第⑥段,段落起始电平为256Δ,对应的段内量阶$\Delta_6 = 16\Delta$。

段内码为$B_5B_6B_7B_8 = 0110$,折算成十进制等于6,则段内电平为:$6 \times \Delta_6 = 6 \times 16\Delta = 96\Delta$。

则该8位码所对应的信号样值为:$+(256\Delta + 96\Delta) = +352\Delta$。

(2)解码器

例2.2表现的解码过程是我们用人工解码时的步骤,当用解码器来解码时,上述步骤就不能实现了。PCM解码所用的解码器一般采用电阻解码网络来实现,它将根据A律13折线压扩特性输入的并行PCM码进行数/模变换,还原为PAM样值信号。目前多采用权电流线性电阻网解码,其解码原理框图如图2.11所示。

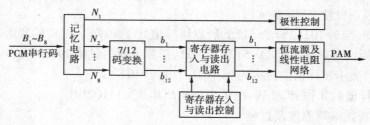

图2.11 恒流源电阻网络解码原理框图

1)记忆电路

它的作用是将次序输入的串行PCM码变成同时输出的并行码,一起送入极性控制和7/12码元变换电路中,所以它是一个串/并变换电路。

2)7/12码变换电路

它是将7位非线性幅度码变成12位的线性码,一般按压扩特性应变为11位码,但由于在解码器中使用的是恒流源电阻网解码,所以会比编码器多一个"权电流",外加了半个量化级,从而形成12位线性码,改善了信噪比。相关详细内容,读者可自行查阅相关书籍。

3)极性控制

由极性控制电路检出极性码元,以使恢复出来的PAM信号能具有原来的极性。

4)寄存器读出电路

它将7/12码元变换电路得到的12位串行线性码进行并行调整,因此它属于一个串/并转换电路,得到的12位线性码代表一个量化样值幅度,用它去控制相应的恒流源及电阻网络的开关,就会产生对应的解码输出,得到的是量化幅度值。

5)恒流源及线性电阻网

其由恒流源、码元控制开关、线性电阻网组成,12位码元分别控制相应的码元控制开关,当某位码元为1时,对应开关闭合,相应的恒定电流源就会流经电阻网络,最后得到的输出电压值就是所要恢复的信号量化样值。

最后将译码器输出的PAM信号经过一个上限截止频率为原信息最高频率f_H的低通滤波

器,就可恢复出原来的信号。如果在传输过程中没有误码出现,那么恢复出来的信号除了量化噪声以外,就没有其他噪声了。

早期的 PCM 系统多采用公用的编、译码器。系统的可靠性较差,同时存在着话路间串扰等缺点。随着大规模集成电路技术的发展,集成电路的成本大幅度下降。采用集成单路编译码器,不仅可提高设备的可靠性,还可降低设备功耗和使设备小型化,并且可以与数字交换机直接连接。从而有效地克服了公用编、译码器造成的话路串扰,系统可靠性差等缺点。常用的集成单路编译码器有美国 Intel 公司生产的 2911A、2914A 等芯片。

2.1.6　PCM 系统的抗噪声性能

影响 PCM 系统性能的噪声源主要有传输噪声和量化噪声。传输噪声(信道噪声)是在发射机输出和接收机输入之间(信道)的任何地方都可以引入,以加性噪声为主。它会在接收到的 PCM 信号波形中造成错误比特,例如在二元码系统中,"1"随机地错成"0",或"0"随机地错成"1"。这种错误越多,信息的失真度越大。

由于 PCM 要用 n 位二进制代码表示一个抽样值,即一个抽样周期 T_s 内要编 n 位码,所以每个码元的宽度为 T_s/n,码位越多,码元宽度越小,占用带宽越大。显然,传输 PCM 信号所需要的带宽比模拟基带信号 $m(t)$ 所需的带宽大得多。

对于最高频率为 f_H 的低通模拟信号 $m(t)$,按照抽样定理得到的抽样速率 $f_s \geq 2f_H$,则采用 n 位二进制码时的码元速率为:

$$R_B = n \cdot f_s = 2n \cdot f_H \tag{2.9}$$

对于上述信号,采用理想低通特性时的带宽为:

$$B = \frac{R_B}{2} = \frac{n \cdot f_s}{2} = n \cdot f_H \tag{2.10}$$

实际应用时采用升余弦特性时的带宽为:

$$B = R_B = n \cdot f_s = 2n \cdot f_H \tag{2.11}$$

由式(2.6)可知,量化器的输出信噪比约为 $6n(\text{dB})$,则根据式(2.6)和式(2.10)得到:

$$\frac{S_q}{N_q} \approx 6n = 6\frac{B}{f_H} \tag{2.12}$$

从式(2.12)可看出,量化的位数 n 和信号带宽 B 越大,量化器的输出信噪比越高;信号的最高频率 f_H 越高,则量化器的输出信噪比越低。

任务 2.2　增量调制(ΔM)

增量调制 ΔM(或 DM)是不同于 PCM 的另一种模拟信号数字化的方法,其基本思想是利用相邻样值信号幅度的相关性,以相邻样值信号幅度的差值变化来描述模拟信号的变化规律,即将前一样值点与当前样值点之间的幅值之差编码来传递信息。因这种差值又称为增量,所

41

以这种利用差值编码进行通信的方式称为"增量调制(Delta Modulation)"。采用这种编码方式的主要目的在于简化语音编码的方法。

2.2.1　简单增量调制（ΔM 或 DM）

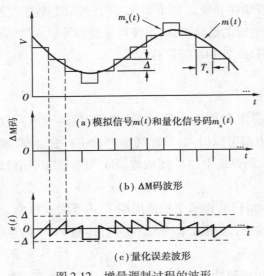

（a）模拟信号$m(t)$和量化信号码$m_a(t)$

（b）ΔM 码波形

（c）量化误差波形

图 2.12　增量调制过程的波形

简单增量调制是预测编码中最简单的一种，它将信号瞬时值与前一个抽样时刻的量化值之差进行量化，而且只对这个差值的符号进行编码，而不对差值的大小编码。在简单增量调制中，量阶 Δ 都是固定不变的，因此量化只限于正和负两个电平，只用 1 bit 传输一个样值。如果差值是正的，就发"1"码；若差值为负就发"0"码。因此数码"1"和"0"只是表示信号相对于前一时刻的增减，不代表信号的绝对值。简单增量调制（ΔM）实际上是一种编码数 $n=1$ 的差值脉码调制（DPCM）的重要特例，所以又称为 1 比特量化。图 2.12 画出了增量调制过程的波形图，在图 2.12（a）

中，$m(t)$ 为原模拟信号，$m_a(t)$ 为量化后的近似阶梯波形，$m_0(t)$ 为解码输出波形。图 2.12（b）所示为 ΔM 编码输出，其对应的编码为 000111110000…。图 2.12（c）所示为 $m(t)$ 和 $m_a(t)$ 的差值信号，是 ΔM 编码的依据。

在接收端，每收到一个"1"码，译码器的输出相对于前一个时刻的值上升一个量阶，每收到一个"0"码就下降一个量阶。当收到连"1"码时，表示信号连续增长；当收到连"0"时，表示信号连续下降。译码器的输出再经过低通滤波器去掉高频量化噪声，从而恢复原始信号，只要抽样频率足够高，量化阶距大小适当，接收端恢复的信号与原信号非常接近，量化噪声可以很小。

单路信号的增量调制 ΔM 系统简化方框图如图 2.13 所示。通常采用单纯的积分器作为译码器（预测器）。

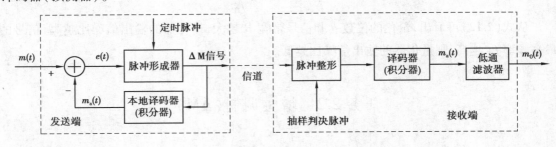

图 2.13　单路 ΔM 系统简化框图

在 ΔM 系统中量化误差产生的失真主要有两种：一般失真和斜率过载失真，可称为颗粒噪声和斜率过载噪声。前者是由于 Δ 过大，在 $m(t)$ 变化缓慢的时候，$m_a(t)$ 相对于 $m(t)$ 产生较大的摆动而造成的失真。而后者是由于当输入信号的斜率较大,调制器跟踪不上输入信号的变化而产生的。因为在 ΔM 系统中每个抽样间隔内只允许有一个量化电平的变化,所以当输入信号的斜率比抽样周期决定的固定斜率(Δ/T_s)大时,量化阶的大小便跟不上输入信号的变化,因此产生斜率过载噪声,如图 2.14 所示。

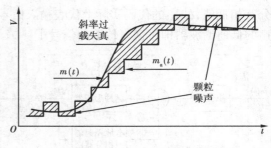

图 2.14　ΔM 中的量化噪声

2.2.2　改进型增量调制系统

在前面讨论的 ΔM 系统中,量阶 Δ 都是固定不变的,称为简单增量调制。简单增量调制由于量阶 Δ 保持不变,故存在以下几点主要缺点:第一,简单增量调制输入信号频率每提高一倍,量化信噪比下降 6 dB。所以简单增量调制时高频段的量化信噪比下降;第二,编码的动态范围(即不过载最大编码信号电平与最小编码信号电平之比)与输入信号的频率成反比。例如,在 32 kHz 的抽样频率下,若 S_0/N_q 最低限值为 15 dB,信号的动态范围只有 11 dB 左右,远远不能满足通信质量的要求(35~50 dB),除非抽样频率大于 100 kHz 才有实用意义。因此,人们提出了各种改进简单增量调制的方法。

(1)增量总和调制(Δ-Σ)

增量总和调制(Δ-Σ)主要是针对简单增量调制易出现过载失真而采取的改进措施。改进的办法是对输入模拟信号 $m(t)$ 先积分,然后进行简单增量调制。为什么先积分再进行增量调制就能改进简单增量调制的过载特性呢?下面加以简要说明。

从前面的分析知道,对于高频成分丰富的输入信号 $m(t)$,由于其在波形上急剧变化的时刻比较多,直接进行简单增量调制往往造成 $m_a(t)$ 跟不上 $m(t)$ 的变化,出现比较严重的斜率过载失真;而对低频成分丰富的输入信号 $m(t)$,由于其在波形上缓慢变化的时刻比较多,当幅度的变化在 Δ/2 以内,又会出现连续的"1""0"交替码,导致信号平稳期间幅度信息的丢失。但如果对输入的模拟信号 $m(t)$ 先进行积分,则积分以后信号波形将使 $m(t)$ 波形中原来变化急剧的部分变得缓慢,而原来变化平直的部分变得比较陡峭,这样就可以解决原输入信号急剧变化时易出现斜率过载失真和缓慢变化时易出现颗粒噪声的问题。由于对 $m(t)$ 先积分再进行增量调制,在接收端解调以后要对解调信号微分,以便恢复原来的信号。这种先积分后增量调制的方法称为增量总和调制,用 Δ-Σ 表示。

根据上面的分析,增量总和调制与 ΔM 的区别仅在于在发端先对 $m(t)$ 积分,即 $m(t)$ 经过积分器后再送到增量调制器,而收端译码器后面要加一个微分电路以抵消积分器对信号的影响(积分使信号的高频分量幅度减小),由此可以构成图 2.15 所示的 Δ-Σ 调制系统。图中接收端有一个积分器和一个微分器,微分和积分的作用互相抵消,因此,接收端一般只要一个低通滤波器即可。

ΔM 调制的代码反映了相邻两个抽样值变化量的正负,这个变化量就是增量,因此称为增量调制。增量又有微分的含义,因此增量调制也可称为微分调制。其二进制代码携带输入信号增量的信息,或者说携带输入信号微分的信息。正因为 ΔM 的二进制代码携带的是微分信息,因此接收端对代码积分就可以获得传输的信号了。Δ-Σ 调制的代码就不同了,因为信号是经过积分后再进行增量调制。这样 Δ-Σ 携带的是信号积分后的微分信息。由于微分和积分互相抵消，Δ-Σ 的代码实际上代表输入信号振幅信息。此时接收端只要加一个滤除带外噪声的低通滤波器即可恢复传输的信号了。

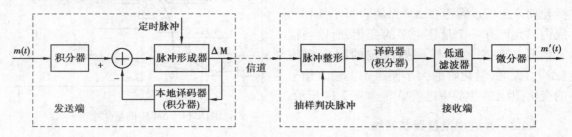

图 2.15　Δ-Σ 调制系统原理框图

从过载特性来看，设输入模拟信号为 $m(t) = A\sin\omega t$，在 Δ-Σ 调制系统中，是先对 $m(t)$ 积分再进行简单增量调制，只要满足不过载条件 $A \leqslant \Delta \cdot f_s$，其与输入信号频率 f 无关，这样信号功率 P 和信噪比 S/N_q 也都与输入信号频率 f 无关，只要信号的最大幅度不超过 $\Delta \cdot f_s$，系统就能正常工作。

另外，由于调制系统信噪比与输入信号频率 f 无关，这种系统对于需要预加重的话音信号比较合适，而预加重话音信号在接收端还要加上去加重的电路，这样还可以提高信噪比 2 dB 以上。

与简单增量调制相似，Δ-Σ 调制系统也存在动态范围小的缺点。要想解决这个问题，只有使量阶 Δ 的大小自动跟随信号幅度大小变化。

（2）自适应增量调制

通过上面对简单增量调制性能的讨论知道，依照信号斜率的大小来改变量阶 Δ，使之自动适应信号斜率的变化，是在适当的抽样频率下减小量化失真（过载失真和一般量化失真）的有效方法，自适应增量调制（ADM），就是一种可以自动调节量阶 Δ 的增量调制方式。在 ADM 中，因量阶 Δ 不再固定，这就相当于非均匀量化，故也称为压扩式自适应增量调制。为了使 ΔM 的量化级能自适应，人们研究了各种各样的方法。所有方法的共同点，都是在检测到斜率过载时开始增大量阶 Δ；斜率降低时减小量阶 Δ。有的方法是直接测量输入信号斜率或直接发送量阶信息，有的则是从传输数码中获取量阶信息。

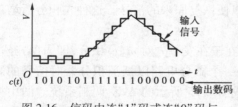

图 2.16　信码中连"1"码或连"0"码与
输入信号斜率的关系

根据自适应的速度（改变量阶所需时间的长短）的不同，ADM 又分为瞬时压扩和音节压扩两种。所谓瞬时压扩，是指量阶 Δ 随输入信号的瞬时值而自适应变化，其特点是量阶 Δ 的变化速度与抽样速度相同，即每一个 T_s，量阶 Δ 调整一次以跟踪输入信号斜率的变化。音节压扩是指量阶 Δ 随输入信号一个音节时间的平均斜率而改变。音节是指输入信号包络变化的一个周期。这个周期一般是随机的，但大量统计证明，这个周期趋于某一固定值，确切地说，音节就是指这个固定值。对于话音信号而言，一个音节一般约为 10 ms。因此，Δ 值按音节改变，就意味着在某一音节内量阶 Δ 值是保持不变的。但在不同音节内的 Δ 值将改变。对话音信号采用音节压扩比采用瞬时压扩具有更大的优越性。

数字压扩自适应增量调制是数字检测、音节压缩与扩张自适应增量调制的简称。在数字压扩自适应增量调制中,其量阶 Δ 是随输入信号一个音节时间内的平均斜率而变的。为了实现这一目的,首先要解决怎样提取一个音节时间内输入信号平均斜率的信息,并用该信息去控制量阶 Δ,使之作相应变化。为此,先来观察图 2.16 中所输出信码与输入信号斜率之间的关系。信源信号斜率的绝对值越大,则信码流 $c(t)$ 中连"1"码(对应正斜率)或连"0"码(对应负斜率)的数目也越多。由于输出数码流中,连码情况与信源信号的斜率有关,因此,一个音节时间内平均斜率的信息可以从 $c(t)$ 中提取。为实现上述原理,可用数字电路来检测和提取用于控制 Δ 变化的电压。即用数字电路检测一个音节时间内 $c(t)$ 连"1"码或连"0"码的数目,如该数目大,说明信号平均斜率的绝对值大,从而使量阶 Δ 增大,这就实现了使量阶电压 Δ 随输入信号一个音节时间内的平均斜率而变化的设想。因为改变量阶 Δ 的控制电压是用数字检测的方法得到的,故也称为数字检测音节压扩增量调制,其实现原理框图如图 2.17 所示。

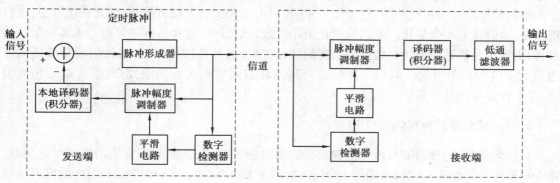

图 2.17　数字检测音节压扩自适应增量调制系统原理框图

从图 2.17 中可以看出,在发送端数字检测音节压扩增量调制是在简单 ΔM 的基础上加上数字检测、平滑电路和脉幅调制器三部分组成,这三部分共同起着音节压缩作用。其工作原理如下:

当数字检测器检测到一定长度的连"1"或连"0"码时,便输出一定宽度的脉冲,且连"1"或连"0"码越多(即信号斜率越大),输出的脉冲就越宽。这个输出脉冲加到平滑电路,实际上就是一个积分器,它起按照音节平均的作用,将带有平均斜率信息的输出电平就作为脉幅调制器的控制电平。由于控制电平在音节内已被平滑,故可看成基本不变,但在不同音节上将可能有不同的控制电平。控制电平太大时,脉幅调制器的输出脉冲幅度就高;反之,其输出脉冲幅度就低。这样,本地译码器输出的量阶 Δ 将随脉幅调制器输出脉冲幅度的变化而变化,从而达到了音节压缩的目的。由于量阶 Δ 的大小直接反映了重建模拟信号所需的斜率 Δ/T_s,且随脉幅调制器输出连续可变,故这种数字检测、音节压扩的增量调制又称为连续可变斜率增量调制。

由于这时输出的二进制码序列带有压缩的性质:不同音节内的"1"码对应上升的 Δ 可以不同,不同音节内的"0"码对应下降的 Δ 可以不同,因此,这时接收端译码应该是扩张译码,如图 2.17 所示,其方框组成相当于发送端的本地译码器再加一个低通滤波器,工作原理与发送端相似。

任务 2.3　自适应差分脉冲编码调制(ADPCM)

以较低的速率获得较高质量的编码一直是语音编码追求的目标,低速高质量语音编码的方法很多,归结起来,基本方法有两条,就是利用语音信号存在的冗余度和利用人耳的听觉特性来进行压缩编码。

语音信号的冗余主要表现在语音信号幅度分布的非均匀性和样点之间的相关性两个方面。前面介绍过的非均匀量化,就是利用了语音波形中不同幅值出现的概率不同,而且小幅值出现概率比大幅值的概率大,这就意味着存在冗余度。压缩这种冗余度的方法是对出现比较多的小幅值信号减小量化阶距,进行细量化,而对出现较少的大幅值信号,增大量化阶距,进行粗量化,这就是非均匀量化。非均匀量化采用对数压缩特性,这种特性正好符合人耳的听觉特点,因为人耳对语音幅值的灵敏度也呈对数特性,经过这种处理,7~8 位非均匀量化编码就能达到 12~14 位均匀量化的效果。此外还可利用样点间的相关性压缩冗余度,这就是预测编码,是本任务讨论的重点。

2.3.1　差分脉冲编码调制(DPCM)

对图像信号进行编码时,由于图像信号的瞬时斜率比较大,因此不宜采用简单增量调制,否则容易产生过载失真。如果采用 PCM,则数码率太高,例如,对于频带为 1 MHz 的可视电视电话进行编码,根据抽样定理,抽样速率 $f_s > 2$ MHz,若取 8 位码,则数码率为 16 Mbit/s。对于电视信号,图像基带为 6~8 MHz,若也取 8 位码,则数码率将大于 100 Mbit/s。因此,在图像信号编码中一般采用 DPCM 来压缩数码率。DPCM 的方框图如图 2.18 所示。

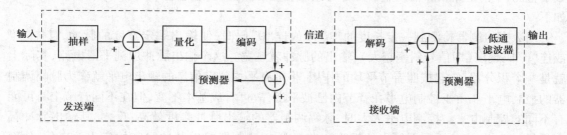

图 2.18　DPCM 原理框图

DPCM 系统综合了 PCM 和 ΔM 的特点。它与 PCM 的区别是:在 PCM 中是用信号抽样值进行量化、编码后传输,而 DPCM 则是用信号抽样值与信号预测的差值进行量化、编码后再传输。它与 ΔM 不同点是:在 ΔM 中用一位二进制表示增量,而在 DPCM 中是用 n 位二进码表示增量。因此它是介于 ΔM 和 PCM 之间的一种编码方式。由于差值信号的动态范围一般比信号小,如果已知输入信号的统计特性,则进行适当预测可使差值信号的动态范围更加缩小。实验表明,在较好图像质量的情况下,每一抽样值只需 4 bit 就够了,因此大大压缩了传送的比特率。另一方面,如果比特速率相同,则 DPCM 的信噪比相比于 PCM 可改善 14~17 dB。与 ΔM 相比,由于它增多了量化级,因此量化噪声的改善也优于 ΔM。DPCM 的缺点是较易受到传输线路噪声的干扰。因为 DPCM 能压缩比特速率的实质是由于图像信号相邻样值之间存在明显的相关性,因此用一般的 PCM 传输时,信号含多余信息。因为 DPCM 预测减少了多余信息,抗传输噪声的能力就降低了。所以在抑制信道噪声的能力方面不如 ΔM。因为当发生误码时,在 ΔM 中只产生一个增量的变化,而在 DPCM 中就可能产生几个量阶的变化,从而造成较大的输出噪声。

DPCM 预测效果与信号统计特性有密切关系。要使声音和图像信号(统计特性随时间变化)获得最佳的效果,预测电路应跟踪信号性质的变化。若采用固定的预测电路,传输效果会有所降低。

2.3.2　自适应差值脉冲编码调制(ADPCM)

在通话时,讲话人的话音以及通话过程的信号电平都是瞬时变化的,为了能在较宽的范围内得到最佳的性能,DPCM 可以采用自适应系统(自适应预测和自适应量化)。有自适应系统的 DPCM 称为自适应差值(增量)脉码调制,简称 ADPCM。与 PCM 相比,这种系统可以大大压缩数码和传输带宽,从而增加通信容量。用 32 kbit/s 数码率基本上保证 ITU-T 对 64 kbit/s PCM 的话音质量,而且可以保持一定的信道透明要求,抗误码能力优于 PCM。

图 2.19 为 ADPCM 编码器简化原理框图。它由 PCM 码/线性码变换器、自适应量化器、自适应逆量化器、自适应预测器及量化尺度适配器组成。编码输入的信号为非线性 PCM 码,根据用户要求,它可以是 A 律或 μ 律 PCM 码。为了便于进行数字信号运算处理,首先将 8 位非线性 PCM 码变为 12 位线性码,然后进入 ADPCM 部分。线性 PCM 信号与预测信号相减获得预测误差信号。自适应量化器将该差值信号进行量化并编成 4 位 ADPCM 码输出。

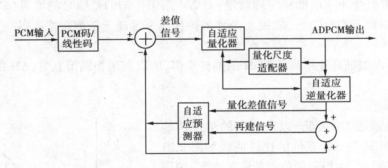

图 2.19　ADPCM 编码器简化原理框图

ADPCM 码流通过自适应逆量化器产生量化差值信号。量化差值信号与信号预测值相加形成再建信号。自适应预测器对再建信号及量化差值信号进行运算形成输入 PCM 信号的预测信号估计值。

图 2.19 中量化尺度适配器包括定标因子自适应和自适应速度控制两个电路。编码器中的量化器和逆量化器的自适应均受量化尺度适配器的定标因子的控制,为了适应语音信号、带内数据、信令等信号的不同统计特性,一般定标量化器采用双模式自适应方式。

自适应的速度受快速和慢速标度因子的组合控制,这种控制由量化尺度适配器中的自适应速度控制完成。控制参数由输出 ADPCM 码的适当滤波获得。译码器由自适应逆量化器、自适应预测器、PCM 码/线性码变换器、量化尺度适配器以及同步编码调整组成,如图 2.20 所示。

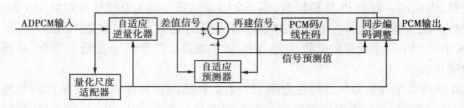

图 2.20　ADPCM 译码器简化原理框图

译码器中的译码过程与编码有相同的电路,只是多了一个同步编码调整,其作用是使级联工作时不产生误差积累。所谓同步级联是指 PCM→ADPCM→PCM→ADPCM→PCM…,即在数字等级上实现 PCM 和 ADPCM 转接,这是在综合数字网(IDN)或综合业务数字网(ISDN)中信号经若干节点时出现的情况。

任务 2.4　PCM 和 ΔM 系统性能比较

PCM 和 ΔM 都是模拟信号数字化的基本方法,都需要先对模拟信号进行抽样。它们之间的根本区别是:PCM 是对样值本身进行编码,而 ΔM 是对相邻样值的差值的极性进行编码。

下面对两种编码调制方式进行一些比较。

1)抽样速率

PCM 系统的抽样速率由抽样定理确定;而 ΔM 系统传输的是信号的增量(斜率),所以抽样速率不能由抽样定理确定。一般说来,ΔM 的抽样速率远高于奈奎斯特速率。

2)带宽

因为 ΔM 要求的抽样速率高于 PCM 的抽样速率,所以采用相同带宽时,ΔM 的通信质量不如 PCM。

3)量化信噪比

在无误码(或误码率极低)以及相同的信道传输速率的条件下,PCM 与 ΔM 系统的比较曲线如图 2.21所示。由该图可看出,在相同的信道传输速率下,编码位数 n 小于 4 的 PCM 系统的性能要低于 ΔM 系统;当编码位数 $n>4$ 时,则随着编码位数 n 的增大,相对于 ΔM 系统来说,PCM 系统的性能越来越好。

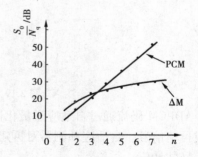

图 2.21　不同编码位数 n 的 PCM 系统与 ΔM 系统的性能比较

4)信道误码的影响

由于 ΔM 中每一码元都代表着相同的增量 Δ,即每一码元有相同的加权数值,因而发生误码时最多造成 ±2Δ 的误差。但在 PCM 中,它的每一码元都有不同的加权数值,例如,处于最高位的码元将代表 2^{n-1} 个量化级的数值,一旦产生误码将引起较大的误差。所以误码对 PCM 系统的影响要比对 ΔM 系统的影响严重。这就是说,为了获得相同的性能,PCM 系统将比 ΔM 系统要求更低的误码率。

5）设备复杂程度

PCM 一般采用多位编码,编码设备复杂,但通信质量较好,一般用于大容量干线通信;ΔM 由于只编一位码,所以设备简单,单路应用时不需要收发同步设备。但在多路应用时由于每一路均需要一套单独的编译码设备,成本上升很快。所以 ΔM 一般用于小容量支线通信。

目前随着集成电路技术的发展,ΔM 的优点已不是那么显著。ΔM 系统在进行语音通信时话音清晰度和自然度方面都不如 PCM。所以目前 ΔM 多用于通信容量小和对通信质量要求不高的场合,很少或根本不用于多路通信系统中。

小　结

1.模拟信号的数字化应经过抽样、量化、编码 3 个步骤。

2.低通信号的抽样定理:设有一个频带限制在$(0 \sim f_H)$内的连续模拟信号 $m(t)$,若对它以大于或等于每秒 $2f_H$ 次的速率进行抽样,即对应的抽样速率 $f_S \geqslant 2f_H$,则所得抽样值可完全确定原模拟信号 $m(t)$。

3.量化分均匀量化和非均匀量化两种。均匀量化也称为线性量化,它将 PAM 的取值范围均匀分成 N 等份$(N = 2^n)$。非均匀最化将小信号量化级分得较小,大信号量化级分得较大,即量化级是非均匀的,用较少的编码位数获得较大的信噪比。A 律 13 折线压扩特性是一种数字非均匀量化方法。

4.13 折线 PCM 用 8 bit 数字码来表示一个样值,其中 B_1 为极性码,说明样值的极性（“1”为正极性,“0”为负极性）;$B_2 B_3 B_4$ 为段落码,说明样值的幅度属于 8 个段落中的哪一段;$B_5 B_6 B_7 B_8$ 为段内码,用来说明样值属于该段落中的哪一个量化级。

5.增量调制 ΔM 调制系统用一位编码来跟踪信号 $m(t)$ 的变化。差值脉冲编码调制 DPCM系统是介于 PCM 和 ΔM 之间的一种编码方式,它是将样值与预测值之差作为被编码的信号。因被编码信号的动态范围变小了,因而可用较少的编码位数来达到一定的信噪比要求。

6.信号 $m(t)$ 的斜率较大时,ΔM 会出现过载失真的现象;当信号 $m(t)$ 的斜率较小时,会出现颗粒噪声（量化失真）。

思考与练习2

2.1　试述 PAM 通信和 PCM 通信各自的含义及它们之间的相互联系。

2.2　如果 $f_s = 8\ 000$ Hz,话音信号的频带为 $0 \sim 5\ 000$ Hz,能否完成 PAM 通信? 为什么?如果不能,如何解决?

2.3　什么叫低通型信号和带通型信号? 如果模拟信号的频带为 $100 \sim 1\ 400$ kHz,其抽样频率 f_s 应选多少?

2.4　将模拟话音信号变为数字信号,至少要经过哪些部件? 将数字信号还原为模拟信号至少又要经过哪些部件?

2.5　均匀量化与非均匀量化各有何特点? 为何在数字通信中一般都采用非均匀量化?

2.6　什么叫量化噪声？量化噪声是如何产生的？它与哪些因素有关？

2.7　若采用 A 律 13 折线特性编码，试编+473Δ、−42Δ、+8.5Δ 的 PCM 数字码？

2.8　什么叫增量调制？如何理解其差值序列可表示原模拟信号的信息？

2.9　DPCM 系统的量化误差取决于哪些因素？如何减小其量化误差？

2.10　试述 ADPCM 编、译码系统的工作原理。

项目 3

信道复用与数字复接

【项目描述】

本项目包含了频分复用、时分复用的基本原理及应用、准同步数字复接技术 PDH 的原理及实现方法、同步数字系列 SDH 的帧结构、复接原理。提高信道传输能力及传输效率的方法。

【项目目标】

知识目标：

- 掌握频分复用的原理；
- 掌握时分复用的原理；
- 了解数字复接技术；
- 了解 SDH 复接原理。
- 了解 WDM 技术基础；

技能目标：

- 掌握 PCM30/32 路制式基群帧结构；
- 掌握 SDH 页面帧结构。

【项目内容】

一般说来，通信传输设备和线路工程的费用要比通信终端的费用高得多，而一对终端之间的通信速率往往低于信道的容量，并且通信过程中总有停顿和间歇。由此，就可以把若干中低速数字信号合并成一个高速数字信号，再通过高速信道传输，传到对方再分离还原为多个中低速数字信号。以此方法来扩大传输容量、提高传输效率。

为了充分利用信道的传输能力，使多个通信终端共享信道的容量，这种共享技术就是多路复用技术。为了提高信道利用率，使多路信号沿同一信道传输而互不干扰，称为多路复用。

要实现一条传输信道的多路复用，关键在于把多路信号汇合到一条信道上之后，在接收端必须能正确地分割出各路信号。分割信号的依据是信号之间的差别，信号之间的差别可以是频率上的不同、信号出现时间上的不同或信号码型结构上的不同。多路复用技术实质上也是信号的分割技术。目前最常用的两种多路复用技术：一种是按照频率来分割信号，称为频分多路复用（FDM）；另一种是按照信号占用不同的时间位置来分割信号，称为时分多路复用（TDM）。

在频分复用（FDM）系统中，各信号在频域上是分开的，而在时域上是混叠在一起的；而在时分复用（TDM）系统中则恰恰相反，各信号在时域上是分开的，而在频域上是混叠在一起的，如图 3.1 所示。

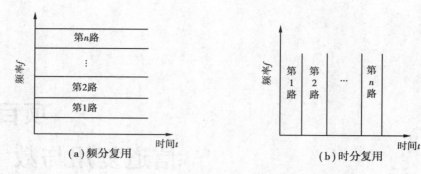

图 3.1 多路复用示意图

任务 3.1 频分复用(FDM)

3.1.1 频分复用原理

当要传输的信号带宽小于传输媒质的可用带宽时,就可以采用频分多路复用(FDM)技术。频分多路复用(FDM)是把每路信号调制到不同的载波频率上,而且各个载频之间保留足够宽的距离,使得相邻的频带不会相互重叠,并且还有一定的防护间隔,使得接收到的各路信号不但不会相互之间干扰,而且很容易用带通滤波器把各路信号再分割开来,恢复到多路复用前的分路情况。

频分复用系统组成原理图如图 3.2 所示。图中各路基带信号通过低通滤波器(LPF)滤除带外杂波后,分别对各自的载波进行调制,再经过带通滤波器(BPF)滤波,避免它们的频谱出现相互混叠,然后合成送入信道传输。在接收端,分别采用不同中心频率的带通滤波器分离出各路已调信号,经各自的解调器解调后恢复原始基带信号。

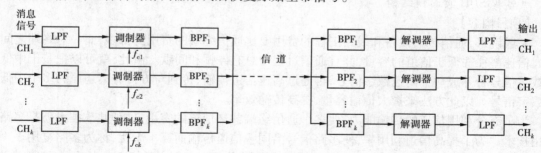

图 3.2 频分复用系统组成原理图

频分复用是利用各路信号在频率域不相互重叠来区分的。若相邻信号之间产生干扰就会使输出的信号产生失真。为了防止相邻信号之间产生相互干扰,应合理选择载波频率 f_{c1}, f_{c2},…,f_{ck},并使各路已调信号频谱之间留有一定的防护间隔。合并后的复用信号原则上可以直接在信道中传输,但有时为了更好地利用信道的传输特性,也可以再一次进行调制。

频分复用系统最大的优点是信道复用率高,允许复用的路数多,同时分路也很方便。它的主要缺点是设备生产较为复杂,因滤波器特性不够理想和信道内部存在非线性而导致路间干扰。

3.1.2 模拟电话多路复用系统

早期电话系统采用模拟多路复用载波电话系统模式,根据 CCITT(国际电报电话咨询委员会)的建议,采用单边带调制频分复用方式。北美多路载波电话系统的典型组成如图 3.3 所示。图 3.3(a)是其分层结构的前三级。层次结构的第一层是将 12 路电话语音信号复用成为一个基群(Basic Group);层次结构的第二层是将 5 个基群信号复用为一个超群(Super Group),共 60 路电话,这时每一基群被当作一个带宽为 12×4 kHz = 48 kHz 的单个信号来处理;层次结构的第三层是将 10 个超群复用为一个主群(Master Group),共 600 路电话。如果需要传输更多路电话,可以将多个主群再进行复用,形成超主群,每路电话信号的频带限制在 300~3 400 Hz,为了在各路已调信号间留出保护间隔,每路电话信号取 4 000 Hz 作为标准带宽。

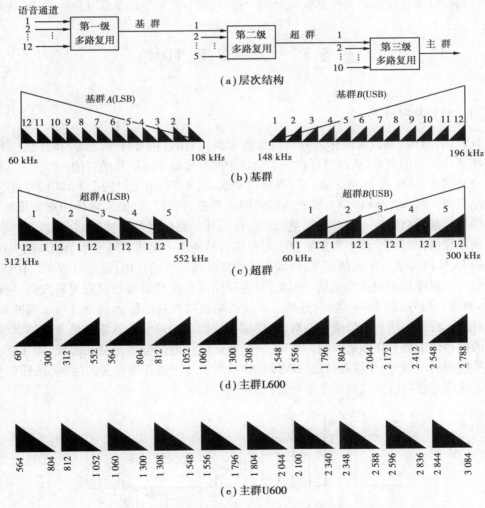

图 3.3 北美多路载波电话系统组成及主群频谱配置

一个基群由 12 路电话复用组成,其频谱配置如图 3.3(b)所示。每路电话占 4 kHz 带宽,采用单边带下边带(LSB)调制,12 路电话带宽共 12×4 kHz =48 kHz,频带为 60~108 kHz。或采用单边带上边带(USB)调制,频带范围为 148~196 kHz。

一个基本超群由 5 个基群复用组成,共 60 路电话,其频谱配置如图 3.3(c)所示。5 个基群采用单边带下边带合成,频率为 312~552 kHz,共 240 kHz 带宽。或采用单边带上边带合成,频率范围为 60~300 kHz。

一个基本主群由 10 个超群复用组成,共 600 路电话。主群频率配置方式共有两种标准:L600 和 U600,其频谱配置如图 3.3(d)、(e)所示。L600 的频率范围为 60~2 788 kHz,U600 的频率范围为 564~3 084 kHz。

应当注意的是,原始输入的语音或数据信号在 FDM 系统中被多次调制,每一步的复合都可能使原来的信号发生畸变而造成差错。为了减少畸变,同时也降低成本,作为一种变形的 FDM,可以将 60 路音频信道直接复接组成一个超群,而不需要经过基群复合器的接口和调制。

任务 3.2　时分复用(TDM)

3.2.1　时分复用原理

时分复用(TDM)是以时间作为分割信号的依据,利用各信号样值之间的时间空隙,使各路信号相互穿插而不重叠,从而达到在一个信道中同时传输多路信号的目的。

时分复用在 PAM 和 PCM 的条件下都可以实现,图 3.4 给出了对两个 PAM 信号进行时分复用的原理图。对 $m_1(t)$ 和 $m_2(t)$ 按相同的时间周期进行采样,只要采样脉冲宽度足够窄,在两个采样值之间就会留有一定的时间空隙。如果另外一路信号的采样时刻在时间空隙,则两路信号的采样值在时间上将不发生重叠。对每路信号抽样一次的时间为一个帧周期。在信道上传送的 PCM 码流是首尾连接的,接收端不能确定发送端帧的首尾,因而收、发两端用户在时间上不能一一对应地实现正常通信。因此,发送端除话音信号以外总是同时再发送一标识信号(称为帧定位信号)以表示一帧的开始。在接收端根据收到的标志信号就可以判断帧的始末,从而使收、发两端用户信号能一一对应,使接收端收到的信号能够正确恢复。该部分内容在后续的项目 7 中会有详细的介绍。另外,一个实际应用的时分多路复用系统,除了话音、帧同步信号所用的时隙外,还应有传送呼叫接续和控制以及网络管理有关的信号(统称信令)的时隙。上述概念也可以推广到 n 个信号进行时分复用。

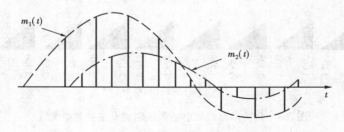

图 3.4　基带信号时分复用原理

与 FDM 方式相比较,TDM 方式主要有以下两个突出优点:

①多路信号的复用都是采用数字处理的方式实现的,通用性和一致性好,比 FDM 的模拟滤波器电路简单、可靠。

②信道的非线性会在 FDM 系统中产生交调失真和高次谐波,引起路间串话,因此要求信道的线性特性要好,而 TDM 系统对信道的非线性失真要求降低。

3.2.2 30/32 路 PCM 基群帧结构

CCITT 对话音 PCM 复用建议了两种系列:一种是一次群 PCM30/32 路系统(我国与欧洲采用这种方式),其二次群是 PCM120 路系统;另一种是一次群的 PCM24 路系统(北美与日本采用这种方式),其二次群是 PCM120 路系统。

PCM30/32 路制式基群帧结构如图 3.5 所示,共由 32 路组成,其中 30 路用来传输用户话语,2 路用作勤务。语音信号根据 CCITT 建议:每路话音信号抽样速率 f_s = 8 000 Hz,即对应的时间间隔为 $1/8000 = 125$ μs,即帧周期为 125 μs。一帧共有 32 个时间间隔,称为时隙。各个时隙从 0 到 31 顺序编号,分别记作 TS0,TS1,TS2,…,TS31。其中:

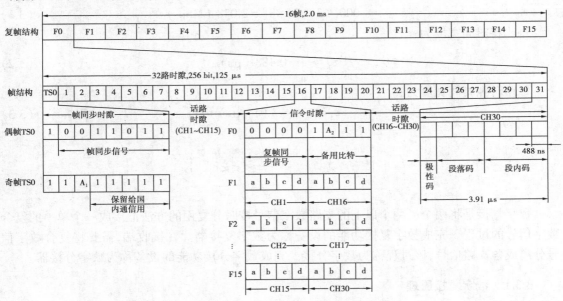

图 3.5 PCM30/32 路制式基群帧结构

①30 个话路时隙:TS1~TS15 和 TS17~TS31

这 30 个时隙用来传送 30 路电话信号(CH1~CH15 和 CH16~CH30)的 8 位编码码组。

②帧同步码、监视码时隙:TS0

偶帧 TS0 发送帧同步码 10011011,即 2~8 位固定发送帧同步码组。

奇帧 TS0 第 2 位码固定发送 1,作为监视码,监测出现假同步码组;第 3 位码用于失步告警,以 A_1 表示;第 4~8 位码用于国内通信,暂发 1。

TS0 的第 1 位码供国际通信使用,不用时发 1。

接收端在识别出帧同步码组后,即可建立正确的路序。

③信令与复帧同步时隙:TS16

专用于传送话路信令。在传送话路信令时,若将 TS16 所包含的总比特率集中起来使用,则称为共路信令传送;若将 TS16 按规定的时间顺序分配给各个话路直接传送各话路所需的信令,则称为随路信令传送。

当采用共路信令传送方式时,必须将 16 个帧构成一个更大的帧,称为复帧。复帧的重复频率为 500 Hz,周期为 2 ms,复帧中各帧顺次编号为 F0,F1,…,F15。

信令码占用时隙 TS16,它也是由 8 位码组成。每个话路的信令码需 4 位,1 个 TS16 时隙可传两路信令码。此外,电话通信中的标志信号的频率很低,抽样频率取 500 Hz 就足够了,也即每隔 16 帧传送一次信令就够了。这样,每一帧的 TS16 可传送两个话路的信令码,每 16 帧轮流传送一次。传送完全部 30 个话路,还剩一帧的 TS16 作复帧同步和复帧失步对告用,保证收、发两端 30 个话路的信令有秩序地传送和接收。复帧中 F1~F15 的 TS16 前 4 位码用来依次传送 1~15 话路的信令码(注意:不能编为"0",否则无法与复帧同步码相区别),后 4 位则依次传送 16~30 话路的信令码。F0 的 TS16 前 4 位发复帧同步码"0000",第 6 位 A_2 为复帧失步对告码,其余位码备用,可暂发"1"。

信息传输速率为:

$$f_b = 8\ 000\left[\ (30+2)\times 8\ \right] = 2.048\ (\text{Mbps}) \tag{3.1}$$

每比特时间宽度为:

$$\tau_b = \frac{1}{f_b} \approx 0.488\ (\mu s) \tag{3.2}$$

每路时隙时间宽度为:

$$\tau_1 = 8\ \tau_b \approx 3.91\ (\mu s) \tag{3.3}$$

任务 3.3　数字复接技术

数字复接是将两个或两个以上的支路数字信号按时分复用的方法汇接成一个单一的复合数字信号的过程。完成数字复接功能的设备称为数字复接器。在接收端,需要将复合数字信号分离成各支路信号,该过程称为数字分接。完成数字分接功能的设备称为数字分接器。

3.3.1　数字复接原理

(1)数字复接原理

数字复接实质上就是对数字信号的时分多路复用。对于数字复接设备,处理前和处理后的信号都是数字的,而对于时分复用则没有这一限制。数字复接系统组成原理如图 3.6 所示。数字复接系统由数字复接器和数字分接器组成。数字复接器将若干个低等级的支路信号按时分复用的方式合并为一个高等级的合路信号。数字分接器将一个高等级的合路信号分解为原来的低等级支路信号。

在数字复接器中,码速调整单元就是对输入各支路信号的速率和相位进行必要的调整,形成与本机定时信号完全同步的数字信号,使输入到复接单元的各支路信号同步。定时单元受内部时钟或外部时钟控制,产生复接需要的各种定时控制信号。调整单元及复接单元受定时单元控制。在分接器中,合路数字信号和相应的时钟同时送给分接器。分接器的定时单元受合路时钟控制,因此它的工作节拍与复接器定时单元同步。同步单元从合路信号中提出帧同步信号,再用它去控制分接器定时单元。恢复单元把分解出的数字信号恢复出来。

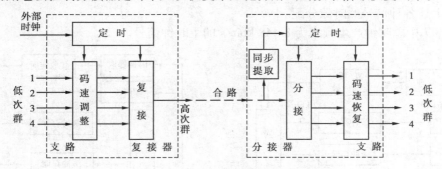

图 3.6　数字复接系统组成原理

(2)复接的方式分类

1)按参与复接的各支路信号每次交织插入的码字结构情况,复接的方式可分为:按位复接、按字复接和按帧复接。

①按位复接(又称比特单位复接)　这种方式每次复接一位码元。例如,复接 4 个基群信号,第一次取第一基群的第一位码,然后取第二基群的第一位码,再取第三基群、第四基群的第一位码;接下去取第一基群的第二位码,第二基群的第二位码,依次循环,复接后的每位码元宽度只是原来的 1/4。按位复接设备简单,只需容量很小的缓存器,较易实现,是目前应用得最多的复接方式。

②按字复接　按字复接就是每次复接取一个支路的 8 位码,各个支路轮流被复接。在某一个支路复接期间,必须把在其他 3 个支路的 8 位码储存起来,因此这种方式需要容量较大的缓冲存储器。但它保持了单路码字的完整性,有利于多路合成处理,将会有更多的应用。

③按帧复接　这种方式是对各个复接支路每次复接一帧。该方式不破坏原支路的帧结构,有利于交换,但要求由大容量的存储器,设备较复杂。但随着微电子技术的发展,其应用将越来越广泛。

2)按复接器输入端各支路信号与本机定时信号的关系,数字复接分为两大类,即同步复接和异步复接。

如果各输入支路数字信号相对于本机定时信号是同步的,那么基本无须任何调整或只需简单相位调整就可以实施复接,这种复接称为同步复接。如果复接器各输入支路数字信号相对于本机定时信号是异步的,需要对各支路进行频率和相位的调整,使之成为同步的数字信号,然后再实施同步复接,这种复接称为异步复接。同源信号的复接就是同步复接,异源信号的复接就是异步复接。这里所说的同源信号是指各个信号是由同一个主时钟产生,异源信号是指各个信号由不同的时钟源产生。异源信号中如果各个支路信号的速率与本机标称速率相同,而速率的任何变化都限制在规定的范围内,则称这种复接为准同步复接(PDH)。绝大多数异步复接都属于准同步复接。

①同步复接　简单地将几个支路信号合路为一个数字序列,在接收端将无法确认哪一位码是哪个支路的(在以上讨论中已假定辨认出来了),这时将不能正确分接。因此为了正确实施分离,在合路时必须周期性地插入特殊码组,即帧定位信号,作为识别各支路数字时隙的标志。帧就是指一组相继连接的数字时隙,其中各数字时隙的位置可根据帧定位信号来加以识

别。此外,为了便于维护、保障设备正常工作以及接续的建立与控制等,还需插入勤务数字信号和信令。这样,一帧内通常包含有帧定位信号、各支路信息码、信令、勤务数字信号等。帧结构就是对上述各种信号的时隙分配。

在图 3.7 中总时钟产生频率为 8 448 kbit/s 的主时钟信号。

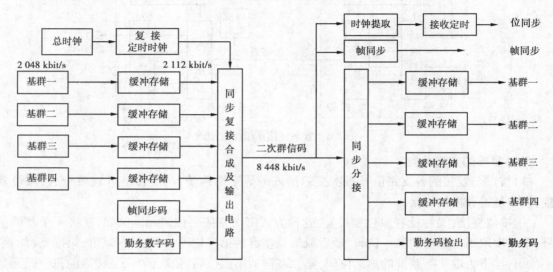

图 3.7　二次群同步复接器方框图

复接定时时钟和接收定时产生各种定时脉冲,包括 4 个基群用的时钟、缓冲存储的写入和读出脉冲、复接和分接脉冲、产生检出插入码用的段脉冲等。

发送端的缓冲存储器用 2 048 kbit/s 写入脉冲将基群信码输入,而用 2 112 kbit/s 的读出脉冲将它输出,从而实现 2 048～2 112 kbit/s 的变换,并由复接脉冲将输出码的占空比变为 1/4,便于 4 个信号的复接。在接收端,用 2 112 kbit/s 的写入脉冲将已分接的信号输入缓冲存储器,用 2 048 kbit/s 读出脉冲输出,这时已经把插入码全部去掉,并把 1/4 占空比的归零码变成单级性的非归零码。

②异步复接　同步复接的复用效率高,插入的备用码都配有用途,而且复接中几乎不存在相位抖动等复接损伤,但是同步复接需要采用网同步技术,短期内建立网同步并非轻而易举;而异步复接允许参与复接的各支路具有标称速率相同、速率的变化限制在规定范围内的独立时钟信号,因此在远程传输数字通信网中,特别是在高次群复接中,异步复接得到广泛应用。

异步复接原理框图如图 3.8 所示。

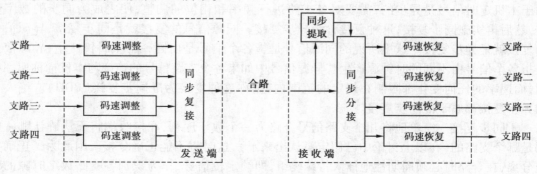

图 3.8　异步复接原理框图

在发送端,首先必须分别对各输入支路的异步数字流进行码速调整,变成相互同步的数字流,然后进行同步复接;在接收端,首先进行同步分离,然后把各同步数字流分别进行码速恢复,复原为异步数字流,异步复接与同步复接的区别在于,前者需要码速调整与恢复,后者只需相位调整。

在异步复接中,关键就是码速调整,经码速调整后的异步复接就变为同步复接了。而将非同步信码变为同步码流的简单有效方法是正码速调整技术(也称为脉冲插入法)。这种方法就是人为地在各个待复接的支路信号中插入一些脉冲,譬如在瞬时数码率低的支路信号中多插入一些脉冲;在瞬时数码率高的支路信号中少插入或不插入脉冲,从而使这些支路信号在分别插入适当的脉冲之后,变为瞬时数码率完全一致的信号。码速调整除正码速调整外,还有正/负码速调整、正/0/负码速调整,其中正码速调整由于它的原理和设备简单,技术比较完善,应用最为广泛。

3.3.2　码速调整

(1) 正码速调整

所谓正码速调整就是将被复接的低次群的码速率都调高,使其同步到某一规定的较高的码速上。

在正码速调整条件下,由复接设备产生的分配给各支路的同步时钟速率必然高于各支路输入的时钟速率,即码速调整单元缓冲存储器的读出时钟 f_m 高于写入时钟 f_1。假定起初缓存器处于半满状态,由于 $f_m > f_1$,随着时间的推移,存储量势必越来越少,若不采取措施,终将导致"取空"而读出虚假信号。如果设置一个门限,一旦缓存器的存储量减小到门限值,调整单元内设置的相位比较器就发出一个调整指令,将 f_m 扣除一个脉冲,于是缓存器在该位置被禁读一位(相当于在信码流的对应的时隙插入一个调整脉冲)。这样,缓存器容量就得到了补充。经过一段时间又重复此过程,缓存器的存储量就不会出现取空现象,从而保证了信息的无误传输。

但这种完全为了调整码速而人为插入的调整脉冲,在接收端必须予以消除。为此,必须再插入标识信号,这样就知道此时收到的并不是信号而是调整脉冲,应将其去掉。

以上讨论中把信息码和标志信号的传输分别说明,仅是为了便于理解。实际上,无论什么信号,如帧定位信号、调整脉冲、插入标志信号和信息码等,都是根据规定的帧结构安排在固定位置上,按时间顺序以复接时钟速率在一条信道上传输的。

(2) 负码速调整

负码速调整与正码速调整的基本原理是一样的,不同点仅为同步复接时钟 f_m 取值不同。由于同步复接时钟的标称值 f_m 小于支路时钟的标称值 f_1,这时写入速率大于读出速率,如果不采取措施,缓冲器中存储的信息将越来越多,最后导致发生"溢出"现象,从而丢失信息。为保证正常传输,就必须提供额外的通道把多余的信息送到接收端,即要在适当的时候多读一位,这与正码速调整刚好相反,故称为负码速调整。

3.3.3　二次群帧结构

根据 ITU-T 的建议,数字复接帧结构分为两大类:同步复接帧结构和异步复接帧结构。中国采用正码速调整的异步复接帧结构。

下面以二次群复接为例分析其工作原理。根据 ITU-T G.742 建议,二次群由 4 个一次群合成,一次群码率为 2.048 Mb/s,二次群码率为 8.448 Mb/s。二次群每个帧共有 848 个比特,分成四组,每组 212 比特,称为子帧,子帧码率为 2.112 Mb/s。也就是说,通过正码速调整,使输入码率为 2.048 Mb/s 的一次群码率调整为 2.112 Mb/s。然后将 4 个支路合并为二次群,码率为 8.448 Mb/s。采用正码速调整的二次群复接子帧结构如图 3.9 所示。

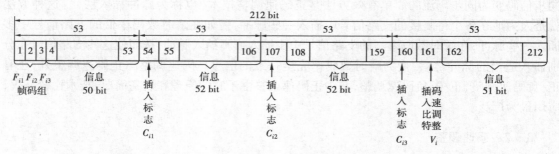

图 3.9　二次群复接子帧结构

每帧中的内容有:

①帧码(帧定位信号):它是正确分接的标志。

②勤务信号:用于告警、码速调整控制等。

③信息位:包括复接支路中的全部内容(信码、同步码和信令码等)。

由图 3.9 可以看出,各次群的帧结构是基本相同的,但帧频和帧长有所不同。此外,二、三次群每帧分为四组,四次群分为六组,五次群分为七组。

图示的复接帧结构,是由经过码速调整后的瞬时数码率已经相同的 4 个支路信号按比特复接得到的。由子帧结构可以看出,一个子帧有 212 个比特,分为 4 组,每组 53 个比特。第一组中的前 3 个比特 F_{i1},F_{i2},F_{i3} 用于帧同步和管理控制,然后是 50 比特信息。第二、三、四组中的第一个比特 C_{i1},C_{i2},C_{i3} 为码速调整标志比特。第四组的第 2 比特(本子帧第 161 比特)V_i 为码速调整插入比特,其作用是调整基群码速,使其瞬时码率保持一致并和复接器主时钟相适应。

这种安排方法,在一帧中只在 V_i 这个特定时隙有一次正码速调整机会,即该支路经过相位比较,若不需要调整,V_i 时隙照常传送支路信码;如果需要调整,就把 V_i 时隙空闲一次,相当于插入一个不带信息的比特,即码速调整比特。在接收端,为了恢复原数字信息,必须去掉复接时插入的调整比特。为此帧结构中应留出特定的时隙用来传送码速调整控制比特 C,并规定 $C=1$ 表示有调整,V_i 是调整比特;$C=0$ 表示无调整,V_i 是信码。现在的帧结构中有 3 个比特 C_{i1},C_{i2},C_{i3} 作为调整控制比特,并规定 $C_{i1}C_{i2}C_{i3}=111$ 为有调整;$C_{i1}C_{i2}C_{i3}=000$ 为无调整,这样做是为了提高传输的可靠性。

而四次群的调整控制比特为 5 个,五次群为 6 个。这说明更高次群要求有更高的传输可靠性,因为高次群的失步必然会引起低次群的失步,所以设计时要求高次群有更高的可靠性,这是整个系统的可靠运行所必需的。

由帧结构也可以看出,码速调整过程中的相位比较是在帧结构的第一组末进行判决的。若判决结果需要调整,则在其后各组中的 C 比特置 1,V 空闲;若判决结果不需调整,则 C 比特置 0,相应地 V 仍传信码。显然,利用固定时隙位置作为码速调整控制比特和码速调整比特,可以简化复接设备。

任务 3.4 SDH 复接原理

3.4.1 SDH 的特点

同步数字系列(Synchronous-digital Hierarchy,SDH)的构想起始于 20 世纪 80 年代中期,由同步光纤网(Synchronous Optical Network,SONET 也称同步光网路)演变而成。它不仅适用于光纤传输,也适用于微波及卫星等其他传输手段,并且使原有人工配线的数字交叉连接(DXC)手段有效地按动态需求方式改变传输网拓扑,充分发挥网络构成的灵活性与安全性,而且在网路管理功能方面大大增强。因此,SDH 将成为宽带综合业务数字网 B-ISDN 的重要支撑,形成一种较为理想的新一代传送网(Transport Network)体制。

(1)SDH 的基本概念

SDH 是由 SDH 网络单元(包括终端复用器 TM、分插复用器 ADM、再生中继器 REG 和 SDH 数字交叉连接设备 SDXC 等)组成,在信道上进行同步信息传输、复用和交叉连接的系统。SDH 的系统结构框图如图 3.10 所示。

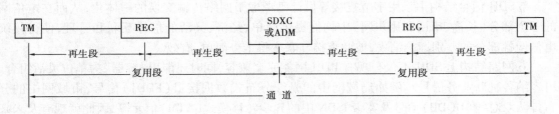

图 3.10 SDH 系统结构框图

1)终端复用器(TM)

其功能是将低速支路信号和 155 Mbit/s 电信号纳入 STM-N 帧,并转换为 STM-N 光信号,或完成相反的变换。

2)SDH 数字交叉连接设备(SDXC)

SDXC 是能在接口端口间提供可控的 VC(虚容器)的透明连接和再连接的设备,其端口速率既可以是 SDH 速率,也可以是 PDH 速率。此外,它还具有一定的控制、管理功能。

SDXC 的主要功能如下:

- 将若干个 2 Mbit/s 信号复用至 155 Mbit/s,或从 140 Mbit/s 解复用出 2 Mbit/s 信号;
- 分离本地交换业务和非本地交换业务,为非本地交换业务迅速供可用路由;
- 为临时重要事件迅速提供路由;
- 当网络出现故障时,能迅速提供网络的重新配置,实现网络的快速恢复;
- 可根据不同时期业务流量的变化使网络处于最佳运行状态;
- 可作为 SDH 和 PDH 两种不同数字体系传输网络的连接设备。

3)分插复用器(ADM)

其功能是可以方便地将支路信号从主信码流中提取出来或将其他支路信号插入此主信码

流中,从而方便地实现网络中信码流的分配、交换与组合。

(2)SDH 的特点

SDH 由一些基本网路单元组成,在光纤、微波、卫星等多种介质上进行同步信息传输、复接/去复接和交叉连接,因而具有一系列优越性。

①使北美、日本、欧洲 3 个地区性 PDH 数字传输系列在 STM-1 等级上获得了统一,真正实现了数字传输体制方面的全球统一标准。

②其复接结构使不同等级的净负荷码流在帧结构上有规则排列,并与网路同步,从而可简单地借助软件控制即能实施由高速信号中一次分支/插入低速支路信号,避免了对全部高速信号进行逐级分解复接的做法,省却了全套背对背复接设备,这不仅简化了上、下业务作业,而且也使 DXC 的实施大大简化与动态化。

③帧结构中的维护管理比特大约占 5%,大大增强了网络维护管理能力,可实现故障检测、区段定位、业务中性能监测和性能管理,如单端维护等多种功能,有利于 B-ISDN 综合业务高质量、自动化运行。

④由于将标准接口综合进各种不同网路单元,减少了将传输和复接分开的必要性,从而简化了硬件构成,同时此接口也成开放型结构,从而在通路上可实现横向兼容,使不同厂家的产品在此通路上可互通,节约相互转换等成本及减少性能损失。

⑤SDH 信号结构中采用字节复接等设计已考虑了网络传输交换的一体化,从而在电信网的各个部分(长途、市话和用户网)中均能提供简单、经济、灵活的信号互联和管理,使得传统电信网各部分的差别渐趋消失,彼此直接互联变得十分简单、有效。

⑥网路结构上 SDH 不仅与现有 PDH 网能完全兼容,同时还能以“容器”为单位灵活组合,可容纳各种新业务信号。例如局域网中的光纤分布式数据接口(FDD1)信号,市域网中的分布排队双总线(DQDB)信号及宽带 ISDN 中的异步转移模式(ATM)信元等,因此就现有及未来的兼容性而言均相当令人满意。

综上所述,SDH 采用同步复接、标准光接口和强大的网络管理能力等特点,在 20 世纪 90 年代中后期得到了广泛应用,已基本取代 PDH 设备。

3.4.2 SDH 的帧结构

SDH 是一整套可进行同步数字传输、复用和交叉连接的标准化数字信号的结构等级。SDH 传送网所传输的信号由不同等级的同步传送模块(STM-N)信号所组成,N 为正整数。ITU-T 目前已规定的 SDH 同步传输模块以 STM-1 为基础,接口速率为 155.520 Mbit/s。更高的速率以整数倍增加,为 155.52×N Mbit/s,它的分级阶数为 STM-N,是将 N 个 STM-1 同步复接而成。

SDH 采用以字节结构为基础的矩形块状帧结构,也称为页面帧结构,如图 3.11 和图3.12 所示。

对于 STM-1 帧结构,帧长为 270×9=1 430 B;帧的比特数为 270×9×8=19 440 bit;帧周期为 125 μs;信息速率为 155.520 Mbit/s。信息的发送是先从左到右,再从上到下。每字节内的权值最高位在最左边,称比特 1,它总是第一个发送。

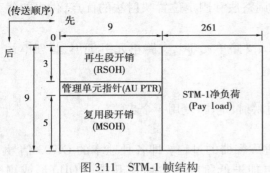

图 3.11 STM-1 帧结构

图 3.12 STM-N 帧结构

帧结构由信息净负荷（pay load）、段开销（SOH）和管理单元指针（AU PTR）3 个区域组成。

（1）信息净负荷区域

信息净负荷区是帧结构中存放待传送的各种信息码元的地方，其中包含少量用于通道性能监视、管理和控制的通道开销字节（POH）。POH 通常作为净负荷的一部分与信息码元一起在网络中传输。

（2）段开销区域

段开销区是为保证净负荷在再生段和复用段正常传送所必须的附加字节，主要是供网络运行、管理和维护使用的字节。段开销又分为再生段开销（RSOH）和复用段开销（MSOH）两部分。段开销在帧中位于 $(1 \sim 9) \times N$ 行，1～3 行和 5～9 行，共有 $72 \times N$ 行个字节分配给段开销。段开销丰富是 SDH 的特点之一。

（3）管理单元指针区域

管理单元指针是一种指示符，用来指示信息净负荷的第一个字节在帧内的准确位置，以便接收端正确分离出信息净负荷。指针位于帧中 $(1 \sim 9) \times N$ 列，4 行。

3.4.3 SDH 复接原理

（1）SDH 复接结构

SDH 复接过程是由一些基本的复用单元组成若干中间复接步骤进行的。SDH 复接的基本原则是将多个低等级信号适配进高等级通道，并将 1 个或多个高等级通道层信号适配进线路复用层。SDH 复接结构如图 3.13 所示。

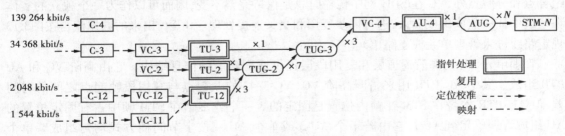

图 3.13 SDH 复接结构

SDH 是一种同步复接方式，它采用净负荷指针技术，指针指示净负荷在 STM-N 帧内第一个字节的位置，因而净负荷在 STM-N 帧内是浮动的。对于净负荷码率变化不大的数据，只需增加或减小指针值即可。这种方法结合了正码速调整法和固定位置映射法的优点,付出的代价是需要对指针进行处理。

SDH 的基本复接单元包括容器 C、虚容器 VC、支路单元 TU、支路单元组 TUG、管理单元 AU、管理单元组 AUG。

(2)SDH 的复接方法

各种速率的业务信号复用进 SDH 帧都要经过映射、定位、复用 3 个步骤。

1)映射

映射是一种在 SDH 边界处使支路信号适配进虚容器的过程。即各种速率的 G.703 信号分别经过码速调整装入相应的标准容器之后,再加进低阶或高阶通道开销(POH)形成虚容器。

2)定位

定位是一种将子帧偏移信息收进支路单元或管理单元的过程。即以附加于 VC 上的支路单元或管理单元指针,指示和确定低阶 VC 帧的起点在 TU 净负荷中或高阶 VC 帧的起点在 AU 净负荷中的位置,在发生相对帧相位偏差使 VC 帧起点浮动时,指针值也随之调整,从而自始至终保证指针值准确的指示 VC 帧的起点位置。

3)复接

复接是一种使多个低阶通道层的信号适配进高阶通道,或者把多个高阶通道层信号适配进复用层的过程,即以字节交错间插方式把 TUG 组织进高阶 VC 或把 AUG 组织进 STM-N 的过程。由于经过 TU 和 AU 指针处理后的各 VC 支路已经相位同步,此复接过程为同步复接。以图 3.13 为例说明复接原理:

各种速率等级的数据流映射入相应的不同接口容器 C-n。容器 C-n 是一种信息结构,主要完成适配功能(如速率调整),让那些最常使用的准同步数字体系信号能够进入有限数目的标准容器。CCITT 建议 G.709 根据 PDH 速率系列规定了 C-11,C-12,C-2,C-3,C-4 共 5 种标准容器。它为对应等级的虚容器 VC-n 形成相应的网络同步信息净负荷。

由标准容器出来的数据流加上通道开销后就构成了所谓的虚容器 VC-n,这是 SDH 中最重要的一种信息结构,主要支持通道层连接。通道层又有低阶通道和高阶通道之分,高阶通道由低阶通道复用而成或直接由 VC-4 形成。VC 的包封速率是与网络同步的,因而不同 VC 的包封是互相同步的,而包封内部却允许装载各种不同容量的准同步支路信号。除了在 VC 的组合点和分解点外,VC 在 SDH 网中传输时总是保持完整不变,因而可以作为一个独立的实体在通道中任一点取出或插入,进行同步复用和交叉连接处理。由 VC 出来的数据流再按图3.13规定路线进入管理单元或支路单元。

管理单元 AU 为高阶通道层和复用段层提供适配功能的信息结构。它由高阶 VC 和 AU PTR 组成。其中 AU PTR 用来指明高阶 VC(VC-3/4)的帧起点与复用段帧起点之间的时间差,但 AU PTR 本身在 STM-N 帧内位置是固定的。一个或多个在 STM 帧中占有固定位置的 AU 组成管理单元组 AUG,它由若干个 AU-3 或单个 AU-4 按字节间插方式均匀组成。单个 AUG 与段开销 SOH 一起形成一个 STM-1,N 个 AUG 与 SOH 结合即构成 STM-N。

支路单元 TU-n 是提供低阶通道层和高阶通道层之间适配的信息结构。它由低阶虚容器(VC-1/2)和支路单元指针(TU PTR)组成。一个或多个在高阶 VC-n 净负荷中占有固定位置的 TU 组成支路单元组 TUG,共有 TUG-2 和 TUG-3 两种。它们使得由不同容量的TU-n构成的混合净荷容量可以为传送网络提供尽可能多的灵活性。由图 3.13 可知,一个 TU-2 或 3 个同样的 TU-12 复用在一起组成一个 TUG-2,一个 TU-3 或 7 个 TUG-2 复用在一起组成一个 TUG-3。

在 AU 和 TU 中要进行速率调整,因而低一级数据流在高一级数据流中的起始位置是浮动的。为了准确地确定起始点的位置,设置 AU PTR 和 TU PTR 分别对高阶 VC 在相应 AU 帧内的位置以及 VC-11/12/2/3 在相应 TU 帧内的位置进行灵活动态的定位。最后,在 N 个 AUG 的基础上再附加段开销 SOH 便形成了最终的 STM-N 帧结构。

任务 3.5 光波分复用(WDM)技术

随着信息技术的快速发展,对通信的需求呈现加速增长的势头。各种新型通信业务,特别是高速数据业务的发展对信道容量提出了更高的要求。为进一步挖掘信道资源,人们研发了各种不同的信道复用技术,以提高信道的利用率,如前述的频分复用(FDM)和时分复用(TDM)等。而波分复用(WDM,Wavelength Division Multiplexing)则是光纤通信领域的信道复用技术,对充分开发光纤的传输能力起到了很好的作用。

3.5.1 波分复用(WDM)基本原理

从理论上分析,一根普通单模光纤在 1 550 nm 波段可提供约 25THz 的低损耗窗口。因此,光纤通信网络的网络速率进入 Tbit/s 级别是完全可能的。但是在 1997 年,通过一对光缆传输的带宽容量仅为 1.2 Gbps。而目前随着 DWDM 技术的研究与发展,实验室中的传输容量已经达到 16 Tbit/s。因此,WDM 技术还存在着很大的发展空间。

(1)波分复用 WDM 的定义

所谓波分复用(WDM)是 Wavelength Division Multiplexing 的英文缩写,是指利用一根光纤同时传输多路不同波长的光载波的技术。其工作原理类似于无线电信道的频分复用技术,可以开发光纤通信的频谱资源,实现大容量的光纤通信。

目前的 WDM 系统采用的均是密集型光波分复用 DWDM(Dense Wavelength Division Multiplexing)技术。DWDM 是指当复用的波长间隔小于 1.6 nm 时的波分复用。

DWDM 能组合一组光波长用一根光纤进行传送,确切地说,该技术是在一根指定的光纤中,多路复用单个光纤载波的紧密光谱间距,以便利用可以达到的传输性能(例如,达到最小程度的色散或者衰减)。这样,在给定的信息传输容量下,就可以减少所需要的光纤的总数量。

(2)光波分复用的原理

光波分复用的原理类似于在任务 3.1 中讨论的频分复用,其原理示意图如图 3.14 所示。

在没有采用波分复用技术之前,使用的是单波长光纤通信系统,每一根光纤只能传送一路光信号,光纤的利用率极低,数据传送速率也很低。采用 DWDM 技术,可以将一个低损耗窗口分成很多个很窄的波段,每个波段传送一路光信号,使一根光纤可以同时传送多路光信号。从而可以使光纤的带宽得以几十上百倍地增加,利用率大幅度提升。图 3.15 为光波复用器的输出光谱分布示意图。

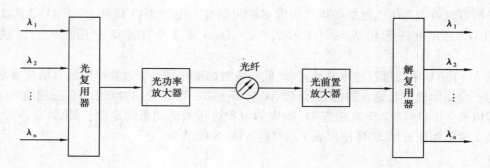

图 3.14　波分复用系统原理示意图

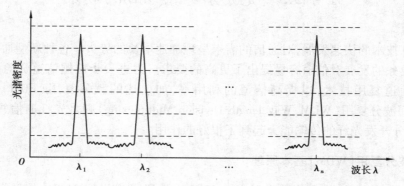

图 3.15　光复用器光谱分布示意图

前置放大器输出光谱（解复用器输入光谱）分布示意图如图 3.16 所示。与图 3.15 相比，可以看到接收端不仅接收了发送端的光信号，也夹杂了不少噪声。

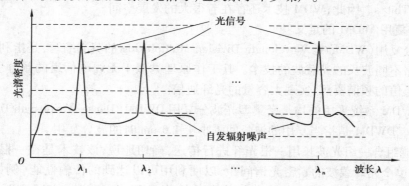

图 3.16　前置放大器输出光谱分布示意图

（3）DWDM 技术的特点

DWDM 技术具有如下特点：

①超大传输容量。目前 DWDM 系统的传输容量已达到 16 Tbit/s，是以往的其他通信方式不能比拟的。

②节约光纤资源。对单波长系统而言，一个 SDH 系统就需要一对光纤，而对 DWDM 系统，可以多个 SDH 分系统共用一对光纤，从而大大解决光纤资源。

③便于升级扩容。在 DWDM 系统中，各复用光通路之间彼此是相互独立的，所以只要增

加复用光通路与设备的数量,就可以实现系统传输容量的扩容,而对其他复用光通路不会产生不良影响。

④可利用 EDFA 实现超长距离传输 DWDM 与 EDFA 结合,可以使系统的无中继传输距离达到数百千米,省略了大量的中继设备,降低了系统成本。

⑤对光纤色散无过高要求。对 DWDM 系统而言,在对单路信号传输和对多路复用系统的色散要求基本上是一致的。不会因为传输速率提高而要求降低光纤的色散系数。

⑥可以组成全光网络。所谓全光网络就是系统中各种业务的上下、交叉连接等都是在光路上通过对光信号进行调度来实现的光纤通信系统。全光网络具有高传输速率、高可靠性、高灵活性等特点,是未来光纤传送网的发展方向。

因具有上述优点,波分复用技术得到了广泛的应用。

3.5.2　DWDM 系统构成

(1) DWDM 系统结构

单向传输波分复用系统的原理示意图如图 3.17 所示。在发送端,n 个光源发出的波长分别为 λ_1、λ_2……λ_n 的光信号经过光复用器(或称为光合波器)汇合在一起,耦合到一根光纤之中进行传输。在接收端,光纤传来的复合光信号经解复用器(或称为光分波器)分解为波长分别为 λ_1、λ_2……λ_n 的 n 个光信号,并分别送到不同的接收终端进行进一步的处理。

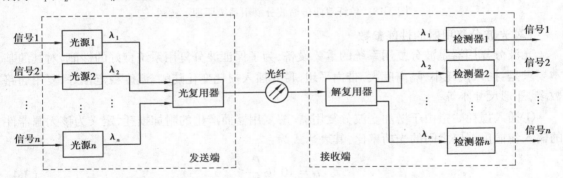

图 3.17　单向传输波分复用系统原理示意图

图 3.17 所示的单向传输波分复用系统只能完成单工通信。如果希望获得双工通信的 WDM 系统,可以采用双纤单向传输和单纤双向传输两种方案。所谓双纤单向传输就是将两组图 3.17 所示的单向传输系统相对安装,两端各安装一套光复用器和解复用器,通过两根光纤,每一侧完成一个方向的信息传输,两侧组合成的 WDM 系统即可完成双工通信。这种系统的每一侧的那根光纤上所有光通道的光波传输方向一致,而且同一个终端的收、发波长可以使用一个相同的波长。

从原理上说,光复用器和解复用器是双向可逆的,即将复用器的输入、输出端反过来使用即可成为解复用器。所以,上述的单向波分复用系统可以改造成单纤双向传输波分复用系统,从而实现双工通信的目的。单纤双向传输波分复用系统的原理框图如图 3.18 所示。

图中的 A 端可以发送 n 个波长的光信号 $\lambda_1 \sim \lambda_n$,同时也接收 n 个波长的光信号 $\lambda_{n+1} \sim \lambda_{2n}$。$B$ 端则与 A 端相反,接收 $\lambda_1 \sim \lambda_n$ 的 n 个光信号,发送 $\lambda_{n+1} \sim \lambda_{2n}$ 的 n 个光信号。与图 3.17 所示的单向传输波分复用系统相比,该系统的同一根光纤上可以同时传输两个方向的光波,所以只需要一根光纤即可实现双向通信。但是,单纤双向传输波分复用系统的设计比单向传输波分复用系统复杂,为了防止双向传输的光波相互干扰,该系统的收发光波应该处于不同的波段。同时在设计时需要考虑多波长通道干扰、光反射的影响,以及串音、两个方向的传输功率电平数值、光监控信号 OSC 传输和自动功率关断等一系列问题,使设计难度加大,制造成本上升。

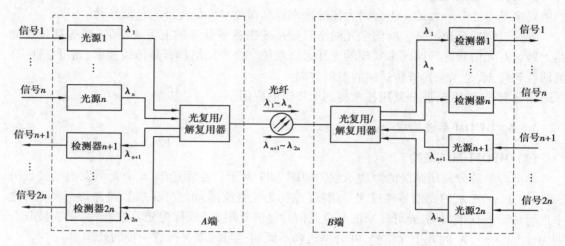

图 3.18　单纤双向传输波分复用系统原理示意图

（2）光波分复用器的性能参数

光波分复用器是波分复用系统的重要设备,为了保证波分复用系统良好的性能,对其的基本要求是:插入损耗小,隔离度大,带内平坦,带外插入损耗变化陡峭,温度稳定性好,复用通路数多,外形尺寸小等。

①插入损耗。指由于增加光波分复用器/解复用器而产生的附加损耗,定义为该无源器件的输入和输出端口之间的光功率比,其表达式为:

$$\alpha = 10 \lg \frac{P_i}{P_o} \tag{3.4}$$

②串扰抑制度。串扰是指其他信道的信号耦合进某一信道,并使该信道传输质量下降的影响程度,串扰抑制度即是用于表示这一影响程度的指标。对于解复用器:

$$C_{ij} = -10 \lg \frac{P_{ij}}{P_j} \tag{3.5}$$

式中　P_i——波长为 λ_i 的光信号的输入光功率;

　　　P_{ij}——波长为 λ_i 的光信号串入到波长为 λ_j 的信道的光功率。

③回波损耗。指从无源器件的输入端口返回的光功率与输入的光功率之比。

$$RL = -10 \lg \frac{P_r}{P_j} \tag{3.6}$$

式中　P_j——输入端口的入射光功率;

　　　P_r——从同一个输入端口接收到的反射光功率。

④反射系数。指在 WDM 器件的给定端口的反射光功率 P_r 与入射光功率 P_j 之比。

$$R = 10 \lg \frac{P_r}{P_j} \qquad\qquad (3.7)$$

⑤工作波长范围。指 WDM 器件能够按照规定的性能要求工作的波长范围($\lambda_{min} \sim \lambda_{max}$)。

⑥信道宽度。指各光源之间为避免串扰应具有的波长间隔。

⑦偏振相关损耗。指由于偏振态的变化所造成的插入损耗的最大变化值。

小　结

1.多路复用。为了提高信道利用率,使多路信号沿同一信道传输而互不干扰,称为多路复用。实质是信道的分割。

2.频分多路复用(FDM)。按照频率的不同来复用信道的方法,在频分复用系统中,各信号在频域上是分开的,而在时域上是混叠在一起的。

3.时分复用(TDM)。各信号的抽样值交替传输以共用同一信道的办法。在时分复用系统中,各信号在时域上是分开的,而在频域上是混叠在一起的。

4.30/32 路 PCM 基群帧结构。由 32 路信号组成一个基群,其中 30 路用来传输用户话语,两路用作勤务。每个路时隙包含 8 位码,一帧共包含 256 个比特。

5.数字复接。将若干个低速数字信号按时分复用的方式合并为一个高速数字合路信号,与时分复用具有相同的本质。根据复接器输入端各支路信号与本机定时信号的关系,数字复接分为 3 大类,即同步复接、异步复接和准同步复接。绝大多数异步复接都属于准同步复接。

6.码速调整。分为正码速调整和负码速调整两类。

7.利用一根光纤同时传输多路不同波长的光载波的技术称为波分复用(WDM)技术。

思考与练习 3

3.1　多路复用的主要目的是什么? 最常用的多路复用技术有哪两类?

3.2　什么是时分复用? 它和频分复用有何区别?

3.3　有一信道的频率传输为 60~108 kHz,假定信号的带宽为 3.2 kHz,各路信号之间的防护间隔为 0.8 kHz,若采用频分多路复用,问最多可以同时传输几路信号?

3.4　比较按位复接、按字复接和按帧复接的优缺点。

3.5　画出数字复接系统的方框图,简述其工作原理。

3.6　说明码速调整的意义和实现的方法。

3.7　PCM 一次群中 TS0,TS16 的作用是什么?

3.8　SDH 中什么是映射? 什么是定位? 什么是复用?

3.9　画出 SDH 的帧结构,并说明各部分的作用。

项目 *4*

数字信号的基带传输

【项目描述】

本项目包含数字基带信号传输的基本原理及系统模型、数字基带信号的波形、频谱与码型,介绍基带传输过程中码间串扰的产生原因及其消除方法。

【项目目标】

知识目标:

- 了解数字基带传输的概念;
- 了解数字基带信号及其频谱特性;
- 掌握数字基带传输常用码型与码型变换;
- 了解码间串扰的产生原因及其消除方法。

技能目标:

- 掌握常用数字基带信号传输码型的变换方法。

【项目内容】

由消息转换过来的原始信号所固有的频带称为基本频带,简称"基带"。来自数据终端的原始数据信号称为数字基带信号。其频谱一般是从零开始,往往包含丰富的低频成分,甚至直流分量。用数字基带信号直接进行传输,即不搬移基带信号的频谱或只经过简单的码型变换就直接进行传输的方式称为数字基带传输。基带信号所包含的频率范围很宽,可以从直流到高频,所以对用于传输基带信号的信道是有限制的。某些具有低通特性的有线信道,在传输距离不太远的情况下,可以直接进行数字基带信号传输。而对大多数信道,数字基带信号必须经过载波调制,把频谱搬移到较高的载频处才能在信道中传输,这种传输方式称为数字频带传输。

基带传输系统的基本结构如图 4.1 所示。它主要由基带信号形成器、信道、接收滤波器、同步提取电路和抽样判决器组成。

基带信号形成器的作用是将原始的数字信号变换成适合于信道传输的数字基带信号,这种变换主要是通过码型变换和波形变换来实现的,其目的是与信道匹配,便于传输,减少码间串扰,利于同步提取和抽样判决。

信道是信号通过的媒质,其传输特性通常不满足无失真的传输条件。另外信道还会进入噪声。在通信系统的分析中,常把噪声等效集中在信道中引入。

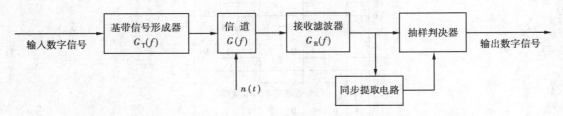

图 4.1　基带传输系统的基本结构

接收滤波器的作用是限制带外噪声进入接收系统,对信道特性均衡,使输出的基带波形有利于抽样判决。

同步提取电路的作用是从接收信号中提取用于抽样的位定时脉冲,保证系统可靠有序地工作。

抽样判决器的作用是在传输特性不理想和噪声背景下,在规定时刻对接收滤波器的输出波形进行抽样判决,以恢复或再生基带信号。

任务 4.1　数字基带信号及其频谱特性

4.1.1　数字基带信号

数字基带信号是指消息代码的电波形,它是用不同的电平或脉冲来表示相应的消息代码。数字基带信号的类型很多,常见的有矩形脉冲、三角波、高斯脉冲和升余弦脉冲等。最常见的是矩形脉冲,因为矩形脉冲易于形成和变换。下面就以矩形脉冲为例介绍几种最常见的数字基带信号波形。

(1)单极性不归零波形

如图 4.2(a)所示,这是一种最简单、最常用的数字基带信号形式。这种信号脉冲的零电平和正电平分别对应着二进制代码 0 和 1,它在一个码元时间内不是有电压(或电流)就是无电压(或电流)。其特点是极性单一,脉冲间无间隔,但有直流分量。另外位同步信息包含在电平的转换之中,当出现 0 序列时没有位同步信息。该波形经常在近距离传输时被采用。

(2)双极性不归零波形

如图 4.2(b)所示,在双极性不归零波形中,二进制代码 1,0 分别与正、负电平相对应。它的电脉冲之间也没有间隔。由于它是幅度相等极性相反的双极性波形,故当 0,1 符号等概率出现时无直流分量。这样,恢复信号的判断电平为 0,因而不受信道特性变化的影响,抗干扰能力也较强,适于在信道中传播。

(3)单极性归零波形

如图 4.2(c)所示,在每个码元宽度内,电脉冲最后总是要回到零电位,称这种信号为归零信号,也称为占空码。由于只有 1 有正极性脉冲,故称为单极性归零波形。这种波形的每个为 1 的码元都要回归零电位,含有较多的同步信息,使接收端能够比较方便地识别连续的 1。

71

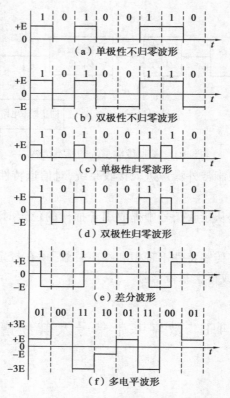

图 4.2 常见的数字基带信号波形

（4）双极性归零波形

如图 4.2（d）所示，它也是一种双极性的波形，即用+E 和−E 分别代表 1 和 0，与双极性不归零波形不同的是，这种波形的每一个码元最后都要回归零电位。由于正、负极性均归零，所以包含有比单极性归零波形更多的同步信息，无论是连续的 1 还是连续的 0，均可以方便地在接收端识别出来。

（5）差分波形

如图 4.2（e）所示，这是一种以信号波形相邻码元的相对变换表示信息代码 0 和 1 的方法。这种波形代表的信息代码与码元的本身电位和极性无关，即不是用码元本身的电平表示消息代码，而是用相邻码元电平的跳变与不变来表示消息代码，图中以电平跳变表示 1，以电平不变表示 0，当然，上述规定也可以反过来。用差分波形传送代码可以消除设备初始状态的影响，特别是在相位调制系统中用于解决载波相位模糊问题，经常在相位调制系统的码变换器中使用。

（6）多电平波形

如图 4.2（f）所示，与前述各种二进制波形不同，这种波形的一个符号位对应多个二进制码元。如在本例中+3E 对应 00，+E 对应 01，−E 对应 10，−3E 对应 11，所得波形为 4 电平波形。由于这种波形的一个脉冲可以代表多个二进制符号，故在高速数据传输系统中，采用这种波形可以较大地提高传输速度。

4.1.2　数字基带信号的频谱

数字基带信号的频谱和信号的波形密切相关,为了了解什么样的波形适用于传输,有必要讨论一下数字基带信号的波形和频谱之间的关系。为了便于分析,选择单极性周期性矩形脉冲作为分析对象,其波形如图 4.3(a)所示。

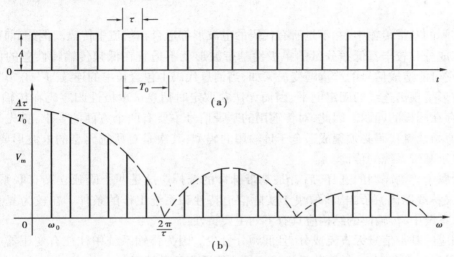

图 4.3　周期性矩形波的波形与频谱

对该信号进行傅里叶级数展开,得到:

$$f(t) = \frac{A\tau}{T_0} + \frac{2A\tau}{T_0} \sum_{n=1}^{\infty} \frac{\sin(n\omega_0\tau/2)}{n\omega_0\tau/2} \cos n\omega_0 t \tag{4.1}$$

式中,$\dfrac{A\tau}{T_0}$ 是信号的直流分量,$\dfrac{2A\tau}{T_0} \cdot \dfrac{\sin(\omega_0\tau/2)}{\omega_0\tau/2}$ 是信号基波分量的振幅,$\dfrac{2A\tau}{T_0} \cdot \dfrac{\sin(n\omega_0\tau/2)}{n\omega_0\tau/2}$ 是信号 n 次谐波的振幅。由此可得到如图 4.3(b)所示的频谱图,从图中可以看到周期性矩形波可以分解为无数个正弦波之和。

图 4.3(b)中的每一条谱线表示一个谐波分量,每条谱线的角频率为:$\omega = n\omega_0 = \dfrac{2n\pi}{T_0}$,$n$ 为正整数。两条相邻谱线之间的间隔为:$\omega_0 = \dfrac{2\pi}{T_0}$,各谱线的端点连接形成的包络线(图中虚线)呈衰减振荡波形。

通过以上分析,可以知道周期性矩形脉冲波形的频谱具有离散性,由许多不连续的谱线构成;同时具有谐波性,各谱线之间的间隔相等,各次谐波频率与基波频率之间有简单的整数倍关系。

信号的频带宽度与其脉冲宽度有关,位于 $\dfrac{2\pi}{\tau}$ 处的第一个零点决定了数字基带信号的带宽,由此可知,脉冲宽度越窄,其频谱包络线的第一个零点的频率就越高,信号所占据的频带宽度就越宽。如果周期不变,则两个包络零值之间所包含的谐波分量就越多。

在实际的数字通信中传输的信号大多数情况下是随机的,即 1 和 0 的出现是不可预知的,这种信号的频谱与周期性矩形波的频谱不是完全相同的。但通过研究周期性矩形脉冲序列的频谱特点,可以基本掌握数字基带信号传输的规律。

任务 4.2　数字基带传输常用码型与码型变换

在实际的基带传输中,并不是所有代码的电波形都适合在信道中传输。例如,前面介绍的含有直流成分和较丰富低频分量的单极性基带波形就不适宜在低频传输特性差的信道中传输,因为它可能造成信号的严重畸变。又如,当消息代码中包含长串的连续"1"或"0"符号时,非归零波形呈现出连续的固定电平,因而无法获取定时信息。单极性归零码在传输连续"0"符号时,存在同样的问题。因此,对传输用的基带信号主要有两个方面的要求:首先是对代码的要求,原始消息代码必须编成适合于传输用的码型;其次是对所选码型的电波形要求,电波形应适应于基带系统的传输。

前者属于传输码型的选择,后者是基带脉冲的选择。这是两个既独立又有联系的问题。传输码(又称线路码)的结构将取决于实际信道特性和系统工作的条件。在较为复杂一些的基带传输系统中,传输码的结构应具有下列主要特性:

①相应的基带信号无直流成分,且低频分量少。因为传输系统中往往有变压器或耦合电容,传输码型中不含直流,低频分量小的信号才能适应这种情况。

②信号中高频分量尽可能少,以节省传输频带,减少码间串扰,同时也有利于传输电路的稳定工作。

③含有时钟分量或经简单变换就含有位定时时钟分量。因为大多数的传输系统,接收端抽样判决所需的定时信号都是从接收的数字信号本身提取的。

④不受信源统计特性的影响,即能适应信源的变化,能解决长时间的连"1"和连"0"问题。

⑤尽可能地提高传输码型的传输效率。

⑥具有内在的检错能力。传输码型应具有一定的规律性,以便利用这一规律性进行宏观监测。

⑦编译码设备要尽可能地简单。

4.2.1　数字基带传输常用码型

能够满足或部分满足以上特性的传输码型种类很多,下面介绍几种常见的码型。

(1)AMI 码

AMI 码(Alternate Mark Inversion,传号交替反转码)是一种将信息代码按如下规则进行编码的码:代码的"0"(空号)保持不变,而把代码中的"1"(传号)交替地变换为传输码的"+1","-1"。例如:

消息代码:　1　0　0　0　0　1　1　0　0　1　1　0　1　1　1…

AMI 码:　+1　0　0　0　0　-1　+1　0　0　-1　+1　0　-1　+1…

注意:从 AMI 码的编码规则可以看出,原来的消息代码已经从一个二进制符号序列变成了一个三进制符号序列。但并不是把二进制数转换成了三进制数,而只是用三进制符号序列来表示二进制数,所以 AMI 码以及后面的 HDB$_3$ 码和 PST 码又都称为三元码或 1B/1T 码。

AMI 码的优点是:由于"+1","−1"交替出现,因而它所决定的基带信号无直流成分,低频分量很少,适宜于在不允许这些成分通过的信道中传输。另外 AMI 码的编译码电路简单,便于利用传号极性交替规律观察误码情况,在高密度信息流的数据传输中应用广泛。

但是,AMI 码也有一个重要的缺点:当原信息代码出现长的连"0"串时,由于信号的电平长时间不跳变,会造成提取定时信号的困难。

（2）HDB$_3$ 码

HDB$_3$ 码(High Density Bipolar 3,三阶高密度双极性码)是 AMI 码的一种改进型,它保留了 AMI 码的优点并克服了其缺点,其编码规则如下:

①先检查消息代码的连"0"个数,当连"0"个数少于 4 个时,仍按照 AMI 码规则进行编码,即传号极性交替反转。

②消息代码的连"0"个数达到或超过 4 个时,则将每 4 个连"0"小段的第 4 个"0"变换成非"0"符号(+1 或−1),这个符号称为破坏符号,用 V 符号表示,记作"+V"或"−V"。V 码的极性必须交替出现,以保证不破坏"极性交替反转"的规律,确保编好的码中无直流分量。

③V 码的极性应与其前一个非"0"符号极性相同,同时满足 V 码的极性必须交替出现,否则,将 4 连"0"小段的第 1 个"0"变换成"+B"或"−B",称为恢复码或平衡码。B 符号的极性应与其前一个非"0"符号极性相反。例如:

```
消息代码:  1 0 0 0 0  1 0 0 0 0 0  1 1  0 0 0 0  1 1
AMI 码:   −1 0 0 0 0 +1 0 0 0 0 0 −1 +1  0 0 0 0 −1 +1
HDB₃码:  −1 0 0 0 −V +1 0 0 0 +V −1 +1 −B 0 0 −V +1 −1
```

HDB$_3$ 码不仅保留了 AMI 码的优点,同时还增加了使连"0"符号减少到不超过 3 个的优点,有利于定时信号的恢复。

（3）PST 码

PST 码(Pair Selected Ternary 成对选择三进码)编码规则是:先将二进制消息代码划分成两个码元为一组的码组序列,然后将每一码组编码成两个三进制数字(+、−、0)。由于两个三进制数字共有 9 种状态,因而可以灵活地选择其中的 4 种状态。表 4.1 列出其中一种常用的 PST 码的格式。为防止 PST 码的直流漂移,当在一个码组中仅发送单个脉冲时,两个模式应交替变换使用。例如:

表 4.1　一种常用的 PST 格式

二进制代码	+模式	−模式
0 0	− +	− +
0 1	0 +	0 −
1 0	+ 0	− 0
1 1	+ −	+ −

```
消息代码:  01     00     11     10     10     11     00
PST 码:   0+     −+     +−     −0     +0     +−     −+
或:      0−     −+     +−     +0     −0     +−     −+
```

PST 码的特点是有足够的定时分量,而且无直流成分,编码过程也较简单。但这种码在识别时需要提供"分组"信息,即需要建立帧同步。

（4）BPH 码

BPH 码(数字双相码)又称曼彻斯特码,是一种双极性二电平码。它分别用两个具有相反相位的二进制码取代原来的二进制码。编码方案之一是:用"－+"表示"0"代码,用"+－"表示"1"代码。例如:

原消息代码:　　1　　　　1　　　　0　　　　0　　　　1　　　　0　　　　1

数字双相码:　　+－　　　+－　　　－+　　　－+　　　+－　　　－+　　　+－

因为数字双相码在每个码元周期的中心点都存在电平跳变,所以能够提供足够的定时信息。又因为这种码的正、负电平各半,因而无直流分量,编码过程也很简单。但这种码占用的带宽与前面介绍的码相比较要宽些,是原信码的 2 倍。

数字双相码适用于数据终端设备在近距离上的传输,本地数据网常采用该码作为传输码型。

（5）密勒码

密勒(Miller)码又称延迟调制码,是数字双相码的一种变形。其编码规则如下:"1"码用码元持续时间中心点出现跳变来表示,即用"－+"或"+－"表示。"0"码分两种情况处理:单个"0"码时,在码元持续时间内不出现电平跳变,且与相邻码元的交界处也不跳变;出现连"0"码时,在两个"0"码的交界处出现电平跳变,即"－－"与"++"交替。

密勒码最初用于气象卫星和磁记录,现在也用于低速基带数传机。

（6）CMI 码

CMI 码是传号反转码的简称,它也是一种双极性二电平码。其编码规则为:"1"码用"++"和"－－"交替表示,"0"码用"－+"表示。

CMI 码有较多的电平跳变,因而含有丰富的定时信息。另外,由于"+－"为禁用码组,不会出现 3 个以上的连"+"码,可利用这一规律进行误码检测。

（7）$nBmB$ 码

$nBmB$ 码是一类分组码,它是把原信息流码的 n 位二进制码作为一组,变换成 m 位二进制码作为新的码组。由于 $m>n$,新码组可能有 2^m 种组合,故多出(2^m-2^n)种组合。为了获得好的特性,从中选择一部分有利的码组作为可用码组,其余为禁用码组。如前面介绍的数字双相码、密勒码、CMI 码都可以看作是 1B2B 码。

（8）4B/3T 码

4B/3T 码是 1B/1T 码的改进型。它是把 4 位二进制符号变换成 3 个三进制符号。显然在相同的码速率下,4B/3T 码的信息容量大于 1B/1T 码,从而可提高频带利用率。4B/3T 码适用于较高速率的数据传输系统,如高次群同轴电缆传输系统。

4.2.2　码型变换的基本方法

下面以 AMI 码和 HDB$_3$ 码为例说明码型变换的基本方法。

进行 AMI 码型变换时,原消息代码的"0"(空号)保持不变,而把原消息代码中的"1"(传号)交替的变换为传输码的"+1","－1"。保证变换后所得到的 AMI 码无直流成分。

进行 HDB$_3$ 码型变换时应注意:首先应检查消息代码的连"0"个数,当连"0"个数不超过 4

个时,仍按照 AMI 码规则进行编码,即传号极性交替反转;当消息代码的连"0"个数达到或超过 4 个时,则将每 4 个连"0"小段的第 4 个"0"变换成非"0"符号(破坏符号 V)。相邻 V 码的极性必须交替出现,以保证"极性交替反转"的规律不变,确保编好的码中无直流分量;V 码的极性应与其前一个非"0"符号极性相同,同时 V 码的极性必须交替出现。当相邻 V 符号之间有奇数个非零符号时,这一要求完全可以达到。但是,当相邻 V 符号之间有偶数个非零符号时,则不能同时满足前面的两项要求。此时应将 4 个连"0"小段的第 1 个"0"变换成平衡符号 B(B 的取值可以为"+1"或"-1"),B 符号应与紧随其后的 V 符号极性相同,与其前一个非"0"符号极性相反。

【例 4.1】   原消息代码为 1010000110000111000000001,求相应的 AMI 码和 HDB₃ 码,并画出相应的波形。

解:根据上述的码型变换规则,画出原消息代码及相应的 AMI 码和 HDB₃ 码的波形如图 4.4 所示。

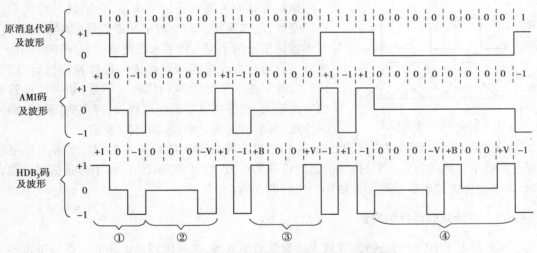

图 4.4   原消息代码及相应 AMI 码和 HDB₃ 码波形

关于 HDB₃ 码转换的说明:

在区域①内,连零个数小于 4,故按 AMI 码规则进行编码。因为不是一个完整的输入序列,对应于原消息代码的第一位"1",HDB₃ 码取"+1"或"-1"均可,本例取"+1"。

在区域②内,连零个数等于 4,故将第 4 个"0"变换成破坏符号 V,由于前一个非零符号为"-1"故 V 取"-V"。

在区域③内,连零个数等于 4,故将第 4 个"0"变换成破坏符号 V。由于前一个破坏符号 V 与本段中的破坏符号 V 之间有偶数个非零符号,因而这 4 个连"0"段的第 1 个"0"应变换成平衡符号 B,其极性应与其前一个非"0"符号极性相反,故取"+B"。本段中的破坏符号 V 的极性必须与前一个破坏符号 V 极性相反,因而取"+V"。

在区域④内,连零个数等于 8,可分解成两个 4 连"0"段来分析。将第 4,8 个"0"变换成破坏符号 V。由于前一个破坏符号 V 与本段中的第一个破坏符号 V 之间的非零符号是奇数,因而在第 1 个 4 连"0"组中不需要平衡符号 B。本段中的第一个破坏符号 V 极性应前一个破坏符号极性相反,因而取"-V"。而本段中的两个破坏符号之间没有非零符号,0 为特殊的偶数,因而应将本段第 5 个"0"变换成平衡符号 B,其极性应与其前一个非"0"符号极性相反,故取"+B"。本段中的第二个破坏符号 V 的极性与其前一个破坏符号极性相反,取"+V"。

任务 4.3　码间串扰产生的原因及消除方法

4.3.1　码间串扰产生的原因

数字基带传输系统的基本结构在本项目的开始部分已作过讨论,如图 4.1 所示,可以将整个系统等效为一个带宽有限的信道。通过前面的讨论知道,从理论上说如矩形脉冲序列之类的数字基带信号的频谱宽度是无限大的,当带宽为无限大的数字基带信号通过带宽有限的信道时,由于高频分量的丢失,信号波形必然会产生失真。

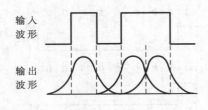

图 4.5　码间串扰的形成

当矩形脉冲的高频分量丢失后,会造成脉冲波形的顶部变圆,底部展宽。对于数字基带信号传输系统而言,并不像模拟通信系统一样要求在传输过程中不出现信号失真。只要在接收端能够正确进行抽样判决,就可以原样恢复数字基带信号的原始代码。但是,如果矩形脉冲的失真较大,底部展宽后的拖尾较长,侵占到随后的码元的位置,就形成了码间串扰,如图4.5所示。

为了更清楚地看到码间串扰的形成,在图中没有将各输出波形相加合成。实际上拖尾可以侵占到数个码元的位置,而且拖尾的值既可能为正值,也可能为负值。由于多条拖尾的综合影响,最终就可能造成后续码元在抽样判决时的误判。

4.3.2　消除码间串扰的方法

在理想情况下,传输信道特性等效于理想低通滤波器,并使该理想低通滤波器的带宽等于所传数字信号传输速率的一半时,根据奈奎斯特第一准则,码间串扰的拖尾在每一个抽样判决时刻正好等于 0,这就是消除码间串扰的方法之一——部分响应法。这样虽然不能彻底消除拖尾,却可以消除拖尾对判决的影响。但是实际的传输网络特性不可能为理想低通滤波器,而且由于设计的误差和信道特性的变化,使抽样时刻的码间串扰始终存在,所以在此就不花时间去讨论部分响应法了。根据信道特性和所传输信号的波形特点,在实际的通信系统的设计中常常是采用另一种方法——均衡法来消除码间串扰的影响。

所谓均衡就是在数字基带传输系统中插入一个(或一系列)经过计算机辅助设计的滤波器,以减小码间串扰带来的影响,这种起补偿作用的滤波器就称为均衡器。而均衡器的种类很多,主要分为频域均衡和时域均衡两大类。频域均衡的基本思想是利用滤波器的频率特性去补偿基带传输系统的频率特性,使包括滤波器在内的基带传输系统的总特性满足实际的需要。频域均衡在信道特性不变,且在传输低速数据时是适用的。而时域均衡可以根据信道特性的变化进行调整,可以有效地减小码间串扰,故在高速数据传输中得到广泛应用。下面主要讨论时域均衡的方法。

通过在图 4.1 所示基带传输系统的接收滤波器 $G_R(f)$ 之后插入一个横向滤波器的方法,就可以完成时域均衡。横向滤波器如图 4.6 所示,通过调节抽头系数 C_i,使各抽头系数调整到合适的位置,从而达到减少或消除码间串扰的目的。

由接收滤波器输出的信号 $X(t)$ 进入横向滤波器的输入端,这种信号的抽样时刻上存在着码间串扰,时域均衡的作用就是利用横向滤波器产生的无限多响应波形之和使之变成没有码间串扰的波形。由于横向滤波器的均衡原理是建立在响应波形之上,故把这种均衡称为时域均衡。

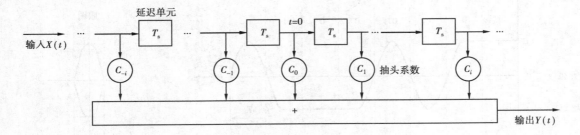

图 4.6 横向滤波器

横向滤波器的特性完全取决于各抽头系数 $C_i(i=0,\pm1,\pm2,\pm3,\cdots)$,可以通过调整各抽头系数实现时域均衡。从理论上说,当横向滤波器无限长时将可以完全消除码间串扰。然而,使横向滤波器的抽头无限增多是不现实的,由于经济条件的限制使抽头数不能无限制地增加。同时,各抽头系数调整 C_i 的准确度也决定了横向滤波器的性能,如果 C_i 的调整准确度不够,则单纯地增加抽头数量并不能获得良好的均衡效果。

同时应该说明的是,分析横向滤波器时均把时间原点($t=0$)假设在滤波器中心点 C_0 处。如果时间参考点选择在别处,则滤波器的波形开头是相同的,所不同的仅仅是整个波形的提前或推迟。

4.3.3 眼图

前面已讨论了时域均衡的方法,通过调整抽头系数以减少或消除码间串扰的影响。但是抽头系数调整到何种程度才能达到最佳的效果呢,这就需要掌握一些判断的方法。在现场调试时一般都是通过观察"眼图"(Eye diagram)的方法来判断是否已达到最佳效果。

眼图是指利用实验手段方便地估计和改善(通过调整)系统性能时在示波器上观察到的一种图形。观察眼图的具体方法是:将接收滤波器的输出信号接入示波器,然后调整示波器水平扫描周期,使其与接收码元的周期同步。此时可以从示波器显示的图形上,观察出码间串扰和噪声的影响,从而估计系统性能的优劣程度。在传输二进制信号波形时,示波器显示的图形很像人的眼睛,故名"眼图"。

为了便于理解,暂时先不考虑噪声的影响。图 4.7(a)是接收滤波器输出的无码间串扰的双极性基带信号波形,用示波器观察它,并将示波器扫描周期调整到码元周期 T_s,尽管图 4.7(a)的波形不是周期的(实际是随机的),但由于示波器的余辉作用,扫描所得的每一个码元波形将重叠在一起,由于无码间串扰,因而形成如图 4.7(b)所示的迹线细而清晰的大"眼睛"。图 4.7(c)是有码间串扰的双极性基带波形,由于存在码间串扰,此波形已经失真,示波器的扫描迹线就不能完全重合,于是形成的眼图迹线粗而模糊,"眼睛"张开得较小,且眼图不端正,如图 4.7(d)所示。对比图 4.7(b)和 4.7(d)可知,眼图的迹线细而清晰,"眼睛"张开得越大,且眼图越端正,表示码间串扰越小;反之,表示码间串扰越大。

当存在噪声时,眼图的线迹变成了比较模糊的带状线,噪声越大,线条越宽,越模糊,"眼睛"张开得越小。不过,从图形上并不能观察到随机噪声的全部形态,例如出现机会少的大幅度噪声,由于它在示波器上一晃而过,因而用人眼是观察不到的。所以,在示波器上只能大致估计噪声的强弱。

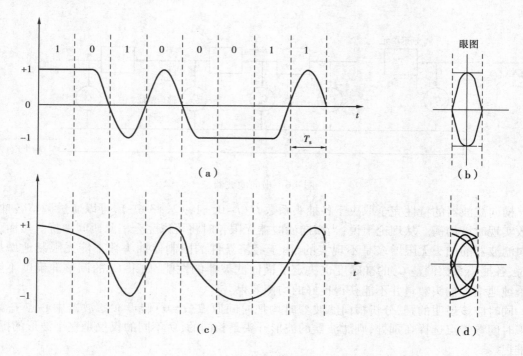

图 4.7　基带信号波形及眼图

从以上分析可知,眼图可以定性反映码间串扰的大小和噪声的大小。眼图可以用来指示接收滤波器的调整,以减小码间串扰,改善系统性能。为了说明眼图和系统性能之间的关系,把眼图简化为一个模型,如图 4.8 所示。

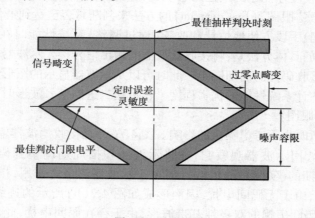

图 4.8　眼图模型

由该模型可以获得以下信息:
①最佳抽样判决时刻是"眼睛"张开最大的时刻;

②眼图斜边的斜率决定了系统对抽样定时误差的灵敏程度:斜率越大,对定时误差越灵敏;

③图的阴影区的垂直高度表示信号的畸变范围;

④图中央的横轴位置对应于最佳判决门限电平;

⑤在抽样时刻上下两阴影区间隔的一半为噪声容限,噪声瞬时值超过它就可能发生错误判决;

⑥图中倾斜阴影带与横轴相交的区间表示了接收波形零点位置的变化范围,即过零点畸变,它对于利用信号零交点的平均位置来提取定时信息的接收系统有很大影响。

另外,在接收二进制波形时,在一个码元周期 T_s 内只能看到一只眼睛;若接收的是 M 进制波形,则在一个码元周期内可以看到纵向显示的 $(M-1)$ 只眼睛;另外,若扫描周期为 nT_s 时,可以看到并排的 n 只眼睛。

小　结

1.基带信号及基带信号传输系统。由消息转换过来的原始信号,其频谱一般是从零开始的,往往包含丰富的低频成分,甚至直流分量,故称之为数字基带信号。用数字基带信号直接进行传输,称为数字基带传输。

2.基带传输系统的基本结构。主要由信道信号形成器、信道、接收滤波器、同步提取电路和抽样判决器组成。

3.常见数字基带信号的波形。单极性不归零波形、双极性不归零波形、单极性归零波形、双极性归零波形、差分波形、多电平波形。

4.数字基带信号的频谱。周期性矩形波可以分解为无数个正弦波之和。各谱线的端点连接形成的包络线呈衰减振荡波形。信号的频带宽度与其脉冲宽度有关,位于 $2\pi/\tau$ 处的第一个零点决定了数字基带信号的带宽。脉冲宽度越窄,其频谱包络线的第一个零点的频率就越高,信号所占据的频带宽度就越宽。

5.基带传输的常用码型。AMI 码、HDB$_3$ 码、PST 码、数字双相码、密勒码、CMI 码、$nBmB$ 码、4B/3T 码。

6.码间串扰产生的原因。当带宽为无限大的数字基带信号通过带宽有限的信道时,高频分量的丢失,会造成脉冲波形的顶部变圆,底部展宽。底部展宽后的拖尾较长,侵占到随后的码元的位置,就形成了码间串扰。

7.消除码间串扰的方法。理论上说,在理想情况下,当传输信道等效的理想低通滤波器的带宽等于所传数字信号传输速率的一半时,可以消除码间串扰。实际应用中大多使用均衡的方法来减少或消除码间串扰。

8.眼图。是利用实验手段估计系统性能的一种方法。当眼图清晰并张开较大时,无码间串扰或码间串扰很小,反之则有较大的码间串扰或噪声影响。

思考与练习 4

4.1　简述数字基带传输系统的基本组成以及各部分的功能。

4.2　设二进制符号为 110010001110，试以矩形脉冲为例，分别画出相应的单极性不归零波形、双极性不归零波形、单极性归零波形、双极性归零波形、差分波形。

4.3　已知二元信息序列为 10011000001100000101，画出其对应的 AMI 码和 HDB_3 码的波形。

4.4　什么是码间串扰？它是如何产生的？如何消除或减小码间串扰？

4.5　什么是眼图？它的作用是什么？通过眼图可以获取什么信息？

4.6　一随机二进制序列为 10110001…，符号"1"对应的基带波形为升余弦波形，持续时间为 T_s，符号"0"对应的基带波形恰好与"1"相反。

1）当示波器扫描周期 $T_0 = T_s$ 时，试画出眼图；

2）当 $T_0 = 2T_s$ 时，试重新画出眼图；

3）比较以上两种眼图的最佳抽样判决时刻，判决门限电平及噪声容限值。

项目 **5**
数字信号的频带传输

【项目描述】

本项目首先介绍 2ASK、2FSK 和 2PSK 3 种二进制数字调制方式的基本原理和实现方法；然后在这 3 种数字调制方式的基础上，简要介绍多进制数字调制系统的基本原理和特点；最后针对现代数字调制技术的发展，进一步探讨 QAM、MSK、GMSK 以及有关扩频调制技术的基本知识。

【项目目标】

知识目标：

- 掌握二进制数字调制与解调的原理；
- 了解多进制数字调制系统；
- 了解多种数字调制系统的性能比较；
- 了解现代数字调制技术的发展趋势。

技能目标：

- 掌握几种常用二进制数字调制的调制/解调方法；
- 能够比较不同的数字调制系统的性能优劣。

【项目内容】

大多数通信用的传输媒质的适合传输的频率窗口往往不在基带，而在高频的某个频段，因此必须将数字基带信号经过调制后才能进行可靠传输。为了实现数字信号的频带传输（即经过调制后的传输），必须用数字信号对载波进行调制。传输数字信号有 3 种基本的调制方式，即振幅键控（ASK）、频移键控（FSK）和相移键控（PSK）。

数字调制是用载波信号的某个参数的离散状态来表征所传送的信息，在接收端对载波信号参数的离散状态进行检测。因而，数字调制信号可看成键控信号。图 5.1 表示二进制的 3 种以正弦波为载波的基本键控信号波形。图 5.1(a) 为二进制振幅键控信号（2ASK）的波形，图 5.1(b) 为二进制频移键控信号（2FSK）的波形，图 5.1(c) 为二进制相移键控信号（2PSK）的波形。

本项目主要介绍这 3 种键控调制的基本原理、实现方法，还简单介绍了多进制数字调制的原理和几种现代调制技术。

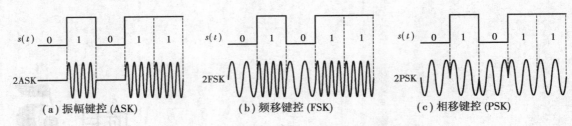

图 5.1　正弦载波 3 种键控调制波形图

任务 5.1　二进制数字调制与解调原理

当调制信号为二进制数字信号时,定义这种调制为二进制数字调制。常见的二进制数字调制方式有二进制振幅键控调制(2ASK)、二进制频移键控调制(2FSK)以及二进制相移键控调制(2PSK)。

5.1.1　二进制振幅键控调制(2ASK)

(1)2ASK 的一般原理和实现方法

设数字调制信号为由二进制符号 0,1 组成的序列,载波在二进制信号 1 或 0 的控制下分别进行通或断。这种二进制振幅键控方式称为开关键控(OOK)方式,是 2ASK 的一种常用方式。其时域表达式为:

$$e_0(t) = As(t)\cos \omega_c t \tag{5.1}$$

式中　A——载波振幅;

　　　$s(t)$——二进制数字调制信号;

　　　ω_c——载波角频率;

　　　$e_0(t)$——2ASK 已调波。

通常,二进制振幅键控调制的原理模型如图 5.2 所示。

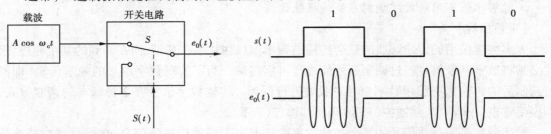

图 5.2　开关键控(OOK)的原理模型　　图 5.3　二进制振幅键控(OOK)信号的波形举例

从图 5.2 可知,载波信号 $A\cos \omega_c t$ 经过键控开关电路,受到二进制脉冲的控制,当 $s(t) = 1$ 时,$e_0(t) = A\cos \omega_c t$(通),而当 $s(t) = 0$ 时,$e_0(t) = 0$(断)。波形图如图 5.3 所示。

(2)2ASK 的解调方法

2ASK 信号有两种解调方法:非相干解调(包络检波法)和相干解调(同步检波法)。这两种解调系统的组成方框图如图 5.4 所示。

与模拟 AM 信号的解调器相比,图 5.4 中二进制振幅键控解调器增加了一个抽样判决器。

它是用来对解调后的有畸变的数字信号进行定时判决,以提高数字信号的接收性能。它的基本原理是将抽样时刻的抽样值与某一个门限电平进行比较,以确定抽样时刻所收到的是"1"还是"0",从而使触发脉冲电路输出规整的矩形脉冲信号。

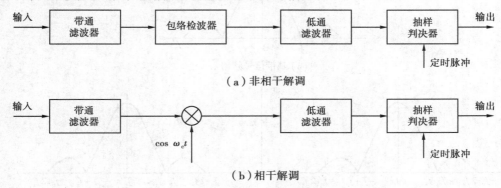

图 5.4　2ASK 信号解调器

非相干解调法,又称包络检波法。这种方法是将接收的信号先通过一个带通滤波器,滤除带外噪声和杂散信号,以提高检测器输入信噪比,然后通过包络检波器进行检波,再通过一个低通滤波器以滤除高频分量得到调制信号,最后由抽样判决器进行定时判决,得到较规整的数字调制信号。

相干解调法是在接收机中产生一个与发送端载波同频同相的本地相干载波信号,利用本地相干载波与接收信号相乘,经低通滤波后,得到调制信号,然后经过定时判决,得到规整的数字脉冲信号。

(3)频谱特性

二进制数字调制信号是随机的、功率型的无穷序列。2ASK 信号(已调信号)也是功率型信号。由 2ASK 的时域信号可得到其功率谱密度。

$$P_E(f) = \frac{1}{4}\left[P_S(f+f_c) + P_S(f-f_c)\right] \tag{5.2}$$

式中　$P_E(f)$——$e_0(t)$ 的功率谱密度;

$P_S(f+f_c)$ 和 $P_S(f-f_c)$——$s(t)$ 的功率谱密度。设 $s(t)$ 为单极性信号,则式(5.2)对应的频谱图如图 5.5 所示。

2ASK 功率谱具有以下特点:

①由连续谱和离散谱构成。

②是双边带信号。

③带宽是基带信号带宽的两倍:

$$B_{2ASK} = 2f_s \tag{5.3}$$

④频带利用率不高:

$$\eta = \frac{1/T_s}{B_{2ASK}} = \frac{f_s}{2f_s} = 0.5 \tag{5.4}$$

从上面的分析可以看出,2ASK 的调制与解调的原理都比较简单,比较容易实现,所以成为最早投入实用的数字载波调制方式。但由于它的抗干扰能力较差,功率利用率和频带利用率都不高,所以在现代通信系统中已很少应用。

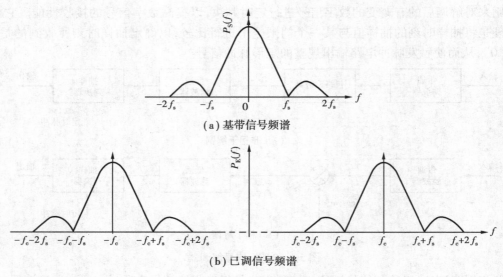

（a）基带信号频谱

（b）已调信号频谱

图 5.5　2ASK 信号频谱图

5.1.2　二进制频移键控调制（2FSK）

（1）2FSK 的一般原理和实现方法

1）一般原理

2FSK 信号是利用基带信号的 0,1 特性来改变载波的频率。$s(t)$ 取"1"时,对应 ω_1 的载波输出;$s(t)$ 取"0"时,对应 ω_2 输出。

$$e_F(t) = s(t)\cos\omega_1 t + \overline{s(t)}\cos\omega_2 t$$
$$= \begin{cases} \cos\omega_1 t, s(t) = 1 \\ \cos\omega_2 t, s(t) = 0 \end{cases} \tag{5.5}$$

由式（5.5）可观察到,2FSK 信号可看作是两路 2ASK 信号的合成。

2）2FSK 信号的产生方法

①键控法产生 2FSK 信号。键控法产生 2FSK 信号的原理方框图如图 5.6 所示。$s(t)$ 为数字调制脉冲信号,作为开关控制信号。当 $s(t)=1$ 时,开关电路选择载波 f_1（或 f_2）,那么当 $s(t)=0$ 时,开关电路选择 f_2（或 f_1）,即由矩形脉冲序列控制开关对两个不同的频率源进行选通。2FSK 的调制波形与已调波形的示意图如图 5.7 所示。

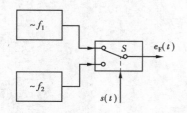

图 5.6　键控法产生 2FSK 信号

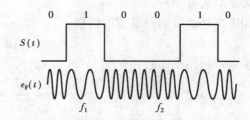

图 5.7　2FSK 的波形示意图

②直接调频法产生 2FSK 信号。直接调频法产生 2FSK 信号,是用 $s(t)$ 作为调制信号,将

该信号加到一个模拟频率调制器上,输出的就是已调频的信号,其原理框图如图 5.8 所示。调频后的信号 $e_F(t)$ 和调制信号 $s(t)$ 的示意图如图 5.7 所示。$e_F(t)$ 就是 2FSK 信号。

图 5.8 用模拟调频器产生 2FSK 信号

(2)2FSK 信号的解调方法

2FSK 信号的解调方式有过零检测法、非相干解调和相干解调等。下面简要介绍这几种解调方式的基本原理。

1)过零检测法解调 2FSK 信号

过零检测法是利用限幅器将 2FSK 信号变成同频率的矩形脉冲波,经微分和全波整流后,再经脉冲展宽和低通滤波得到幅度随 2FSK 信号的频率高低变化的包络信号,即为解调出的调制信号。其原理框图及各点波形如图 5.9 所示。

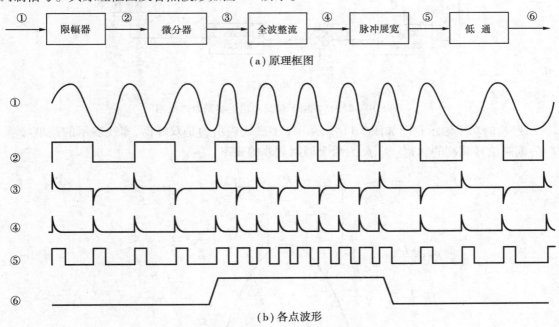

图 5.9 过零检测法原理框图及各点波形

2)相干和非相干解调 2FSK 信号

相干和非相干检测法是 2FSK 常用的解调方法。这里的判决器为电平大小比较器,此时无须设置专门的门限电平。其解调方框图如图 5.10 所示。

(3)频谱特性

2FSK 信号的频谱特点:

①2FSK 功率谱由连续谱和离散谱构成,离散谱出现在两个载频 (f_1,f_2) 位置上。

②连续谱结构:$\left| f_1-f_2 \right| <f_s$ 时,为单峰;$\left| f_1-f_2 \right| >f_s$ 时,为双峰。

③带宽:

$$B_{2FSK} = \left| f_2-f_1 \right| +2f_s \tag{5.6}$$

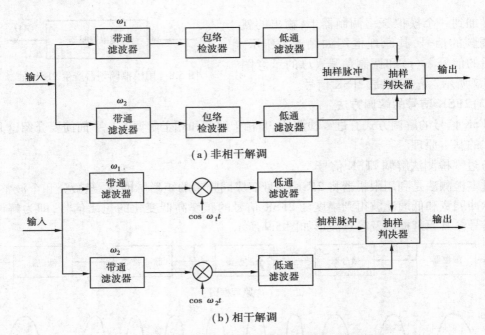

（a）非相干解调

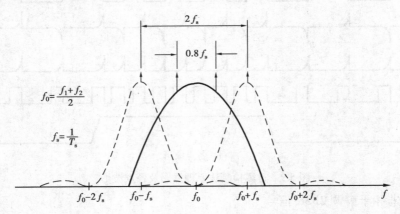

（b）相干解调

图 5.10　2FSK 非相干解调和相干解调原理框图

2FSK 的功率谱示意图如图 5.11 所示。图中虚线表示的是双峰谱,实线表示的是单峰谱。T_s 为调制信号脉冲的脉宽。f_1,f_2 为两个调制载波的频率。

图 5.11　2FSK 信号的功率谱密度

5.1.3　二进制相移键控调制（2PSK）及二进制差分相移键控（2DPSK）

二进制相移键控调制是指用二进制脉冲信号作为调制信号去控制载波的相位,用 2PSK 表示。如果用 M 进制的数字信号作为调制信号,去调制载波的相位,则称为 M 进制相移键控调制,用 MPSK 表示。

相移键控分为绝对相移键控（PSK）和相对相移键控（DPSK）两种方式。相对相移键控又称为差分相移键控。

（1）2PSK 和 2DPSK 调制的一般原理及实现方法

1）2PSK 调制的原理及波形

二进制相移键控的载波相位取决于调制信号的取值为"1"或"0"，常用相位 0°及 180°分别表示"1"或"0"。二进制相移键控的已调信号的时域表达式为：

$$e_{2PSK}(t) = s(t)\cos\omega_c t \tag{5.7}$$

设 $s(t)$ 为双极性脉冲信号，则有：

$$e_{2PSK}(t) = \pm\cos\omega_c t = \cos(\omega_c t + \varphi_i), \varphi_i = 0 \text{ 或 } \pi \tag{5.8}$$

又设数字信号的传输速率（$1/T_s$）与载波频率间满足整数倍关系，典型的波形图如图 5.12 所示。

从图 5.12 中可知 2PSK 是以载波的不同相位直接表示相应的数字信息，称为绝对相移键控。这种调制方式在实际应用中存在一个严重的问题，即"倒 π"现象。因为 2PSK 是以某一个相位作为基准的，在接收系统中也必须以这个相位为基准，若参考相位发生变化，即由原来的 0 相变成 π 相（或 π 相变为 0 相），那么恢复的数字信息将由原来的"0"码变"1"码（或由"1"码变成"0"码），从而产生误码。这种由接收端参考相位倒相造成的误码现象称为"倒 π"现象。

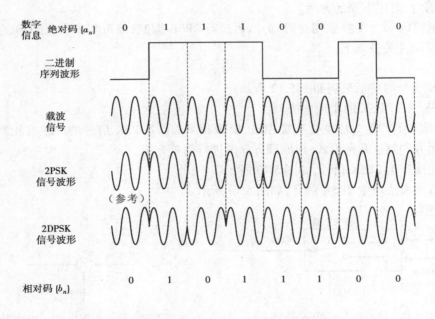

图 5.12   2PSK 信号及 2DPSK 信号的波形

为了克服这种缺陷，产生了另一种调制方式，即 DPSK 方式，称之为相对（差分）相移方式。

2）2DPSK 的原理和波形

在 2PSK 信号中，相位变化是以未调制载波的相位作为参考基准的，称为绝对移相。2DPSK 的调制规则是以前后相邻码元的相对相位变化 $\Delta\phi$ 来表示所传送的数字信息，称为相对移相。假设在 2DPSK 中，第 i 个码元对应的载波相位为 ϕ_i，第 $i-1$ 个码元对应的载波相位

为 ϕ_{i-1}，则相位差 $\Delta\phi = \left| \phi_i - \phi_{i-1} \right|$ 用来表示数字调制信号的信息状态。例如，若 $\Delta\phi = 0$，则代表二进制信号 $b_n = 0$，若 $\Delta\phi = \pi$，则有 $b_n = 1$。为了更好理解这一规则，将 2PSK 和 2DPSK 信号作一比较：

数字信息（绝对码）：		1	1	1	0	0	1	0
2PSK 信号相位：		0	0	0	π	π	0	π
2DPSK 信号相位：	0	π	0	π	π	π	0	0
或	π	0	π	0	0	0	π	π
2DPSK 信号解调数字信息：	x	1	1	1	0	0	1	0

其中，x 表示可以任意取"0"或是"1"。

从上述的比较可以看出，对于 2PSK，只要有一个相位错误，则随后的解调信息将全部倒相。但对于 2DPSK，只要其相对相位关系正确，解调就正确。因此相对相移键控调制可以消除"倒 π"现象。

需要说明的是，单从波形上看，无法区分 2PSK 和 2DPSK 信号。对于 2DPSK 波形，若视之为 2PSK 信号，则对应的代码，称为相对码 $\{b_n\}$，实际代码称为绝对码 $\{a_n\}$。在分析和画 2DPSK 波形时，可用下面的方法。

先把绝对码 $\{a_n\}$ 变换成相对码 $\{b_n\}$，再进行 2PSK 调制，就可实现 $\{a_n\}$ 对应的 2DPSK 波形。$\{b_n\}$ 和 $\{a_n\}$ 关系如下：

$$b_i = a_i \oplus b_{i-1} \tag{5.9}$$

2DPSK 信号的波形举例如图 5.12 所示。

3）2PSK 和 2DPSK 的实现方法

2PSK 信号的产生方法主要有键控法、模拟相乘法。2DPSK 信号的产生有相对码绝对调制法。下面分别就这几种形式，用原理方框图进行简单介绍。

①键控法产生 2PSK 信号，如图 5.13 所示。

②模拟相乘法产生 2PSK 信号，如图 5.14 所示。

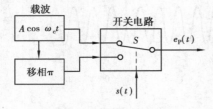

图 5.13　键控法产生 2PSK 信号

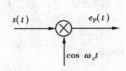

图 5.14　模拟相乘法产生 2PSK 信号

③码变换＋2PSK 调制产生 2DPSK 信号（相对码绝对调制法），如图 5.15 所示。

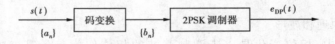

图 5.15　相对码绝对调相产生 2DPSK 信号

（2）2PSK,2DPSK 的解调

2PSK 和 2DPSK 的解调方式主要包括非相干解调和相干解调。下面简单介绍几种常用的解调方式。

①极性比较法(相干解调)解调 2PSK 信号,如图 5.16 所示。

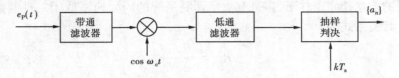

图 5.16   相干解调法解调 2PSK 信号

②极性比较法(相干解调)解调 2DPSK 信号,如图 5.17 所示。

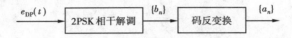

图 5.17   相干解调法解调 2DPSK 信号

③差分相干法(相位比较法)解调 2DPSK 信号,如图 5.18 所示。

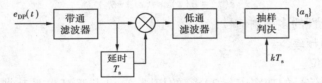

图 5.18   差分相干解调 2DPSK 信号

(3)2PSK,2DPSK 的频谱特性

①一般情况下,2PSK 的功率谱与 2ASK 的功率谱相同(仅差系数),即含连续谱和离散谱。

$$B_{2PSK} = B_{2ASK} = 2f_s \tag{5.10}$$

②频带利用率:

$$\eta = 0.5(\text{B/Hz}) \tag{5.11}$$

③当 0,1 等概率时,无离散谱。

④2DPSK 可看作是相对码的绝对调制,因此其频谱应与 2PSK 的类似。

由于二进制相移键控调制系统在抗噪声性能及信道频带利用率方面比 2ASK 和 2FSK 优越,因而被广泛应用于数字通信。考虑到 2PSK 有"倒 π"现象,在实际应用中基本上都是采用的 2DPSK 方式。

任务 5.2   多进制数字调制系统

在现代数字通信系统中,多进制数字调制方式应用很广泛。在二进制数字调制原理的基础上,多进制数字调制是指用多进制的数字基带信号作为调制信号,去控制载波的振幅、频率或相位。因而,相应地产生了多进制振幅调制、多进制频率调制和多进制相位调制等调制方式。与二进制数字调制相比,多进制数字调制有如下特点:

①在相同的码元速率条件下,多进制数字调制系统的信息速率高于二进制数字调制系统的信息速率。其关系式为:

$$R_{b} = R_{BN} \log_2 N \tag{5.12}$$

式中 N——进制数。

②在相同的信息速率条件下,多进制数字调制系统的码元速率低于二进制数字调制系统的码元速率。其关系式为:

$$R_{BN} = \frac{R_b}{\log_2 N} \tag{5.13}$$

式中 N——进制数。

③在相同的噪声条件下,多进制数字调制系统的抗噪声性能低于二进制数字调制系统。

本节将简单介绍多进制数字振幅调制、多进制数字频率调制和多进制数字相位调制等三种多进制数字调制方式。

5.2.1 多进制数字振幅键控(MASK)

将多进制信号去调制发送载波的幅度参数,即可产生多电平调幅信号,用公式表示为:

$$s(t) = A(t) \cos(\omega_c t + \theta_0) \tag{5.14}$$

式中 $A(t)$——单极性的多进制信号;

ω_c——载波角频率;

θ_0——初始相位。

多进制振幅调制信号的功率谱与 2ASK 的相同,它相当于 M 电平基带信号对载波信号进行双边带调幅。因此 MASK 信号的带宽是 M 电平基带信号的带宽的两倍。由于 M 电平信号在每个码元间隔内可以传送 $\log_2 M$ 比特信息,其码元速率为信息速率的 $1/\log_2 M$ 倍,因此,MASK 信号的带宽在相同的信息速率下,是 2ASK 的 $1/\log_2 M$ 倍。这说明多进制振幅调制的频带利用率是较高的。

MASK 信号解调也可以采用非相干或相干解调方法。

归纳起来,多进制振幅调制主要具有以下特点:

①传输效率高。

②在相同的码元速率条件下,多进制振幅调制信号的带宽与二进制振幅调制的带宽相同。其信道的频带利用率可超过 2 bps/Hz。

③多进制振幅调制的抗噪声能力比二进制振幅调制差。

5.2.2 多进制数字频移键控(MFSK)

多进制数字频移键控(MFSK),是二进制数字频移键控方式的推广。MFSK 的相干解调较复杂,要求有精确的相位参考,因而较少使用,常采用非相干解调方式。图 5.19 表示了 MFSK 的调制器和非相干解调器的方框图。

图 5.19 中的串/并变换器的作用是将一组串行二进制序列转换成 M 个并行输出信号,可以由移位寄存器组成;译码器电路将这 M 位输出信号经过逻辑运算,转换成 N 个时序信号。这些时序脉冲信号中在同一个时序脉冲期间只有一个为高电平,使其中一个门电路被打开,而其他门被关闭。门电路相当于开关,当门电路被选通时,对应的频率源的载波信号通过门电路输出到信道中去。相加器的作用是将各路单独的选通输出的载波信号合成为一路串行信号。这一串行信号就是 MFSK 信号。

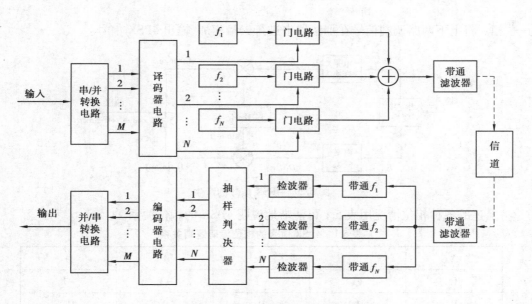

图 5.19　MFSK 调制器与非相干解调器方框图

MFSK 信号的非相干解调器与 2FSK 的非相干解调器类似。较为复杂的是抽样判决器,它的任务是在判决时刻比较各包络检波器输出的电压,选出最大的作为输出。

MFSK 的特点:

①具有多进制调制的一般特点。

②为恒包络特性。

③占据频带较宽,所以信道频带利用率较低。

5.2.3　多进制数字相移键控(MPSK)

前面已经介绍,二进制相移键控信号含有两种相位,它属于二相制调制。随着通信技术的发展,产生了多进制的数字相位调制技术,以四相和八相调制最为常用。多进制数字相位调制又称为多相制数字调制。它的基本规则是用多进制数字脉冲信号作为控制信号去调制同一频率载波的相位,从而产生多种不同相位的同频多相信号,用 MPSK 表示。例如,4PSK 表示四相调制,用载波的 4 个离散相位来表示 4 种信号状态(即 00,01,10,11)。与二进制数字相移键控一样,多进制相移键控也分为绝对相移键控和相对(差分)相移键控,分别用 MPSK 和 MDPSK 表示。本小节主要介绍 4PSK 和 8PSK 调制解调的原理和方法。

(1)4PSK 的调制与解调

1)4PSK 的调制方法

4PSK 又称为 QPSK,是四相绝对相移键控调制方式。4PSK 信号的产生原理框图如图5.20所示。

输入的串行数据经串/并变换器后被分成两路二进制序列,并分别用 A 和 B 表示,称(AB)为双比特码。从图 5.20 知,当 $A=1$ 时,$C=+1$,则上一路的调制输出 $C\cos\omega_c t=\cos\omega_c t$,其相位为 0 相;当 $A=0$ 时,$C=-1$,$C\cos\omega_c t=-\cos\omega_c t$,其相位为 π 相。对于图中下一路来说,当 $B=1$ 时,$D=+1$,$D\sin\omega_c t=\sin\omega_c t$,其相位为 $+\dfrac{\pi}{2}$ 相;当 $B=0$ 时,$D=-1$,$D\sin\omega_c t=-\sin\omega_c t$,其相位

93

为 $-\dfrac{\pi}{2}$ 相。将上下两路调制信号在加法器中进行矢量相加,输出 4PSK 信号。

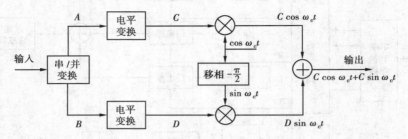

图 5.20   4PSK 信号的产生

将上述的各种相位情况用表 5.1 可清晰地说明 4PSK 的相位关系。

表 5.1   4PSK 信号的相位编码逻辑关系

A	1	0	1	0
C	+1	−1	+1	−1
B	1	0	0	1
D	+1	−1	−1	+1
上一路调制输出	0°	180°	0°	180°
下一路调制输出	90°	270°	270°	90°
合成相位	45°	225°	315°	135°

按表 5.1 中的结果,按双比特码(AB)的不同组合,可画出 4PSK 的矢量图,如图 5.21 所示。

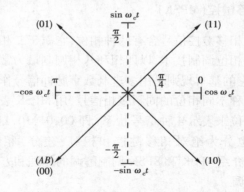

图 5.21   4PSK 信号的相位矢量图

2)4PSK 信号的解调

4PSK 信号可用两个正交的载波信号实现相干解调。其解调原理框图如图 5.22 所示。

4PSK 信号分为两路送入上下两个乘法器(相当于相关器),经低通滤波器滤除谐波分量,再经抽样判决后,得到的上下两路二进制信号,分别就是图 5.20 中对应的 A,B 信号。由于(AB)为双比特码,它的产生是串行数据码经过串/并变换得到的,因此,在接收端要进行反变换,即加一个并/串变换器,将解调器分路解调出的双比特码,转换成原始串行二进制信码。图中的抽样判决器的判决门限为 0。当抽样值大于 0 时,判决为"1"码;当抽样值小于 0 时,判决为"0"码。

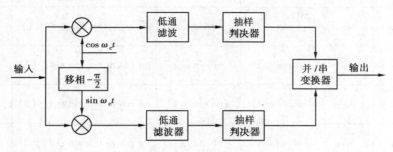

图 5.22 4PSK 信号的相干解调

(2)8PSK 信号的调制与解调

1)8PSK 调制的基本原理

8PSK 是另一种常用的多进制相移键控信号,其信号产生的原理框图如图 5.23 所示。

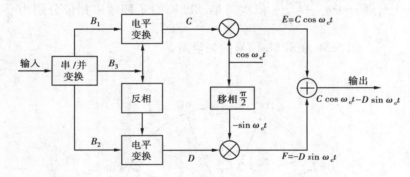

图 5.23 8PSK 信号的产生

图 5.23 的基本原理是:串行输入二进制信号经串/并变换成为 3 位码组 $B_1B_2B_3$,其中 B_1B_3 控制一个电平变换器,输出双极性的四电平信号;$B_2\overline{B_3}$ 控制另一个电平变换器,也输出双极性的四电平信号。上下两路四电平信号分别去调制同相和正交载波,然后进行矢量相加,得到 8PSK 信号。B_1,B_2 的作用是电平变换器的输出信号的极性,$B_3,\overline{B_3}$ 的作用是控制电平变换器的输出信号的电平值(设电平绝对值为 a,b)。8PSK 信号的编码和数学表示如表 5.2 所示。

表 5.2 8PSK 信号的编码和数学表示

$B_1B_2B_3$	C	D	E	F	输出表达式(象限)	输出相位
000	$+a$	$+b$	$+a\cos\omega_c t$	$-b\sin\omega_c t$	$a\cos\omega_c t-b\sin\omega_c t$ (4)	$-\arctan\dfrac{b}{a}$
001	$+b$	$+a$	$+b\cos\omega_c t$	$-a\sin\omega_c t$	$b\cos\omega_c t-a\sin\omega_c t$ (4)	$-\arctan\dfrac{a}{b}$
010	$+a$	$-b$	$+a\cos\omega_c t$	$+b\sin\omega_c t$	$a\cos\omega_c t+b\sin\omega_c t$ (1)	$\arctan\dfrac{b}{a}$

续表

$B_1B_2B_3$	C	D	E	F	输出表达式（象限）	输出相位
011	$+b$	$-a$	$+b\cos\omega_c t$	$+a\sin\omega_c t$	$b\cos\omega_c t+a\sin\omega_c t$ （1）	$\arctan\dfrac{a}{b}$
100	$-a$	$+b$	$-a\cos\omega_c t$	$-b\sin\omega_c t$	$-a\cos\omega_c t-b\sin\omega_c t$ （3）	$\pi+\arctan\dfrac{b}{a}$
101	$-b$	$+a$	$-b\cos\omega_c t$	$-a\sin\omega_c t$	$-b\cos\omega_c t-a\sin\omega_c t$ （3）	$\pi+\arctan\dfrac{a}{b}$
110	$-a$	$-b$	$-a\cos\omega_c t$	$+b\sin\omega_c t$	$-a\cos\omega_c t+b\sin\omega_c t$ （2）	$\pi-\arctan\dfrac{b}{a}$
111	$-b$	$-a$	$-b\cos\omega_c t$	$+a\sin\omega_c t$	$-b\cos\omega_c t+a\sin\omega_c t$ （2）	$\pi-\arctan\dfrac{a}{b}$

令 $\arctan\dfrac{b}{a}=\dfrac{\pi}{8}$，则 $\arctan\dfrac{a}{b}=\dfrac{3\pi}{8}$，依次类推，8PSK 的 8 种输出相位分别为 $\dfrac{\pi}{8}$，$\dfrac{3\pi}{8}$，$\dfrac{5\pi}{8}$，$\dfrac{7\pi}{8}$，$\dfrac{9\pi}{8}$，$\dfrac{11\pi}{8}$，$\dfrac{13\pi}{8}$，$\dfrac{15\pi}{8}$。图 5.24 为 8PSK 信号的矢量图。

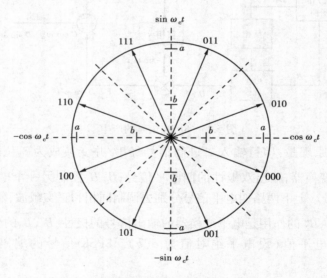

图 5.24　8PSK 矢量图

8PSK 信号的产生还有其他的方法，如相位选择法等，有兴趣的读者可以自行参阅相关资料。

2）8PSK 信号的解调

8PSK 信号的解调可采用如图 5.25 所示的相干解调器，它由两组正交相干解调器组成。其中一组的参考载波相位为 0 和 $\dfrac{\pi}{2}$；另一组的参考载波相位为 $-\dfrac{\pi}{4}$ 和 $\dfrac{\pi}{4}$。4 个相干解调器后接 4 个二电平判决器，再经逻辑运算后，可恢复图 5.23 中的 $B_1B_2B_3$，最后通过并/串变换，得到原始的串行二进制序列。

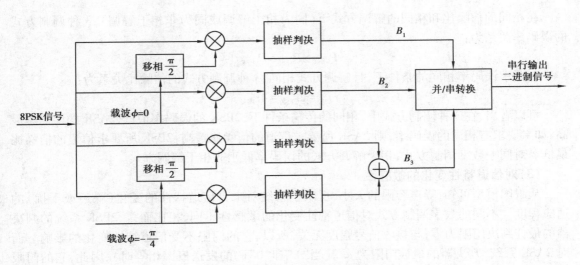

图 5.25　8PSK 的双正交相干解调

任务 5.3　数字调制系统的性能比较

数字调制系统的性能好坏将直接影响通信系统的有效性和可靠性。对数字通信系统而言,有效性包括码元传输速率、信息传输速率、频带利用率等;可靠性包括误码率、误信率等。同时,作为实用的通信设备,还应考虑设备的复杂性与经济性。本节将对二进制数字调制系统性能作简单的比较,同时简单了解多进制数字调制系统的性能区别,以便了解不同调制方式的系统性能。

5.3.1　二进制数字调制系统的性能比较

在二进制数字调制系统中,接收端的解调既可以采用相干解调,也可采用非相干解调。采用不同的调制方式和不同的解调方式,其系统的性能也有所不同。

(1)频带宽度

当码元宽度为 T_s 时,各种不同调制方式的频带宽度如下:

$$B_{2ASK} \approx \frac{2}{T_s} \tag{5.15}$$

$$B_{2ASK} \approx \left| f_2 - f_1 \right| + \frac{2}{T_s} \tag{5.16}$$

$$B_{2PSK} \approx \frac{2}{T_s} \tag{5.17}$$

因此,从频带宽度和频带利用率的角度来说,2FSK 系统占用的系统频带最宽,其频带利用率最低。

(2)误码性能

实际的应用结果表明,在二进制数字调制系统中,系统的误码率与信噪比呈非线性变化关系,信噪比越大,则误码率越低。

在相同的信噪比和相同的解调方式下（同为相干解调或同为非相干解调），3 种调制方式的误码率关系为：

$$P_{eASK} > P_{eFSK} > P_{ePSK}$$

在要求误码率相同的条件下，且解调方式相同，3 种调制方式的信噪比关系为：

$$r_{ASK} = 2r_{FSK} = 4r_{PSK}$$

可以看出，在 3 种调制方式中，相同的传输条件下，2PSK 的误码率最低，2ASK 的误码率最高；如果要求有相同的误码率，则 2ASK 所要求信道的信噪比最高，2PSK 所要求信道的信噪比最低。对同一数字调制方式，相干解调方式的误码率低于非相干解调方式。

（3）对信道特性变化的敏感性

从眼图模型可知，噪声容限的大小，反映了系统对来自信道特性的变化（噪声或干扰）的适应程度。不同的数字调制方式对信道特性变化的敏感性不同，相比而言，2PSK 系统的判决器的最佳判决门限为零，与接收信号幅度无关，所以，它的门限不受信道特性变化的影响。而对 2ASK 系统，判决器的最佳门限为 $a/2$（当"1"和"0"码的发送概率相等时），因此，它的门限与接收信号幅度有关，使接收机不容易保持在最佳门限状态，而造成误码率增大。2FSK 系统的判决器为相对比较判决器，无须人为设置门限电平，抗干扰能力较强。因此，2ASK 系统对信道特性变化最敏感。

从检测方式看，在相同的误码率条件下，相干解调比非相干解调方式所要求的信噪比小。

（4）设备的复杂程度

相干接收比非相干接收的复杂。在非相干解调方式下，2DPSK 的设备最复杂，其次是 2FSK 的设备，2ASK 的设备最简单，因而其成本相对较低。

5.3.2　多进制数字调制系统的性能比较

（1）频带利用率

从实际应用效果来看，在误码率相同的条件下，频带利用率从高到低依次为 MASK、MQAM、MPSK、MFSK 相干解调、MFSK 非相干解调，而且 M 越大，频带利用率越高。

（2）误码率

从实际应用效果来看，在相同的信噪比条件下，误码率从好到坏依次为 MSK、4QAM、QPSK、8PSK、16QAM、16PSK、64QAM。

（3）设备复杂程度

一般情况下，设备复杂程度从低到高依次为 MASK 非相干解调、MFSK 非相干解调、MDPSK、DQPSK、QPSK、QAM、MSK、MPSK、MQAM（M>4）。

任务 5.4　现代数字调制技术

5.4.1　正交振幅调制（QAM）

在现代通信中，频谱利用率一直是人们关注的焦点之一。如在移动通信中，随着微蜂窝和微微蜂窝的出现，使得信道的传输特性发生了很大的变化。过去在传统蜂窝系统中不应用的、频谱利用率很高的正交振幅调制 QAM 已引起人们的重视，对其应用进行了广泛的研究。

正交振幅调制是指用两个独立的基带信号对两个相互正交的同频载波进行抑制载波双边带调制,然后利用加法器将它们合成一路信号进行传输。在接收端靠两个同频载波的正交性,解调出两路独立的原始信号。

QAM 的特点是对载波幅度和相位进行混合调制。根据正交振幅调制的定义,可写出正交振幅调制的一般表达式为:

$$y(t) = A_m \cos \omega_c t + B_m \sin \omega_c t, 0 \leqslant t < T \tag{5.18}$$

式(5.18)由两个相互正交的载波构成,T 为码元宽度。$m = 1, 2, \cdots, M; M$ 为 A_m 和 B_m 的电平数。对于 16QAM 来说,$M = 16$。式(5.18)可改写为:

$$y(t) = E_m \cos(\omega_c t + \varphi_m), m = 1, 2, \cdots, 16 \tag{5.19}$$

其中,E_m 是第 m 个矢量的模,φ_m 是第 m 个矢量的幅角。16QAM 信号有 16 个矢量,把这 16 个矢量的端点位置用图 5.26 表示,称为星座图。

16QAM 的调制解调原理框图如图 5.27 所示。

图 5.27(a)中,在调制端,输入数据经过串/并变换后分为两路,分别经过 2 电平到 4 电平的变换,形成 A_m 和 B_m。为了抑制已调信号的带外辐射,A_m 和 B_m 还要经过低通滤波器,才与载波相乘。最后将两路信号相加就可以得到已调输出信号 $y(t)$。

图 5.27(b)中,在接收端,输入信号与本地恢复的两个正交载波相乘后,经过低通滤波,多电平判决,4 电平到 2 电平转换,再经过并/串变换就恢复二进制原始信号。

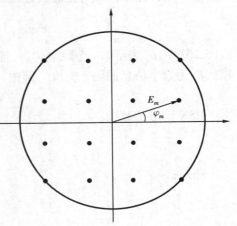

图 5.26　16QAM 信号的星座图

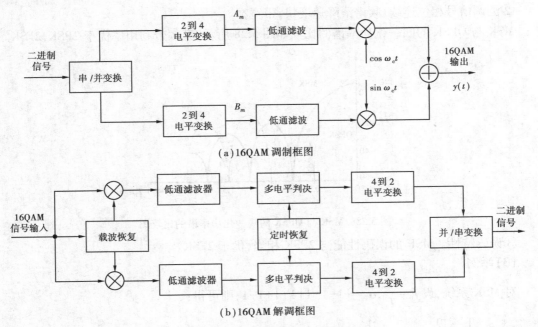

(a)16QAM 调制框图

(b)16QAM 解调框图

图 5.27　16QAM 调制解调原理框图

5.4.2 最小频移键控(MSK)

最小频移键控(MSK)是一种特殊的连续相位的频移键控(CPFSK),其最大频移为比特率的1/4。也就是说,MSK 是调制系数为 0.5 的连续相位的 FSK。

MSK 又称快速 FSK(FFSK),这是因为它使用的频率空间仅为常规非相干 FSK 空间的一半。MSK 是一种高效的调制方式,特别适合在移动无线通信系统中使用。它有很多优越的特性,例如恒包络、频谱利用率高、误比特率低以及有自同步性等。

(1)MSK 信号的产生原理

最小频移键控(MSK)是相位连续的 2FSK 的特例。MSK 的特征表达式如下:

$$e_{MSK}(t) = A\,\sin\left[\omega_0 t + \alpha_i \frac{\pi}{2T_s} + \varphi_i\right] \tag{5.20}$$

式(5.20)中,α_i 表示第 i 个数字信息,且 $\alpha_i = \pm 1$;φ_i 表示第 i 个数字信息对应的 MSK 信号的初相。T_s 为数字信息的码元宽度。其中

$$\varphi_i = \varphi_{i-1} + \alpha_{i-1}\pi/2 \tag{5.21}$$

MSK 信号的载频:

$$f_{1,2} = f_0 \pm \frac{1}{4T_s} \tag{5.22}$$

频差:

$$\left|f_2 - f_1\right| = \frac{1}{2T_s} \tag{5.23}$$

(2)MSK 的特点

①为恒包络调制。

②已调信号相位连续,频谱滚降速度快,带宽窄。

MSK 与 QPSK 的归一化功率谱的比较如图 5.28 所示,其频带利用率优于 2PSK,2FSK。

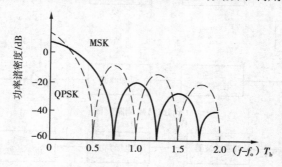

图 5.28 MSK 与 QPSK 的规一化功率谱的比较图

③误码特性。MSK 的误码性能与 2PSK 相当,优于 2FSK。

(3)举例

对 MSK 系统,设 $f_0 = \dfrac{2}{T_s}$,$\alpha_i = +1-1-1+1+1+1-1$,则可得:

$f_1 = f_0 + \dfrac{1}{4T_s} = \dfrac{9}{4T_s}$;$f_2 = f_0 - \dfrac{1}{4T_s} = \dfrac{7}{4T_s}$。画出 $\varphi(t)$ 和 $e_{MSK}(t)$ 的波形示意图,如图 5.29 所示。

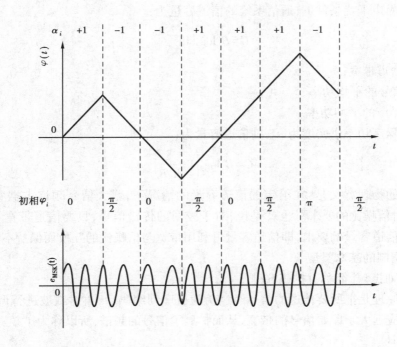

图 5.29　MSK 信号与相位路径

5.4.3　高斯最小频移键控调制(GMSK)

MSK 调制可以看成是调制指数为 0.5 的二进制调频。尽管它具有包络恒定、相对较窄的带宽和可以进行相干解调等优点,但它不能满足移动通信中对带外辐射的严格要求。为了压缩 MSK 信号的功率谱,可以在 MSK 调制器之前加入一个预调制滤波器,这个滤波器称为高斯低通滤波器,如图 5.30 所示。

图 5.30　GMSK 调制原理框图

高斯低通滤波器必须满足以下要求:
①带宽要窄,而且具有锐截止特性。
②具有较低的过冲脉冲效应。
③滤波器输出脉冲面积为一常量,该常量对应一个码元内的载波相移为 π/2。
GMSK 信号的解调与 MSK 信号相同。

GMSK 信号是以牺牲可靠性的代价来换取较好的频谱特性的。高斯低通滤波器的带宽越窄,则输出功率谱越紧密,但误比特率变得越大,可靠性降低。

5.4.4　扩频调制

扩频调制技术是把信息的频谱展宽进行传输的一种技术。它产生的理论依据是著名的香

农公式。在白噪声干扰条件下,通信系统的信道容量为:

$$C = B \log_2\left(1 + \frac{S}{N}\right) \tag{5.24}$$

式中　B——信道带宽;

　　　S——信号的平均功率;

　　　N——噪声的平均功率。

若单边带噪声功率谱密度为 n_0,则信道容量为:

$$C = B \log_2\left(1 + \frac{S}{n_0 B}\right) \tag{5.25}$$

这一公式的物理意义是:在给定的信道容量的情况下,增大信号频谱占据宽度(信道带宽)可以减小对信噪比的要求。也就是说,对于较弱的传输信号,只要信道带宽足够宽,就可以满足一定的信道容量的要求,即信道容量可利用带宽与信噪比的互换而保持不变。

(1)扩频调制的基本类型

1)直接序列扩频[简称直扩(DS)]

它的基本原理是把所要传送的信息经过伪随机序列编码后,再对载波进行调制。由于编码序列的带宽应远大于原始信号的带宽,从而扩展了信号的频谱,所以称为扩频。

2)跳频(FH)

按照编码序列所规定的次序使发信机在一组预先指定的频率上离散地跳变。由于跳变的频率范围远大于要传送的信号频带,从而扩展了频谱。

3)跳时(TH)

将每个信息码元划分为若干个时隙,该信息受伪随机序列的控制,以突发方式随机地占用某个时隙进行传输。由于信号在时域中压缩其传输时间(占空比 $1/n$),相应地在频域中扩展了它的频谱宽度,也属于扩频调制。

4)混合扩频

将不同的几种扩频方式混合起来使用,例如将直扩与跳频结合(DS/FH),将跳频与跳时结合,将直扩、跳频和跳时结合(DS/FH/TH)。

(2)扩频调制的主要特点

扩频调制通信是一种新型的通信模式,是现代通信的一个重要的发展方向。它有如下特点:

①抗干扰能力强。

②信号功率谱密度低,隐蔽性好。

③受伪码控制,有利于防止窃听。

④可多址接入。

⑤抗衰落能力强。

(3)扩频通信系统的模型

图5.31是扩频通信系统的基本组成框图。在这里,发送端简化为调制和扩频,将接收端简化为解扩与解调。收发两端的伪随机序列应该是完全相同的,否则无法正确解扩和解调。图中只画出其主要功能,至于放大、倍频、滤波以及变频等未画出。

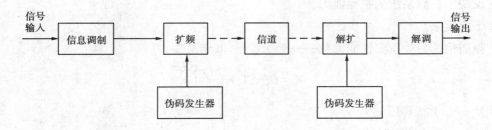

图 5.31 扩频通信系统的基本组成方框图

1) 直接序列扩频 (DS-SS)

直接序列扩频 (DS-SS) 的原理框图如图 5.32 所示。

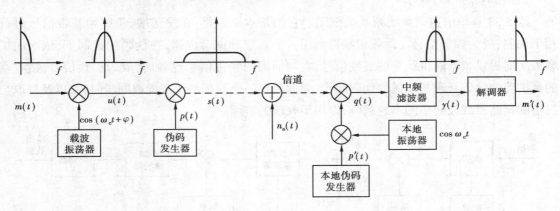

图 5.32 直接序列扩频系统框图

图 5.32 中 $m(t)$ 为基带信号, 经过乘法器后的频带信号 $u(t)$ 的带宽为基带信号的两倍。由于伪码序列的频谱比频带信号的频谱宽得多, 所以将频带信号与伪码信号在相乘器相乘后, 输出的信号的频谱为接近伪码信号的宽带谱, 因而实现了扩频。在接收端的解扩是扩频的逆过程, 经过解扩器解扩后的信号成了和发送端的调制输出信号特性以及频带一致的窄带信号。这一信号再经解调器后, 恢复出原始基带信号。

在扩频通信中有两个重要参数有必要作简单介绍。

① 处理增益。

定义:

$$G_{p} = \frac{\left(\dfrac{S}{N}\right)_{O}}{\left(\dfrac{S}{N}\right)_{I}} \tag{5.26}$$

式中 $\left(\dfrac{S}{N}\right)_{O}$ ——系统输出信噪比;

$\left(\dfrac{S}{N}\right)_{I}$ ——系统输入信噪比。

它反映了扩频系统的抗噪能力。

②干扰容限。

扩频通信的另一重要性能参数——干扰容限,其定义为:

$$M_J = G_p - \left[L_s + \left(\frac{S}{N} \right)_0 \right] \tag{5.27}$$

式中　M_J——干扰容限;

　　　L_s——系统实现时的损耗;

　　　G_p——处理增益。

干扰容限直接反映了扩频系统接收机能允许的极限干扰强度,它比处理增益更真实地表征系统的抗干扰能力。

2)跳频扩频(FH-SS)

图 5.33 是单信道调制跳频系统框图。它的基本原理是:在发送端,将原始基带信号进行相干调制,成为频带信号。跳频扩频器利用一个数字频率合成器,在伪码的控制下,依次向扩频乘法器提供频率随机跳变的载波信号,在与前面的频带信号混频后,成为扩频信号;接收端的解扩器的伪码必须与发送的伪码同步,为此需要一个同步系统来提取同步时钟,以及提取与发端的调制器载波同步的本地载波,以用于收端的解调。

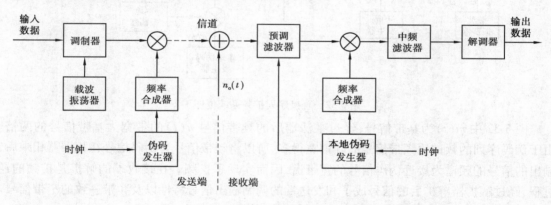

图 5.33　跳频通信系统原理框图

3)跳时扩频(TH-SS)

跳时也是一种扩频技术。它是将每个数据码元的码元宽度 T_s 分解成若干个短的时隙,通过伪码序列来控制在哪个时隙发送出去。因此,数据在一很短的时隙中以较高的峰值功率突发式传输的,事实上跳时调制就是脉位调制(PPM),区别在于脉冲的位置受到伪码的控制。跳时扩频的原理框图如图 5.34 所示。在图中的发端,因为发送信号的发送时刻的未知性,所以需要利用缓冲存储器来暂存发送数据。在接收端,也需要存储器来恢复原来的持续时间,保证正确恢复原始数据。跳时扩频的优点在于信号占空比很小,是一种理想的多址技术。

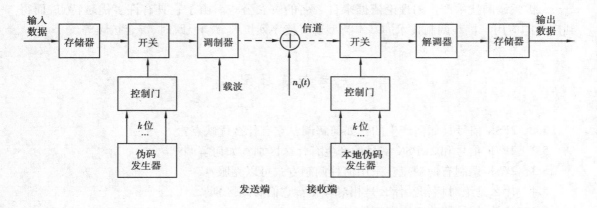

图 5.34　跳时扩频系统原理框图

小　结

1.数字载波调制是指用载波的某些离散信息来表征所传送的信息,常见的数字载波调制有 3 种方式,即振幅键控 ASK、频移键控 FSK 和相移键控 PSK。

2.二进制振幅键控调制(2ASK)是指用二进制信号控制载波包络的调制。2ASK 信号的解调有相干解调和非相干解调两种方式。其频谱由离散谱和连续谱构成,其带宽是基带调制信号带宽的两倍,其频带利用率为 0.5。

3.二进制频移键控调制(2FSK)是利用二进制信号控制载波频率变化的调制。2FSK 信号的产生方法有键控法和模拟调频法。其解调方式有过零检测法、相干解调和非相干解调法等。它的频谱结构有单峰和双峰两种,它的功率谱由连续谱和离散谱构成。其带宽比 2ASK 和 2PSK 都要宽,为 $B_{2FSK} = \left| f_2 - f_1 \right| + 2f_s$,其频带利用率小于 0.5。

4.二进制相移键控调制(2PSK)是指用二进制信号去控制载波相位变化的调制。二进制相对相移键控调制(2DPSK)的规则是以相邻码元的相对相位变化来表示所传送的数字信息,可先将二进制码转换成相对码,然后按照 2PSK 的调制规则进行调制,即可获得 2DPSK 信号。它们的解调以相干解调和差分相干解调为主。2PSK 和 2DPSK 信号的带宽与 2ASK 的相同。频带利用率为 0.5。

5.在二进制数字调制系统中,相移键控信号的抗干扰性能最好,频移键控信号次之,振幅键控信号最差。

6.多进制数字调制在现代通信技术中得到普遍应用。在相同的码元速率下,其信息速率比二进制调制的高。在相同的信息速率下,其码元速率比二进制的低。在相同的噪声条件下,多进制数字调制系统的抗噪声性能低于二进制数字调制系统。

7.在现代数字调制技术中,最基本的有 QAM,MSK,GMSK 等。QAM 是正交振幅调制,常用星座图来描述其振幅和相位关系。MSK 是最小频移键控,是一种特殊的连续相位的频移键控。GMSK 是高斯最小频移键控,由预调制滤波器和 MSK 调制器组成。

8.扩频调制技术产生的理论依据来自著名的香农公式。由于它具有许多优越特点,而得到广泛的应用。扩频调制技术的基本类型有直接序列扩频、跳频、跳时、混合扩频等。

思考与练习5

5.1　2FSK 信号是如何产生的？如何解调？它有什么优缺点？

5.2　2PSK 信号和 2DPSK 信号的产生有什么区别？如何解调？

5.3　2PSK 调制有何缺点？采用何种调制方式可以克服？

5.4　什么是绝对移相？什么是相对移相？它们有何区别？

5.5　2FSK 信号的功率谱有何特点？

5.6　比较 3 种二进制数字调制系统的性能。

5.7　多进制数字调制有何特点？

5.8　在相同的码元速率下,对多进制和二进制数字调制系统,哪个的信息速率高？

5.9　在相同的信息速率下,对多进制和二进制数字调制系统,哪个的码元速率高？

5.10　设四进制信号的码元速率为 256 B/s,试计算其信息传输速率。

5.11　什么是最小移频键控？MSK 信号具有哪些特点？

5.12　何谓 GMSK 调制？它与 MSK 调制有何不同？

5.13　扩频调制技术有哪几种基本类型？有何特点？

5.14　设二进制信号的带宽为 100 kHz,试计算进行 2ASK 调制后的信号带宽。

5.15　上题的二进制信号经 2PSK 调制后的信号带宽又是多少？

5.16　设二进制信号的带宽为 100 kHz,经过 2FSK 调制器,又 2FSK 的两个载频分别为 1 MHz 和 1.2 MHz,试计算 2FSK 调制器的输出信号的带宽,并判断已调信号的功率谱是单峰谱,还是双峰谱。

5.17　设发送二进制序列为 1001101,试画出对应的 2ASK,2FSK,2PSK 和 2DPSK 的示意波形。

5.18　设载频为 1 800 Hz,码元速率为 1 200 B,发送数字信息为 011010。若相位偏移 $\Delta\varphi=0°$ 代表"0"、$\Delta\varphi=180°$ 代表"1",试画出这时的 2DPSK 信号的波形。

5.19　在差分相干接收的相移键控中,设传输的差分码是 0111100100011010101011,试求出下列两种情况下原来的数字信号(设差分码的第 1 位规定为"0"):

　　1)规定遇到数字信号为"1"时,差分码保持前位信号不变,否则改变前位信号。

　　2)规定遇到数字信号为"0"时,差分码保持前位信号不变,否则改变前位信号。

5.20　设发送数字信息序列为+1-1-1-1-1-1+1,试画出 MSK 信号的相位变化图形。若码元速率为 100 B,载波频率为 3 000 Hz,试画出 MSK 信号的波形。

项目 **6**

差错控制编码

【项目描述】

本项目包含差错控制的方式、纠错码的分类、纠错编码的基本原理以及几种常用的简单编码,并对线性分组码的概念及编码方案进行了较详细的分析,简要介绍了卷积码的概念和基本特点。

【项目目标】

知识目标:

- 掌握差错控制编码的基本概念、差错控制方式、纠错码的分类、纠错编码的基本原理;
- 掌握几种常见简单编码的原理;
- 了解线性分组码的基本概念及几种典型的线性分组码。

技能目标:

- 掌握码距、码重的计算方法。

【项目内容】

任务 6.1　差错控制编码基础

信号在信道中传递时难免出现错误。造成传输差错的因素是多方面的,既可能是由信道或设备内部的各种噪声引起的,也可能是由信道的传输特性所造成的。为了提高传输的可靠性,减少差错的产生,除了采用更好的调制技术、均衡技术以及抗干扰技术等措施外,提高数字通信系统可靠性的另一重要措施是采用差错控制编码技术。

6.1.1　差错控制编码的概念

信道编码就是为改善数字信号在信道中传输的可靠性,而对其进行再编码的数据编码技术。差错控制编码是一种重要的信道编码方式,是以可控制的方式,在信息码组的前后或在码元中间,按照一定的规则附加一些码元,这些码元被称为监督码元。这些被加入的监督码元与原信息码元之间存在着某种特定的约束关系。在接收端,检验信息码元与监督码元之间的既定约束关系,若该既定关系被破坏,则表示信息序列在信道传输过程中出了差错。这样,接收机就可通知发信机重发信码,或自动纠正错误,以达到提高系统通信的可靠性的目的。

信道中差错的类型主要有以下两种:

①随机差错:相互独立,互不相关的差错。这种差错往往存在于无记忆信道或随机信道,如卫星信道。

②突发差错:相互之间具有相关性,成串出现的错误。突发差错的产生往往是因为脉冲干扰或信道特性而产生的衰落等导致。

6.1.2 差错控制方式

差错控制方式主要有检错重发(ARQ)、前向纠错(FEC)、混合纠错(HEC)等。

(1)检错重发法(ARQ)

接收端在收到的信码中检测出错码时,设法通知发送端重发信码,直到正确接收为止。这种方式需要反馈信道来反馈收端的重发指令给发送端。

常用的检错重发系统有3种,即停发等候重发、返回重发和选择重发。这3种方式的工作原理如图6.1所示。

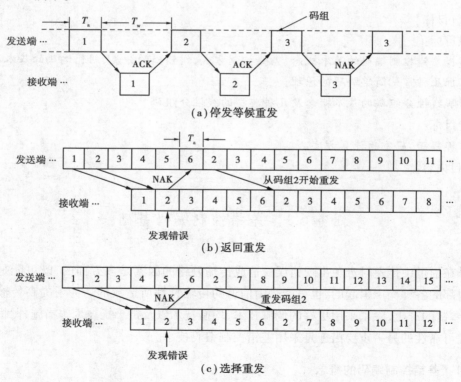

图 6.1 检错重发差错控制系统工作原理图

图6.1(a)表示停发等候重发系统的发送端、接收端之间信号的传递过程。发送端在 T_a 内发出一个码组给接收端,而接收端收到码组后,经检测如果无错码,则发回一个认可信号(ACK)给发送端,发送端收到 ACK 信号后再发出下一个码组。若接收端收到的码组经检测发

现有错码,就发回一个否认信号(NAK),发送端收到 NAK 信号后重发前一个码组,并再次等候 ACK 或 NAK 信号。这种工作方式由于在两码组之间有一个等待时间 T_w,造成传输速率降低,但由于设备简单,在计算机数据通信中仍然得到较多应用。

图 6.1(b)是返回重发系统的工作图。返回重发系统中,发送端不等待 ACK 信号,而是一个接一个地不断地发出码组。但是一旦接收端发现错码就发回 NAK 信号,发送端收到 NAK 信号后,就从下一个码组开始重发前一段 N 组信号。N 的大小取决于信号传递和处理所带来的延时。图中 $N=5$。这种方式不必每个码组都等待,比等候重发方式有很大的改进,在很多数据系统中应用。

选择重发系统如图 6.1(c)所示,这种系统也是连续不断地发送信号。当接收端检测到某组信号错误后发回 NAK 信号,表明某组信号有错。发送端收到 NAK 信号后,就重发该组信号。显然,这种有选择性的重发方式的效率高,但设备复杂,在发送、接收端都要求有数据存储器。

(2)前向纠错法(FEC)

前向纠错是一种在接收端能发现错误,并能自动纠正错误的差错控制方式,因此,也称为自动纠错方式。对于二进制系统,如果能够确定错码的位置,就能纠正它。这种方式不需要反馈信道来传递指令,传输实时性好,适合单向通信。

(3)混合纠错法(HEC)

混合纠错方式是前向纠错方式和检错重发方式的结合。这种方式兼有两者的优点,即对能自动纠正的错误,就自动纠正;超出了自动纠错能力的错误,就通过反馈信道要求重发一次。

6.1.3　差错控制编码的分类

(1)按差错控制编码的功能分:检错码、纠错码

检错码只能检测错误,不能纠正错误;纠错码既能检测错误也能纠正错码。

(2)按信息码与监督码间的检验关系分:线性码、非线性码

若信息码元与监督码元之间的关系为线性关系,即满足一组线性方程式,则称为线性码;若两者不存在线性关系,则称为非线性码。

(3)按信息码与监督码间的约束关系分:分组码、卷积码

在分组码中,编码后的码元序列每 n 位分为一组,其中 k 个是信息码元,r 个是附加的监督码元,$r=n-k$。监督码元仅与本码组的信息码元有关,而与其他码组的信息码元无关。

卷积码编码后码元序列虽然也划分为码组,但监督码元不但与本码组的信息码元有关,还与前面码组的信息码元有关。

(4)按信息码的编码前后的形式分:系统码、非系统码

系统码与非系统码的区别在于信息码元在编码后是否保持原来的形式不变。在系统码中,编码后的信息码元保持原样不变,而非系统码信息码则改变了原有的信号形式。

(5)按信道差错类型分:随机纠错码、突发纠错码

信道中的错误往往表现为以某种类型的错误为主,随机纠错码用于随机差错为主的信道,而突发纠错码用于以突发差错为主的信道。

（6）按用于差错控制编码的数学方法分：代数码、几何码、算术码

对信息码进行差错控制必须通过一系列的数学方法来完成，根据所采用的数字方法不同，可以将差错控制编码对应地分为代数码、几何码和算术码等几种。

（7）按进制分：二进制码、多进制码

凡是采用二进制的差错控制编码称为二进制差错控制编码，而其他非二进制的差错控制编码统称为多进制差错控制码。

6.1.4 差错控制编码的基本原理

从前面的介绍中可知，传输的码字中必须加一些冗余码元（监督码），才能具有某种检错能力。冗余码的多少称为冗余度。例如三位二进制码组，它有 8 种组合：000,001,010,011,100,101,110,111。如果这 8 种码组都可用来传递消息，假设在传递过程中发生一个错码，如传送的信码为 100，在传输中变成了 101，则在收端无法发现它是错误的，因为 101 也是许用码组。如果选其中 000,011,101,110 这 4 种码组作为传递消息的许用码组相当于传递 00,01,10,11 这 4 种信息，而每个码组中的第三位是附加的冗余码。冗余码与前面两位信息码加在一起，保证码组中"1"的个数是偶数，除此之外的 4 种码为禁用码。在接收端接收时就可以发现其错误。如 011 中有一个错码，变成了 001,010 或 111，都是禁用码，码组中"1"的个数不是偶数，因而可确定这一码组是错误的。如果 3 个码元全部发生错误，即变成了 100，也是禁用码，也能发现其错误。若这 3 个码中发生两个错误，如 011 变成了 101，则仍然是许用码组，符合"1"的个数是偶数的规定，就不会知道是错码。所以这种只有一位监督码的检错能力是比较低的，且没有纠错能力，因为接收端收到码组后只能判断有无错码而无法确知是哪一位码发生了错误。如果增加冗余度，即增加监督码的位数，检错能力就增强了，同时也会具有纠错能力。如果将许用码组限为两种：000,111，则不难看出，它能够发现所有两个以下的误码。如 000 变为 011 或 101,110 都是禁用码组，但不能确定是哪一个码发生错误。但这种码可纠正一位错码，如 000 码发生一位错码，变成 001 时，即可断定第三位码是误码，并可纠正。

为了说明冗余度与纠错、检错能力之间的关系，引入码距和码重的概念。

码距，又称为汉明距离，是指两个等长码组中对应码位上取值不同的码元数目。它代表两个码组之间的差别。码距越大，则码组的差别越大，检错能力越强。

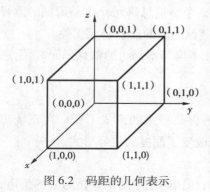

图 6.2 码距的几何表示

码重，又称为汉明重量，是指码组中非零码元的数目。如码组 011 的码重就是 2。

图 6.2 是码距的几何表示。图中的立方体各顶点分别表示 8 个码组，每个码组之间的第 1 位是 x 轴的坐标值，第 2 位是 y 轴坐标值，第 3 位是 z 轴的坐标值。两个码组间的码距即为从一个顶点沿立方体各边移至另一个顶点所经过的最少边数。例如，(1,0,0) 与 (0,1,1) 之间的码距：从 (1,0,0) 点出发沿 x 轴至 (0,0,0) 点，再沿 y 轴至 (0,1,0) 点，再沿 z 轴的平行线至 (0,1,1) 点，共经过 3

条边,故码距为 3。这 8 种码组的最小码距为 1,常记为 $d_{\min}=1$。最小码距为 1 的码组集合(简称码集)是没有冗余度的,也没有纠、检错能力。

如果选用 4 个码组,即 000,011,101,110 作为许用码组,其最小码距 $d_{\min}=2$。若选 000 和 111 为许用码组,则 $d_{\min}=3$,由(000)至(111)的最短路径要经过 3 条边。

如上所述,可看出一种编码的最小码距直接关系到这种码的纠、检错能力。因此,最小码距是信道编码的重要参数。一般来说,码距与纠、检错能力之间具有如下关系:

①若要求在一个码组中能检测出 e 个错码,则 $d_{\min}\geqslant e+1$。

②在一个码组中能纠正 t 个错码,则 $d_{\min}\geqslant 2t+1$。

③在一个码组中能纠正 t 个错码,同时还能检测出 $e(e\geqslant t)$ 个错码,则 $d_{\min}\geqslant t+e+1$。

为了提高纠、检错能力,需要加大码距。要加大码距,就需增加更多的监督码元。这就必然降低编码效率。因此,在考虑纠、检错能力时,要考虑编码效率。编码效率的定义是:信息码的位数与总码元位数之比。假设码组长度为 n,其中信息码元位数为 k,则监督码元位数为 $r=n-k$,编码效率为 $R=k/n$。显然,监督码元位数越大,编码效率就越低。因此,编码效率与纠错能力是一对矛盾。

【例 6.1】 已知码组集合中有 8 个码组:000000、001110、010101、011011、100011、101101、110110、111000,求该码集合的最小码距 $d_{\min}$。若将该码组集合用于检错,能检出几位错码?若用于纠错,能纠正几位错码?若同时用于检错和纠错,能各纠、检几位错码?

解:根据码距的定义,码距是指两个码组中对应码位上取值不同的码元数目。最小码距是计算码集合中任何两组的码距,然后取其中最小的码距。经比较,可知上述码集的最小码距 $d_{\min}=3$。

若将该码集用于检错,则根据:$d_{\min}\geqslant e+1$,得 $e=2$,所以能检 2 位错码;

若用于纠错,则根据:$d_{\min}\geqslant 2t+1$,得 $t=1$,所以能纠正 1 位错码;

若同时用于检错于纠错,则根据:$d_{\min}\geqslant t+e+1$ 且 $e\geqslant t$,则令 $e=t=1$ 时满足条件,即该码集能同时检测并纠正一位码元的错误。

任务 6.2 几种常用的简单编码

6.2.1 奇偶校验码

奇偶校验码是一种简单的检错码。监督码附加在每个信息码组的后面,若监督码元的取值是要使新的码组中"1"的数目成为奇数,则称为奇校验码;若监督码元的取值是要使新的码组中"1"的数目成为偶数,则称为偶校验码。例如字符 A 的编码 1000001 为七位,在偶校验中,校验码是为了使码组中的"1"为偶数,现在原码中已经有两个"1",故在七位后面加检验码时,其校验码成为 0,即 10000010。而在奇校验中,校验码应为"1",即 10000011,八位码中有 3 个"1"。奇偶校验码的特点归纳如下:

①奇偶校验码分为奇校验码和偶校验码,两者原理相同。

②无论是奇校验码还是偶校验码,其监督位只有一位。

③对偶校验码,码组中的"1"的数目为偶数,用表达式表示如下:

$$\alpha_{n-1}\oplus\alpha_{n-2}\oplus\cdots\oplus\alpha_0=0 \tag{6.1}$$

④对奇校验码,码组中的"1"的数目为奇数,用表达式表示如下:

$$\alpha_{n-1}\oplus\alpha_{n-2}\oplus\cdots\oplus\alpha_0=1 \tag{6.2}$$

⑤无论是奇校验码还是偶校验码,都只能检测出奇数个错码,而不能检测偶数个错码。

6.2.2 行列监督码

行列监督码又称二维奇偶校验码或方阵码,这种监督码是在奇偶校验码的基础上得到的。这种监督码比一维奇偶校验码有更强的检错能力,它能发现某一行或一列上的所有奇数个错误。这种行列监督码适用于检测突发错码。因为突发错码通常成串出现,随后有较长一段无错码区间,所以在某一行中出现多个错码的机会较多,这很容易在按列检查时发现错误。而前面所述的一维奇偶校验码只适用于检测随机错码。二维的奇偶校验码不仅可以检错,还可以纠错。

表6.1所示的是行列监督码的一个例子。该例子中采用的是偶校验,每行表示一个码组,每个码组有10位信息码元,1位监督码元,每一码组中"1"的个数一定是偶数。第8个码组是监督码组,其本身并不包含信息,它的每一位码元和前面的7个码组的相应位置上的码元之间也构成偶校验关系。从而形成一个纵横交错的二维奇偶校验关系,当其中的某个码元发生错误时,只要检验出发生错误的行和列,就可以确定出错的码元并加以纠正。

表6.1 行列监督码示例

序号	信息码元										监督码元
1	1	0	1	0	0	1	0	1	1	0	1
2	1	0	1	0	0	1	0	1	0	0	0
3	1	1	0	1	0	1	0	1	1	0	0
4	1	0	1	0	0	1	0	1	0	1	1
5	0	1	0	1	0	1	0	1	1	0	0
6	1	1	0	1	0	1	0	1	0	0	1
7	0	0	1	0	1	0	1	0	0	1	1
8(监督码组)	1	0	1	0	1	1	0	1	0	1	0

6.2.3 恒比码

在恒比码中,每个码组均有相同数目的"1"(和"0")。由于"1"的数目与"0"的数目之比保持恒定,故得名恒比码或称为定比码。由于其中各码组的码重是相等的,故又称为等重码或定权码。这种码在检测时,只要计算接收码组中"1"的数目是否对,就知道有无错码。这种码已应用于电报传输中,国际通用的检错重发(ARQ)电报通信系统中采用3个"1"、4个"0"的

3:4码,又称为七中取三码。这种码共有 $C_7^3 = 35$ 个码组分别表示 26 个字母及其他符号,如表 6.2 所示。实践证明,应用这种码使国际电报通信的误码率保持在 10^{-6} 以下。

恒比码的优点是简单,适用于传输电传机或其他键盘设备产生的字母和符号。但不适用于来自信源的二进制序列。

表 6.2 国际通用的七中取三码

字 符		编 码	字 符		编 码
A	–	0 0 1 1 0 1 0	S	'	0 1 0 1 0 1 0
B	?	0 0 1 1 0 0 1	T	5	1 0 0 0 1 0 1
C	:	1 0 0 1 1 0 0	U	7	0 1 1 0 0 1 0
D	+	0 0 1 1 1 0 0	V	=	1 0 0 1 0 0 1
E	3	0 1 1 1 0 0 0	W	2	0 1 0 0 1 0 0 1
F	%	0 0 1 0 0 1 1	X	/	0 0 1 0 1 1 0
	G	1 1 0 0 0 0 1	Y	6	0 0 1 0 1 0 1
	H	1 0 1 0 0 1 0	Z	+	0 1 1 0 0 0 1
I	8	1 1 1 0 0 0 0	回 车		1 0 0 0 0 1 1
	J	0 1 0 0 0 1 1	换 行		1 0 1 1 0 0 0
K	(	0 0 0 1 0 1 1	字母键		0 1 0 0 1 1 0
L	)	1 1 0 0 1 0 0	数字键		0 0 0 1 1 1 0
M	.	1 0 1 0 0 0 1	间 隔		1 1 0 1 0 0 0
N	,	1 0 1 0 1 0 0	(不用)		0 0 0 0 1 1 1
O	9	1 0 0 0 1 1 0	RQ		0 1 1 0 1 0 0
P	0	1 0 0 1 0 1 0	α		0 1 0 1 0 0 1
Q	1	0 0 0 1 1 0 1	β		0 1 0 1 1 0 0
R	4	1 1 0 0 1 0 0			

6.2.4 正反码

正反码是一种简单的能够纠错的编码。其中的监督位数目与信息位数目相同,监督码元与信息码元相同(是信息码的重复)或者相反(是信息码的反码),由信息码中"1"的个数确定。现以电报通信中常用的 5 单元电码为例加以说明。

电报通信用的正反码的码长 $n=10$,其中信息位 $k=5$,监督位 $r=5$。其编码规则为:

①当信息位中有奇数个"1"时,监督位是信息位的简单重复。

②当信息位中有偶数个"1"时,监督位是信息位的反码。例如,若信息位为 11001,则码组为 1100111001;若信息位为 10001,则码组为 1000101110。

任务 6.3 线性分组码

6.3.1 基本概念

线性分组码是目前研究得最成熟的一类码,是建立在代数学群论的基础上,把信息码元与监督码元用线性方程联系起来。线性码各许用码组的集合构成代数学中的群,因此又称为群码。它的主要特征如下:

①任意两许用码组之和(逐位模 2 加)仍为一许用码组,即线性分组码具有封闭性。

②码间的最小距离等于非零码的最小码重量。

6.3.2 汉明码

汉明码是一种能纠正单个错码的线性分组码,最先由 R·W·汉明编制出来。它具有以下特点:

码长:$n = 2^m - 1$ 最小码距:$d_{\min} = 3$

信息码位:$k = 2^m - m - 1$ 纠错能力:$t = 1$

监督码位:$r = n - k = m$

这里,m 为 ≥ 2 的正整数,给定 m 后,即可构造出具体的汉明码 (n, k)。$r = n - k$,当 n 很大时,编码效率接近 1,说明汉明码是一种高效码。

如果要提高汉明码的纠错能力,可再加上一位监督位,则监督码元数变为 $m+1$,信息位不变,码长变为 2^m,通常把这种码称为扩展汉明码。如因某种情况需要采用码长小于 $2^m - 1$ 的汉明码,称为缩短汉明码,这时只需将原汉明码码长及信息位同时缩短 s 位,即可得到 $(n-s, k-s)$ 缩短汉明码,这里 s 为小于 k 的正整数。

汉明码的监督矩阵有列、行,它的列分别由除了全零之外的位码组构成,每个码组只在某列中出现一次。下面以 $(7,4)$ 汉明码为例,说明其编码原理。在这组编码中,$n = 7$,$k = 4$,$a_6 a_5 a_4 a_3$ 为信息位,$a_2 a_1 a_0$ 为监督位,如表 6.3 所示。

表 6.3 $(7,4)$ 码的码字表

序号	码字							序号	码字						
	信息位				监督位				信息位				监督位		
	a_6	a_5	a_4	a_3	a_2	a_1	a_0		a_6	a_5	a_4	a_3	a_2	a_1	a_0
0	0	0	0	0	0	0	0	8	1	0	0	0	1	1	1
1	0	0	0	1	0	1	1	9	1	0	0	1	1	0	0
2	0	0	1	0	1	0	1	10	1	0	1	0	0	1	0
3	0	0	1	1	1	1	0	11	1	0	1	1	0	0	1
4	0	1	0	0	1	1	0	12	1	1	0	0	0	0	1
5	0	1	0	1	1	0	1	13	1	1	0	1	0	1	0
6	0	1	1	0	0	1	1	14	1	1	1	0	1	0	0
7	0	1	1	1	0	0	0	15	1	1	1	1	1	1	1

从表6.3中可以看出,其中的信息位和监督位满足如下关系:

$$\begin{cases} a_2 = a_6 \oplus a_5 \oplus a_4 \\ a_1 = a_6 \oplus a_5 \oplus a_3 \\ a_0 = a_6 \oplus a_4 \oplus a_3 \end{cases} \qquad (6.3)$$

方程组(6.3)是一个线性方程组,表明本码组中的监督位和信息位之间满足线性关系。已知信息位后,按上述线性方程组即可计算出监督位,所以上述(7,4)码是线性分组码,其最小码距 $d_{\min}=3$,能纠正一位错误或检测出两位错误。

6.3.3　循环码

循环码是一种重要的线性分组码子类。它除了具有线性分组码的一般性质以外,还具有循环性,即循环码组中任一码字循环移位所得的码字仍为该码组中的一个码字。这些性质有助于按照所要求的纠错能力系统地构成这类码,并且简化译码方法。循环码还有易于实现的特点,很容易用带反馈的移位寄存器实现其硬件,而且性能较好,不但可用于纠正独立的随机错误,也可以用于纠正突发错误。与汉明码一样,循环码的码组长度为 n,其中 k 位为信息码元,后 r 位为监督位,$r=n-k$,称为 (n,k) 循环码。

(1)循环码的特点

循环码的特点是它具有封闭性、系统性和循环性。封闭性是指循环码中任意两个码组对应位按模2相加,所得到的一个新的码组,仍然是许用码组。例如三位码组成的4个许用码组 000,011,101,110 就是一种循环码。它们中的任意两个码组模2加,必定是另一个许用码组,如 011 和 101 模2加得 110,也是许用码组。因此,这4个许用码组具有封闭性。根据封闭性和模2加的特点,可以证明两个码组之间的距离(码距)必定是另一码组的重量。如 000 和 011 的码距是2,则另一码组 101 的码重为2,所以线性码的最小码距即为码的最小码重(全零码除外)。也就是说知道了码距,就可知道其纠(检)错能力。

所谓系统性是指信息码元以不变的形式作为码组的一部分进行传输。例如上述码组的最前面两位是原来的二位信息码元,后面一位是监督码元。

所谓循环性是指任何一个许用码组的每一次循环移位,都可以得到另一个许用码组(全零码除外)。例如码组 101 循环右移一位为 110,再循环右移一位为 011,这些都是许用码组。若左移,其结果也是许用码组。

表6.4给出了(7,3)循环码的全部码组,从表中可以直观地看出这种码的循环性,例如第1码组向右循环一位即得到第4码组,第4码组向右循环一位即得到第2码组等,读者可以自行验证。

(2)码多项式

为了能用代数理论研究循环码,通常用多项式来表示循环码的许用码组,这种多项式称为码多项式,用 $T(x)$ 表示。这样,(n,k) 循环码的许用码组可以表示为:

表 6.4　(7,3)循环码码字表

序号	信息位			监督位			
	a_6	a_5	a_4	a_3	a_2	a_1	a_0
0	0	0	0	0	0	0	0
1	0	0	1	1	1	0	1
2	0	1	0	0	1	1	1
3	0	1	1	1	0	1	0
4	1	0	0	1	1	1	0
5	1	0	1	0	0	1	1
6	1	1	0	1	0	0	1
7	1	1	1	0	1	0	0

$$T(x) = a_{n-1}x^{n-1} + a_{n-2}x^{n-2} + \cdots + a_1 x^1 + a_0 x^0 \tag{6.4}$$

在码多项式中,x 仅是码元位置的标记,其取值并不重要。码元 a_i 只取 0 值或 1 值,并常将 $a_i=0$ 的项略去不写,将 $a_i=1$ 的项只写符号 x 而略去系数。例如表 6.4 中的第 4 码组可以用多项式表示为:

$$\begin{aligned}T_4(x) &= 1 \cdot x^6 + 0 \cdot x^5 + 0 \cdot x^4 + 1 \cdot x^3 + 1 \cdot x^2 + 1 \cdot x^1 + 0 \cdot x^0 \\ &= x^6 + x^3 + x^2 + x\end{aligned} \tag{6.5}$$

码多项式可以进行代数运算。

(3)编码方法

循环码 $T(x)$ 是按下述方法编制的:

$$T(x) = x^{n-k} m(x) + r(x) \tag{6.6}$$

式中　$n-k$——监督码的位数;

　　　$m(x)$——信息码多项式;

　　　$r(x)$——余式多项式,即 $x^{n-k}m(x)/g(x)$ 的余式多项式;

　　　$g(x)$——生成多项式。

在编码时,首先要根据给定的 (n,k) 值选定生成多项式 $g(x)$,即从 (x^n+1) 的因子中选一 $(n-k)$ 次多项式作为 $g(x)$。在循环码中,除全"0"码组外,再没有连续 k 位均为"0"的码组,即连"0"的长度最多只能为 $k-1$ 位。因此 $g(x)$ 必须是一个常数项不为"0"的 $n-k$ 次多项式,而且这个 $g(x)$ 还是这种 (n,k) 码中唯一一个次数为 $n-k$ 的多项式。称这唯一的 $n-k$ 次多项式 $g(x)$ 为码的生成多项式。一旦确定了 $g(x)$,则整个 (n,k) 循环码就确定了。所有码多项式 $T(x)$ 都可以被 $g(x)$ 整除。

循环码的编码通常由一个基于生成多项式 $g(x)$ 的线性反馈移位寄存器完成。

(4)循环码的其他常见类型

除了上述的普通循环码之外,常见的循环码还有 BCH 码和 R-S 码。下面就对这两种码进行简单的介绍。

1)BCH 码

BCH 码是一种特别重要的循环码,是目前研究得最为透彻的一类纠错码。其重要性在于它解决了生成多项式与纠错能力的关系问题,可以根据需要编制不同纠错能力的码。BCH 的名称由最先提出这种码的 3 个人的姓名首字母组合得到。BCH 码具有以下特点:

①具有循环码的一般特性。

②其构成条件比一般循环码要求更严格一些。

③码组参数是:码组长度 $n = 2^m - 1$,m 为不小于 3 的正整数;监督位 $r = n - k \leqslant mt$;最小码距 $d_{min} \geqslant 2t - 1$,且 $d_{min} \geqslant 2$;信息位 $k \geqslant n - mt$,t 为码组能纠正的随机错误的个数。

④有严密的代数结构。其生成多项式与最小码距之间有密切的关系,可以根据所要求的纠错能力很容易地构造所需要的 BCH 码。

⑤有很强的纠错能力,能纠正多个随机错误,但译码电路较复杂。

BCH 码分为二进制 BCH 码和多进制 BCH 码(如 R-S 码)。

2)R-S 码

R-S 码是里德-所罗门码(Reed-Solomon Code)的简称。于 20 世纪 60 年代提出,是一类非二进制 BCH 码。在 (n,k) R-S 码中,输入信号分成 km 比特一组,每组包含 k 个符号,每个符号由 m 比特组成,而不是前面介绍的二进制 BCH 码中的一个比特。

R-S 码特别适合于纠正突发错误,常用于短波等突发错误信道。对 R-S 码的高效快速译码方法的研究将为使用纠错能力强的长码带来可能性。

能够纠正 t 个符号错误的 R-S 码的参数是:码长为 $n = 2^m - 1$ 个符号或 $m(2^m - 1)$ 比特,信息段为 k 个符号或 km 比特,监督段为 $n - k = 2t$ 个符号或 $m(n - k)$ 比特,最小码距 $d_{min} = 2t + 1$ 个符号或 $m(2t + 1)$ 比特。

任务 6.4　卷积码

卷积码不属于前面所述的分组码。分组码是把 k 个信息码元编成长度为 n 的码字,每个码字的 $(n - k)$ 个监督码元仅与本码字的 k 个信息码元有关,而与其他码字的信息码元无关。卷积码则是把信息码序列分成长度为 k 的子组,然后编成长度为 n 的子码,每个子码的监督码元不仅与本子码的 k 个信息码元有关,同时还与前面 $N - 1$ 个子码的信息码元有关。因此常用 $(n,k,N-1)$ 表示卷积码。其中 $N-1$ 称为编码记忆,它反映了输入信息元在编码器中需要存储的时间长短。N 称为卷积码的约束度,单位是组,它是相互约束的子码的个数。$N \cdot n$ 称为约束长度,单位是位,它是互相约束的二进制码元的个数。

卷积码的纠错能力随着 N 的增加而增大,而差错率则随着 N 的增加而指数下降。由于充分利用了各子码之间的相关性,因此,在编码器复杂程度相同的情况下,卷积码的纠错能力优于分组码。与分组码不同的是,分组码有严格的代数结构,而卷积码至今尚无很严密的数学方法,把纠错性能与码的构成有规律地联系起来,目前大都采用计算机来搜索好码。

像分组码一样,卷积码也能够用来纠正随机错误、突发错误或者两种错误的组合。目前,无论从理论上还是实践上,都已证明卷积码在性能上优于分组码,而且设备简单。因为卷积码的分段长度 n,k 一般都比较小,相对于分组码更容易实现最佳或次最佳的译码,所以卷积码已大量用于通信。从发展的角度看,卷积码比分组码有更广阔的应用前景。

图 6.3 是一个卷积码编码器的通用结构图。从图中可以看出,卷积码是在信息序列通过有限状态移位寄存器的过程中产生的。输入数据每次以 k 位(比特)进入移位寄存器,同时有 n 位(比特)数据作为已编码数据序列输出,编码效率为 $R = k/n$。参数 N 称为约束长度,表明

当前的输出数据与多少输入数据有关,它决定了编码的复杂程度。

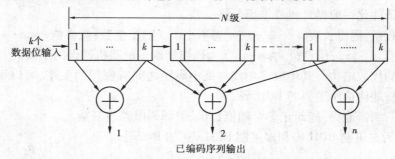

图 6.3　卷积码编码器的一般结构图

小　结

1.信道编码是靠在被传输数据中引入冗余码来避免数据在传送过程中出现误码。信道编码可分为检错编码和纠错编码。用于检测错误的信道编码称为检错编码,而既可检错又可纠错的信道编码称为纠错编码。

2.差错控制的基本方式有 3 种:检错重发、前向纠错、混合纠错。

3.几种常用简单编码有:奇偶校验码、行列监督码、恒比码、正反码。

4.分组码是指将信息码分组,对每个信息码组附加若干监督码元的编码。码距是指两个等长码组间不同比特的数目。码重是指码组中非零码元的数量。

5.线性分组码常见的类型有汉明码和循环码,循环码是一种常用的检错码,这种码的检错能力较强,常见的类型有 BCH 码和 R-S 码。

6.卷积码不同于分组码,编码器把信息码序列分成长度为 k 的子组,然后编成长度为 n 的子码,每个子码的监督码元不仅与本子码的 k 个信息码元有关,同时还与前面 $N-1$ 个子码的信息码元有关。用$(n,k,N-1)$表示。

思考与练习6

6.1　在通信系统中,采用差错控制的目的是什么?

6.2　常用的差错控制方法有几种? 各有何特点?

6.3　什么是分组码?

6.4　什么是汉明重量和汉明距离?

6.5　分组码的检(纠)错能力与最小码距之间有什么关系?

6.6　什么是奇偶校验码? 其检错能力如何?

6.7　什么是线性码? 它有哪些重要性质?

6.8　什么是循环码? 其生成多项式如何确定?

6.9　什么是卷积码?

项目 **7**

同步系统

【项目描述】

本项目主要包含同步的基本概念,载波同步、位同步、群同步的基本原理及实现方法,并讨论了同步系统的性能指标及对通信系统的影响。

【项目目标】

知识目标:

- 了解同步系统的定义与分类;
- 了解载波同步的原理及性能指标;
- 了解位同步的原理及性能指标;
- 了解群同步的原理及性能指标。

技能目标:

- 掌握载波同步的方法;
- 掌握位同步的方法。

【项目内容】

同步又称为定时,是指通信系统的收发双方在时间上步调一致,在相同的时间标准下协调工作。通信系统——尤其是数字通信系统——能否有效、可靠地工作,系统性能指标的好坏在很大程度上依赖于同步系统的性能。

按系统功能划分,同步可以分为载波同步、位同步、群同步和网同步。

1)载波同步

无论是数字通信系统还是模拟通信系统,接收端在进行相干解调(或称同步解调)时都需要一个与调制载波同频同相的本地载波,这个载波的获取过程就称为载波同步,亦称为载波提取或载波跟踪。

2)位同步

位同步又称为码元同步。在数字通信中,无论是基带传输还是频带传输,由于信道特性的不理想,接收端接收到的均是波形失真并混有噪声干扰的信号。为了恢复信号的本来面目,就需要有一个抽样判决、码元再生的过程。而这个过程就需要接收端能够产生一个"码元定时脉冲序列"(或称为位同步脉冲),该脉冲序列的频率与相位和接收码元一致,以使抽样判决时刻对准最佳抽样判决时刻。将这一过程称为位同步或码元同步,将位同步脉冲的获取称为同步提取。

3）群同步

群同步也称为帧同步。在数字通信中，信息流的传送均是按照由码元构成的"帧"结构进行传输的。在接收端要想正确地恢复信息的本来面貌，就必须找到每一帧的起始位置，以便确定随后的各个时隙的位置。为此在发送信号时即在每一帧的某个特定位置安插某种特定的信号编码，以作为该帧的起止标志。在接收端检测并获取这一标志的过程就称为帧同步或群同步。

4）网同步

伴随着通信技术与计算机通信的发展，数字通信网络得到快速的发展。为了保证通信网内的所有用户之间能够准确、可靠地进行通信与数据交换，必须建立一个全网统一的标准时钟，这就是网同步需要解决的问题。

载波同步、位同步和群同步针对的是点对点的通信模式，是同步的基础，也是本章将要讨论的重点。网同步则不在本书的讨论范围内，有兴趣的读者可以自行参阅相关材料。

按照同步信息的获取与传输方法划分，同步方法可以分为直接法与插入导频法。

1）直接法

发送端不发送专门的同步信息，接收端设法从接收到的信号中提取出同步信息的方法，又称为自同步法。

2）插入导频法

由发送端发送专门的同步信息（或称为导频），接收端将这专门的同步信息检测、提取出来作为同步信号的方法，又称为外同步法。

这两种同步方法有各自的特点，直接法不需要分配额外的功率与带宽来传送同步信息，效率较高；而插入导频法由于有专门的同步信息，使同步的实现变得比较容易，有较高的可靠性与较好的经济性。所以在实际应用中，两种方法均有采用。

只有在收发设备之间先建立良好的同步，才能进行通信。如果希望获得稳定可靠的通信质量，无论采用何种方式，同步都是必须的。同步系统的性能优劣将直接决定通信系统的通信质量，如果出现同步误差或失去同步将使通信质量下降甚至通信中断。所以，在数字通信系统中，通常都要求同步信息的传输可靠性高于信息传输的可靠性。

任务 7.1　载波同步

通过项目 1 和项目 5 的学习，得知无论是模拟调制还是数字调制，在接收端进行解调时的一个稳定可靠的方法就是相干解调，而这要求接收端能够提供一个与已调信号载波完全同频同相的本地载波才能保证正确的解调。获取这个本地载波的过程就称为载波同步。

载波同步的方法有两种：直接法与插入导频法，下面分别进行讨论。

7.1.1　直接法

直接法又称自同步法，是一种直接从信号中提取同步载波的方法。对于抑制载波的双边带调制之类的信号，其本身虽然不包含载波分量，但通过对该信号进行某些非线性变换之后，将产生载波的某些谐波分量,从而可以直接提取出载波信号。下面介绍几种常用的办法。

(1)平方变换法和平方环法

此方法适用于抑制载波的双边带信号,其原理框图如图 7.1 所示。

图 7.1　平方变换法提取载波

通过对项目 1 的学习可知,抑制载波的双边带信号为:

$$S_{\text{DSB}}(t) = m(t)\cos\omega_c t \tag{7.1}$$

忽略噪声的影响,经过信道的传输后,在接收端将该信号通过一个非线性的平方律部件,得到的输出 $e(t)$ 为:

$$e(t) = S_{\text{DSB}}^2(t) = \frac{1}{2}m^2(t) + \frac{1}{2}m^2(t)\cos 2\omega_c t \tag{7.2}$$

式中第二项所含 $2\omega_c$ 是载波信号的二倍频分量,用一个窄带滤波器将 $2\omega_c$ 滤出,再对它进行二分频,即可得到本地载波信号 f_c。

如果令式(7.1)中的 $m(t)=\pm1$,则上述抑制载波的双边带信号就将变成二进制相移键控调制 2PSK,经平方后的输出就将变为:

$$e(t) = S_{\text{2PSK}}^2(t) = \frac{1}{2} + \frac{1}{2}\cos 2\omega_c t \tag{7.3}$$

可以看出,2PSK 仍然可以通过图 7.1 所示的平方变换法提取本地载波。

在实际应用中,为了改善平方变换法的性能,常用锁相环代替图 7.1 中的窄带滤波器,并将这种提取载波的方法称为平方环法,如图 7.2 所示。由于锁相环具有良好的跟踪、窄带滤波和记忆性能,使得平方环法比普通的平方变换法具有更好的性能,而得到更加广泛的应用。

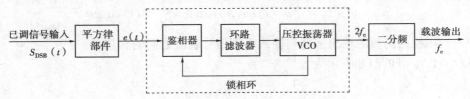

图 7.2　平方环法提取载波

在上述的两种方法中均使用了二分频器,该电路一般由一级双稳态触发器构成。在通电的瞬间,该双稳态触发器的初始状态是随机的,从而导致分频电路的初始状态不确定,使输出的本地载波存在与原始载波同相或反相的两种可能性,这就是相位模糊现象。对模拟通信技术来说,因为人耳对相位的变化不敏感,相位模糊的影响不大,完全可以不考虑其影响。但是对 2PSK 调制来说,则可能造成"倒 π"现象,使 2PSK 的解调输出完全相反,其影响将是致命性的,必须考虑其影响。一般的解决办法是,对于使用平方变换法或平方环法提取本地载波的通信系统,建议使用 2DPSK 调制,从而完全排除相位模糊的影响。

(2)同相正交环法

同相正交环法又称为科斯塔斯(Costas)环法。其原理框图如图 7.3 所示。

环路中压控振荡器的输出经过 90°移相以后分别产生两路相互正交的载波信号 v_1 和 v_2:

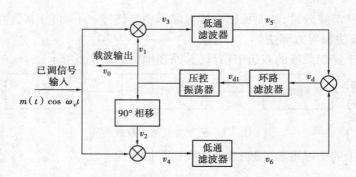

图 7.3　同相正交环法提取载波

$$v_1 = \cos(\omega_c t + \theta) \tag{7.4}$$

$$v_2 = \sin(\omega_c t + \theta) \tag{7.5}$$

v_1 和 v_2 在两个乘法器中分别与输入的已调信号相乘,分别产生解调信号 v_3 和 v_4:

$$v_3 = m(t)\cos\omega_c t \cdot \cos(\omega_c t + \theta) = \frac{1}{2}m(t)\left[\cos\theta + \cos(2\omega_c t + \theta)\right] \tag{7.6}$$

$$v_4 = m(t)\cos\omega_c t \cdot \sin(\omega_c t + \theta) = \frac{1}{2}m(t)\left[\sin\theta + \sin(2\omega_c t + \theta)\right] \tag{7.7}$$

v_3 和 v_4 经低通滤波器滤波,滤除高次谐波后,分别输出 v_5 和 v_6:

$$v_5 = \frac{1}{2}m(t)\cos\theta \tag{7.8}$$

$$v_6 = \frac{1}{2}m(t)\sin\theta \tag{7.9}$$

v_5 和 v_6 经过乘法器相乘后得到一个误差信号 v_d:

$$v_d = v_5 \cdot v_6 = \frac{1}{4}m^2(t)\cos\theta \cdot \sin\theta = \frac{1}{8}m^2(t)\sin 2\theta \tag{7.10}$$

式中　θ——压控振荡器的输出信号与输入已调信号载波之间的相位差。

当较小时,v_d 可近似地表示为:

$$v_d \approx \frac{1}{8}m^2(t) \cdot 2\theta = \frac{1}{4}m^2(t) \cdot \theta \tag{7.11}$$

将 v_d 经环路滤波器滤除交流信号之后,得到 v_{d1}:

$$v_{d1} = K_d \cdot \theta \tag{7.12}$$

式中　K_d——其值与 $m(t)$ 的直流分量相关的常数。所以 v_{d1} 是一个与相位误差 θ 成正比的信号,相当于鉴相器的输出。用它作为控制信号去控制压控振荡器的输出频率与相位,使 θ 最终趋近于 0,此时:

$$v_0 = v_1 = \cos\omega_c t \tag{7.13}$$

压控振荡器的输出即是与输入已调信号的载波同频同相的本地载波,而此时的:

$$v_5 = \frac{1}{2}m(t)\cos\theta \approx \frac{1}{2}m(t) \tag{7.14}$$

即是解调输出。

同相正交环法与平方环法都是利用锁相环提取载波的常用方法。同相正交环法与平方环法相比,其电路要复杂一些,但它的工作频率即是载波频率,而平方环的工作频率是载波频率的两倍,显然当载波频率较高时,工作频率较低的同相正交环法更加容易实现。同时,当环路锁定后,同相正交环可直接获得解调输出,平方环则没有这样的功能。

对于 M 相调制的数字信号,可以采取与上述类似的方法,如 M 次方变换法或 M 次方环法,或者将科斯塔斯(Costas)环推广,以提取载波。有兴趣的读者可自行参阅相关资料。

7.1.2　插入导频法

插入导频法又称为外同步法,就是发送端在发送已调信号时插入一个或几个携带载波信息的导频信号,使已调波的频谱中加入一个小功率的载波频谱分量,在接收端解调时只需将它与已调信号分离,便可获取载波信号。

对于 DSB,SSB,2PSK 等调制方式,其已调信号本身并不含有载波成分;VSB 方式虽然含有载波,但提取非常困难;对于这些调制方式,均可以采用插入导频法进行载波同步。而其中的 SSB 方式,本身不含载波成分,又不能用直接法提取载波,只能使用插入导频法同步。

采用插入导频法进行载波同步,在发送端插入导频信号时,有一个导频信号频率选择的一般原则应该加以注意,这就是:尽量在已调信号频谱的载波零点处插入,并要求该点附近的信号频谱分量尽量小,即插入导频信号的频率就是载波频率。这样做在解调时可以方便地用滤波器提取导频信号,另一方面也可以避免导频信号对传输信号造成干扰。如果不能满足该要求,导频信号的频率也应该尽量选择与载波频率有着某种简单数学关系的其他频率,使得接收端在解调时通过简单的数学运算即可获取本地载波。另外还要注意导频信号的频谱不能与传输信号的频谱重叠,以免对信号传输造成干扰,同时有利于导频信号的提取。

(1)在抑制载波的双边带信号中插入导频

对于调制信号为模拟信号的抑制载波的双边带信号而言,其在载频处的频谱分量为零,可以直接插入导频信号。而对于 2PSK 与 2DPSK 而言,其调制信号为数字基带信号,频谱中含有直流分量,调制后在载频 f_c 处有丰富的频谱,如果直接插入导频将对信号的传输造成影响。所以在调制之前必须先对基带信号进行码型变换,去除直流分量后再调制。经以上处理后,在载频处插入的导频信号对信号传输的影响将降到最小。但导频信号并不是调制载波本身,而是将该载波移相 90°以后的"正交载波"。在发送端插入导频的原理框图如图 7.4 所示。

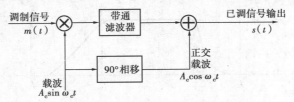

图 7.4　插入导频法发送原理框图

从图 7.4 中可以看出,加入了正交载波之后的已调信号为:

$$s(t) = A_c m(t)\sin \omega_c t - A_c \cos \omega_c t \tag{7.15}$$

式中的调制信号 $m(t)$ 不包含直流分量,A_c 是插入导频的振幅。

已调信号经信道传输到接收端,在接收端用一个中心频率为 f_c 的窄带滤波器即可将插入的导频信号取出,再将它移相 90°以后得到与载波同频同相的本地载波,与接收到的信号相乘以完成相干解调。其原理框图如图 7.5 所示。

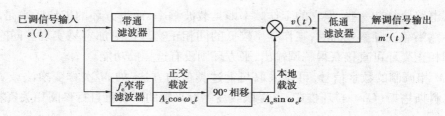

图 7.5 插入导频法接收端相干解调原理框图

从图 7.5 中可以看出,乘法器的输出:

$$v(t) = [A_c m(t)\sin\omega_c t - A_c\cos\omega_c t]A_c\sin\omega_c t$$

$$= \frac{A_c^2}{2}m(t) - \frac{A_c^2}{2}m(t)\cos 2\omega_c t - \frac{A_c^2}{2}\sin 2\omega_c t \qquad (7.16)$$

经过低通滤波器后,滤除高次谐波,即可得到解调信号输出 $m'(t)$,恢复原调制信号。

$$m'(t) = \frac{A_c^2}{2}m(t) \qquad (7.17)$$

在发送端插入的导频信号如果不是正交载波,而是本地载波,在接收端经窄带滤波器取出后直接作为本地载波解调,经相乘器、低通滤波器后,式(7.17)将变成:

$$m'(t) = \frac{A_c^2}{2} + \frac{A_c^2}{2}m(t) \qquad (7.18)$$

其中多出了一个不需要的直流成分 $\dfrac{A_c^2}{2}$,这就是在发送端必须采用正交载波作为插入导频的原因。

(2)在残留边带信号中插入导频

对于残留边带调制,已调信号在其载频 f_c 处的频谱分量较大,如果直接在 f_c 插入导频信号,势必对信号传输造成干扰。所以对于类似于 VSB 的调制方式,要获取其同步载波只能采取插入双导频的方式。即在 VSB 传输频带之外,分别插入两个导频信号 f_1 和 f_2,其频谱关系如图 7.6 所示。

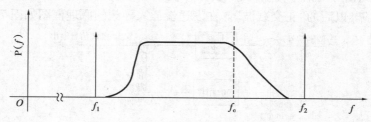

图 7.6 残留边带插入双导频示意图

f_1 和 f_2 的插入位置选择在残留边带高低两侧的合适距离上,如与残留边带距离过近,则容易造成信号频谱对导频的干扰,也使 f_1 和 f_2 不易被滤波器提取;如果与残留边带距离过远,则会使传输带宽加大,占用过多的传输频带宽度。它们之间有如下关系式:

$$f_1 = f_2 - q(f_2 - f_c) \qquad (7.19)$$

式中　q——一正整数,通过合理选择 q 的值,使 f_1 和 f_2 的取值能够满足式(7.19)的要求,也
　　　　使解调时进行的 q 分频更加容易实现。

在接收端,用图 7.7 所示电路提取载波 f_c 后,与已调信号相乘,即可恢复调制信号的本来面目。

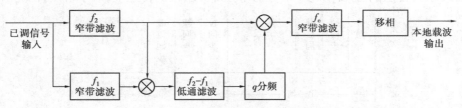

图 7.7 插入双导频的 VSB 信号载波提取

上述的两种插入导频法在提取导频时均需要使用窄带滤波器,这些窄带滤波器均可以用锁相环代替。使用锁相环后,载波提取的性能将有大的提高。

前面讨论的两种插入导频的方法均是在频域实现的,两种方法各有其优势,也有一些各自特有的缺点。如直接法由于不需要消耗额外的功率来传输导频信号,其信噪比就要大一些,同时不存在导频信号和传输信号之间因滤波不好而引起的相互干扰问题,也不需要考虑因信道特性不理想而引起的导频相位误差问题;但是它并不适应所有的调制方式,如采用 SSB,VSB 等调制方式的通信系统就不能采用直接法提取载波。而插入导频法由于有专门的导频信号,一方面可以方便地提取载波,另一方面也可以利用它来实现自动增益控制。对于一些不能使用直接法提取载波的系统,只能使用插入导频法。但是在相同的传送功率条件下,插入导频法的信噪比要小于直接法。

(3)时域插入导频法

除了采用频域插入导频的方法之外,还可以用时域插入导频的方法来传送与提取同步载波。频域插入导频法的特点是导频信号在时间上是连续的,信道中时刻都有导频信号在传送。而时域插入法中的导频信号在时间上是断续的,只是在某个特定的时间段内才传送导频信号,即将导频信号插入到每一帧的数字序列中。这种方法在时分多址传输的通信卫星中应用较多。

时域插入法的导频信号在时间上是断续的,只出现于每一帧的某个特定时段,如图 7.8(a)所示。图中的 $t_2 \sim t_3$ 时段就是插入载波导频信号的时段,其余时段则用于传送信息和位同步、帧同步等信息,以后的每一帧均如此。在接收端提取载波时,理论上可以用窄带滤波器直接提取,但由于该载波在时间上是断续的,并且存续时间很短,所以用窄带滤波器提取的载波是没有实际利用价值的。实践中基本上是用锁相环来提取这种时域插入法的载波,其原理框图如图 7.8(b)所示。图中线性门在门控信号的控制下,在每一帧的指定时间内打开,取出同步载波导频信号,并与压控振荡器的输出频率进行比较,鉴相器的输出有足够的保持时间,当导频信号消失后,仍能使压控振荡器的输出频率保持与载波频率相等,并一直持续到下一帧的导频信号出现。这样的过程一再重复,就可以使压控振荡器输出的本地载波的频率与相位和已调信号载波的频率与相位保持一致。

7.1.3 载波同步系统的性能指标

载波同步系统的性能指标主要有以下 4 个:

(1)效率

去除为提取载波而额外消耗的功率后,剩余的信号功率与总的信号功率的比值就是系统

125

的效率。对于直接法,由于不需要单独的导频信号,全部功率均用于传送信号,效率自然就高;而对于插入导频法,由于需要消耗一部分功率在导频信号的传送上,效率自然就低。

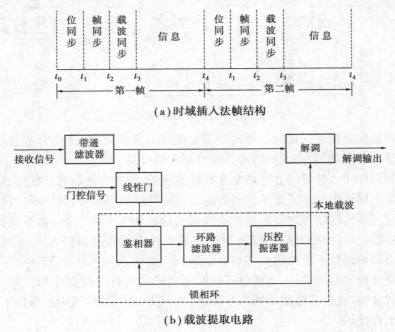

（a）时域插入法帧结构

（b）载波提取电路

图 7.8　时域插入导频法

（2）精度

精度是指提取的载波与已调信号的载波相比较,会产生一定的相位差与频率差。在此需要特别强调,所谓的载波同步并非指提取的载波与发送端进行调制时的载波同步,而是指与接收端接收到的已调信号的载波同步。由于频率和相位可以很方便地转换,一般就统一使用相位差 $\Delta\varphi$ 来表示精度的高低。显然 $\Delta\varphi$ 越小,表示精度越高,理想情况下,$\Delta\varphi=0$。

$\Delta\varphi$ 通常分为稳态相位误差 $\Delta\varphi_0$ 和随机相位误差 $\Delta\varphi_1$ 两部分。其中,稳态相位差 $\Delta\varphi_0$ 主要由载频提取电路产生,随机相位差 $\Delta\varphi_1$ 主要由信道中的噪声引起,同时也与载频提取电路有关。

对于模拟通信系统,载波失步会引起波形失真,但只要 $\Delta\varphi$ 不大,该失真对通信就不会造成太大的影响。而对于数字通信,$\Delta\varphi$ 引起的波形失真将加重码间串扰,使误码率 P_e 大幅上升。由此可以看出,精度对数字通信系统的影响要大于对模拟通信系统的影响。

（3）同步建立时间 t_s

同步建立时间 t_s 是指系统从开机到建立同步或从失步状态过渡到同步状态所需的时间。对于同步系统而言,很显然,同步建立时间 t_s 越短越好。

（4）同步保持时间 t_c

同步保持时间 t_c 是指系统在同步状态下,如果同步信号突然消失,系统仍能够保持同步状态的时间,t_c 显然是越长越好。

任务 7.2 位同步

位同步是数字通信中一个非常重要的同步技术,是数字通信所特有的,在模拟通信中只有载波同步而不需要位同步。在数字通信中,无论是基带传输还是频带传输,都有位同步的问题。

在数字通信系统中,发送端按照规定的时间顺序逐个码元发送信号,接收端将接收到的码元逐个抽样判决,恢复原始的发送信号。这就要求收发两端保持严格的同步,才能保证接收到的信号与发送的信号完全相同。因此,发送端在发送信息码元的同时一般也会发送一个码元定时脉冲序列,其频率等于信码的码元速率,相位与信码的最佳判决时刻一致。接收端只要能将该定时脉冲序列从接收到的信号中分离出来,就可以据此进行正确的抽样判决。而这个提取定时脉冲序列的过程就称为位同步,也称为码元同步。

和载波同步相比,位同步有其特点,也有与之相似的地方。无论是数字通信还是模拟通信,只要在接收端采用相干解调,都需要载波同步。但只有数字通信需要位同步;采用基带方式传输信号时,无论何种通信均不需要载波同步,但数字基带通信仍然需要位同步;载波同步提取的是与已调信号载波同频同相的正弦波。而位同步提取的则是频率等于码元速率,相位与最佳抽样判决时刻一致的脉冲序列;载波同步信号只能从频带信号中提取,而位同步信号一般从解调后的基带信号中提取,只有在很少的特殊情况下才直接从频带信号中提取;载波同步的方法有直接法与插入导频法,位同步的方法同样也有直接法与插入导频法。

7.2.1 直接法

直接法在发送端不需要专门发送导频信号,只需在接收端通过适当的办法从数字信号中直接提取位同步信号,所以在位同步系统中应用最广。直接法又可分为滤波法和锁相法,下面分别加以介绍。

(1)滤波法

对于数字基带信号中的单极性归零脉冲序列,由于其频谱中含有码元定位脉冲的频率 f_b 成分,可以直接从中提取位同步信息。而对于非归零的脉冲序列,无论是单极性还是双极性,其频谱中并不包含 f_b 或 nf_b 成分,因此不能直接提取位同步信息,必须对信号先进行波形变换,变成单极性归零脉冲序列,再提取位同步信息。其原理框图及各点波形如图 7.9 所示。

图 7.9 中(a)部分是滤波法的原理框图,其中的输入信号 v_i 是已经过放大限幅电路整形后形成的单极性非归零数字基带信号,该信号经过微分和全波整流后,变成了单极性的归零波形,有的资料上又将上述两步合并一步称为波形变换。这一步是滤波法提取位同步脉冲的重要一步,微分使单极性非归零波形变成了双极性归零波形,但此时的信号中并不包含 f_b 成分。在经过全波整流变成单极性归零波形后,该序列脉冲的最小重复周期等于原基带信号中的信息码元宽度 T_b,信号中就一定包含 $f_b = 1/T_b$ 成分。经过中心频率为 f_b 的窄带滤波器滤波,就可以提取频率为 f_b 的信号。如果用锁相环代替此处的窄带滤波器,可以取得更好的效果。将取得的信号经过移相电路及脉冲形成电路后就可以得到位同步脉冲。图 7.9 中的(b)部分为各点的波形,其中 v_1 是微分后形成的双极性归零脉冲序列,v_2 是全波整流后的单极性归零脉

冲序列,v_3 是窄带滤波器提取的频率为 f_b 的正弦波,v_o 是经过移相整形后形成的位同步脉冲,其脉冲所指示位置即为最佳抽样判决时刻。

如果接收的数字基带信号的波形是单极性归零脉冲,则可以省略微分和全波整流两个部分,直接从窄带滤波开始,随后的电路与图 7.9 所示完全相同,就可以直接提取位同步信号了。

另一种常用的位同步信息提取方法是包络检波法,频带受限的 2PSK 信号在相邻码元的相位变换点处由于"相位反转",其包络会产生平滑的"陷落",通过对上述信号直接进行包络检波,就可以提取出位同步信号。

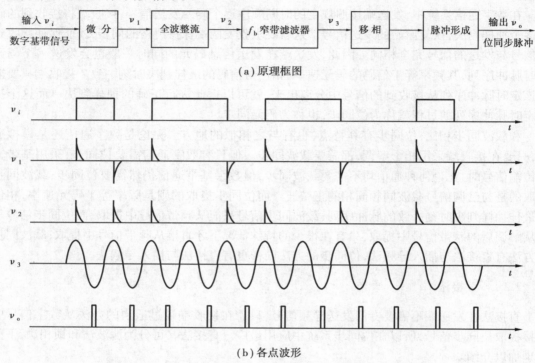

（a）原理框图

（b）各点波形

图 7.9　滤波法位同步提取原理框图及波形

（2）锁相法

与载波同步信号的提取方法相类似,位同步信号同样可以通过锁相法提取。只不过在位同步信号的提取过程中经常采用的是数字锁相法,鉴相器输出的误差信号不直接调整本地振荡器的输出信号相位,而是通过控制电路对系统产生的本地时钟脉冲序列进行控制,通过增加或减少序列中的脉冲个数对本地时钟进行调整,使最终输出的本地时钟与位同步信号同频同相,从而获得位同步信号。由于这种电路完全用数字电路构成,所以称为数字锁相环。而这种数字锁相环对位同步信号相位的调整是不连续的,存在一个最小调整单位,即对位同步信号相位的调整是一种量化调整,所以又称为量化同步器。

采用数字锁相环提取位同步信号的原理框图如图 7.10 所示。它由高稳定度的本地振荡器（石英晶振）、相位比较器（鉴相器）、分频器和控制电路等部分组成。其中的石英晶体振荡器的输出频率为信号码元重复频率的 n 倍,即 $f_o = nf_b$。经整形电路后,形成频率为 nf_b 的脉冲序列。其脉冲宽度是原信号码元宽度的 $1/n$,即 $T_o = 1/nf_b = T_b/n$,整形电路输出的两路脉冲序列 u_1 和 u_2 的频率均为 f_o,但相位相差 π。u_1 通过常开门和或门后加到分频器,经 n 分频后形

成频率为 f_b 的本地位同步脉冲序列。为了使本地位同步序列与接收到的数字信号码元同步，将分频器输出的本地位同步脉冲序列与接收到的数字信号码元序列送入相位比较器进行相位比较，如果二者完全同步，相位比较器没有输出，直接将本地位同步脉冲序列作为位同步信号输出。如果本地位同步脉冲序列的相位超前于接收到的数字信号码元序列，相位比较器输出一个超前脉冲将处于常开状态的扣除门关闭，扣除 u_1 序列中的一个脉冲，使分频器输出的位同步脉冲滞后 T_b/n；如果本地同步脉冲序列的相位滞后于接收到的数字信号码元序列，相位比较器输出一个滞后脉冲将处于常闭状态的附加门打开，使 u_2 中的一个脉冲通过此门和或门，加入 u_1 的脉冲序列后进入 n 分频器。由于 u_1 和 u_2 的相位相差 π，插入 u_1 的脉冲与原有的脉冲并不会重叠，而是在 u_1 序列的两个脉冲之间增加一个脉冲，使分频器输出的位同步脉冲提前 T_b/n。这就实现了相位的离散式调整，每次调整的最小单位是 T_b/n，经过若干次调整后，即可使本地位同步序列与接收到的数字信号码元同步。

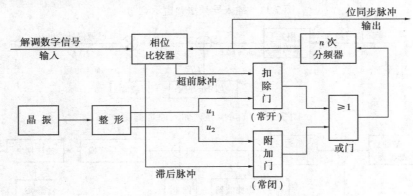

图 7.10　数字锁相环提取位同步信号原理框图

7.2.2　插入导频法

与载波同步时的插入导频法相类似，位同步插入导频法的基本思想也是在信号频谱的零点处插入所需的位定时导频信号。数字基带信号波形一般都采用非归零的矩形脉冲，并以此作为调制信号对高频载波进行调制。在接收端解调后恢复的信号也是非归零矩形脉冲，这种波形的码元速率为 f_b，码元宽度为 T_b，其功率谱在 f_b 处为零，此时就可以在 f_b 处插入导频信号，如图 7.11 中的（a）所示。如果将基带信号先进行相关编码，则其功率谱零点变到 $f_b/2$ 处，可以在该处插入位定时导频，接收端取出导频后，经过二倍频即可得到 f_b，如图 7.11 中的（b）所示。

发送端在基带信号中插入位同步导频的原理框图如图 7.12 所示。其中的基带信号经相关编码器处理后，其信号频谱在处 $f_b/2$ 为零，直接在该处插入位同步导频信号，经过调制后送入传输信道。

在接收端提取位同步导频的原理框图如图 7.13 所示。已调信号与本地同步载波相乘解调，经低通滤波器滤出调制信号，此时的调制信号并非数字基带信号，其中包含位同步导频，同时经过信道的传输，信号波形也发生了一些畸变，与原来的数字基带信号不完全一样。用 $f_b/2$ 窄带滤波器从该信号中取出位同步导频，经移相、倒相后与原信号相加，以抵消其中的导频成分。另一路经移相后的 $f_b/2$ 导频信号经放大、限幅后形成频率为 $f_b/2$ 的脉冲序列，微分全波

整流后变成频率为 f_b 的脉冲序列,此时的全波整流电路兼有倍频器的作用。这个频率为 f_b 的脉冲序列经整形后形成频率为 f_b 的位同步信号。用这个位同步信号控制抽样判决器,对解调信号进行抽样判决,以恢复数字基带信号。在抽样判决之前必须先进行波形反变换,将双极性归零信号变成单极性非归零信号,否则不能正常恢复原数字基带信号。

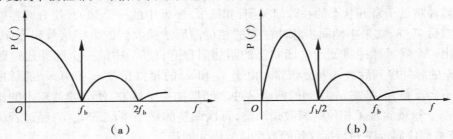

图 7.11　插入导频法频谱示意图

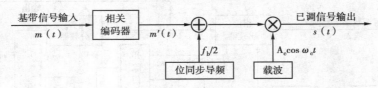

图 7.12　位同步导频插入原理框图

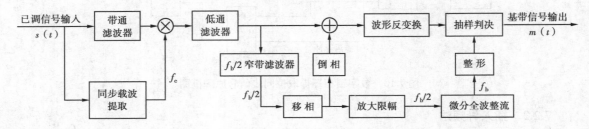

图 7.13　位同步导频插入法接收解调原理框图

与载波同步导频插入方式进行比较可以发现,在载波同步导频插入时采用正交插入的方式以避免导频对信号的影响,而位同步导频插入则是用反相抵消的方式来消除导频对信号的影响。载波同步在接收端需要进行相干解调,而相干解调器有很好的抑制正交载波的能力,所以可以很好地消除插入导频对信号的影响。位同步导频是直接插入数字基带信号中,在接收端不需要相干解调,所以也就不能采用正交插入的方法来消除导频对信号的影响。而反相抵消的方式理论上同样适用于载波同步,但由于相位误差对反相抵消的效果影响较大,载波同步一般不采用反相抵消的方法。

位同步插入导频法的另一种形式是使已调数字信号的包络按照位同步信号的某种波形变化。如对于 PSK 和 FSK 等恒包络等幅波,可将位同步导频信号调制到它们的包络上,在接收端只需用一个简单的包络检波器就可以提取出位同步信号。

位同步信号也可以在时域内插入。如图 7.8(a)所示,位同步、帧同步、载波同步信号被分别安排在不同的时间段内传送,在接收端用锁相环分别提取出各个同步信号并保持它,用于对随后的数据信息进行解调。

7.2.3　位同步系统的性能指标

位同步系统的性能指标主要有：相位误差、同步建立时间、同步保持时间及同步带宽等。下面结合数字锁相环介绍这些指标。

（1）相位误差 θ_e

位同步信号的平均相位和最佳取样点之间的相位偏差称为静态相差。用数字锁相法提取位同步信号时，相位误差主要是因为调整位同步信号的相位时跳变的调整而引起的。对于采用 n 分频的数字锁相环，每调整一次，相位改变 $2\pi/n$，所以最大相位误差为 $2\pi/n$。由此可见，n 越大，相位误差越小。

位同步的相位误差会造成位定时脉冲的位移，使抽样判决时刻偏离最佳位置，从而造成误码率的提高，使整个通信系统的可靠性下降。

（2）同步建立时间 t_s

指开机或失去同步后重新建立同步所需的最长时间，通常要求 t_s 越短越好。其长短与分频器的级数 n 有关，因为对于相同的相位差，n 越大每一步调整的相位就越小，所需调整的步数就越多，所消耗的时间就越长，即 t_s 越长。可见，希望缩短 t_s，就要减小 n，这与相位误差 θ_e 对 n 的要求刚好相反。

（3）同步保持时间 t_c

同步建立后，一旦信号中断或出现长连"0"码及连"1"码时，锁相环就会失去调整作用。而收发双方的固有位定时脉冲之间总是存在一定的频差，收端同步信号的相位就会产生漂移，随着时间的推移，当产生的漂移达到所允许的最大值之后，就算失步。从同步信号消失起，到电路失步这段时间，接收端仍然能够保持在允许的最佳时刻范围内对接收信号进行抽样判决，这段时间就称为同步保持时间。同步保持时间越长越好。

（4）同步带宽 Δf_s

指在保证能够调整到同步状态的情况下，收发两端的振荡器所允许的最大频差。Δf_s 越大系统的同步能力越强，所以 Δf_s 越大越好。Δf_s 与码元速率成正比，与锁相环的分频级数 n 成反比。

任务 7.3　群同步

在数字通信中，通常将数字基带信号中的码元称为"位"，由若干"位"组成一个"字"，再将若干"字"编成一"帧"。所谓群同步就是在位同步的基础上将这些数字群（包括"字""帧""子帧"与"复帧"等群结构）的开头与结尾识别出来，使接收设备的群定时与接收到的信号中的群定时处于同步状态，所以群同步有时又称为"帧同步"。

实现群同步的方法一般分为两类：一类是在发送的数字信号序列中插入某些特定的编码作为群的起始标志，这类方法称为外同步法；另一类方法是利用数字信号序列本身的特点来提取群同步信息，保证群同步的实现，这一类方法称为自同步法，某些类型的差错控制编码就具有这样的特性。本节将只讨论外同步法,对自同步法有兴趣的读者可自行参阅相关资料。

在外同步法中,插入的特定编码应该很容易地被检测出来,使得收发两端可以很快地建立同步,而使失步或假同步的可能性降到最低,同时还要保证同步状态能够持续稳定地保持下去。而在保证同步的前提下,群同步编码的长度应该尽量短一些,避免占用过多信息资源,从而提高信息传输效率。

7.3.1 起止式同步法

这是一种广泛用于电传机中的群同步方法。它用 5 个码元代表一个字符,为了标识每个字符的开头与结尾,在 5 个信息码元的前面加上一个 1 码元宽度的负脉冲作为起始标志,称为"起脉冲";再在信息码元的后面加上一个 1.5 码元宽度的正脉冲作为结束标志,称为"止脉冲"。总共使用 7.5 个码元宽度传输一个字符,如图 7.14 所示。在接收端就是根据 1.5 码元宽度的高电平第一次转换为低电平这一特点确定每一个字符的起始位置,从而实现群同步。

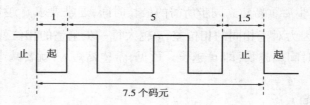

图 7.14 起止式同步波形

在起止式同步法中由于"止脉冲"的宽度不是码元宽度的整数倍,会给位同步带来不便。而 7.5 个码元中只有 5 个码元用于信息传输,传输效率也较低。但是这种同步方式也有结构简单、易于实现的优点,所以在低速异步数字传输中仍然得到广泛的应用。

7.3.2 连贯式插入法

连贯式插入法又称为集中插入法,是将作为群同步码组的特殊码字以集中的方式插入信息码流中的特殊位置。此法的关键是要寻找到适合作为群同步码组的特殊码组,该码组应具备如下特点:

①局部自相关函数具有尖锐的单峰特性。

②该码组在信息码流中不会出现或极少出现,即使偶尔出现也不会按照群同步规律出现,以便于识别。

③该码组应该具有合适的码长,一方面要有一定的长度以保证能够迅速、正确地识别,另一方面又不能太长以保证较高的传输效率。

目前找到的符合上述要求的特殊码组有:全 0 码、全 1 码、10 交替码、电话基群帧同步码 0011011、巴克码等,以下重点讨论巴克码。

(1)巴克码

巴克码是一种有限长的非周期序列,其编码规律为:若一个 n 位的巴克码 $\{x_1, x_2, x_3, \cdots, x_n\}$,每个码元 x_i 的取值只能是 +1 或 -1,则其局部自相关函数 $R(j) = \sum_{i=1}^{n-j} x_i x_{i+j}$ 必然满足

$$R(j) = \sum_{i=1}^{n-j} x_i x_{i+j} = \begin{cases} n & j = 0 \\ 0, +1, -1 & 0 < j < n \end{cases} \tag{7.20}$$

式中　j——错开的位数。

目前常用的巴克码组如表 7.1 所示。表中的+、-分别表示+1 和-1,与二进制码的 1 和 0 相对应。

表 7.1　巴克码组

码元位数 n	巴克码组	对应二进制码
2	+ + ,- +	11,01
3	+ + -	110
4	+ + + - ,+ + - +	1110,1101
5	+ + + - +	11101
7	+ + + - - + -	1110010
11	+ + + - - - + - - + -	11100010010
13	+ + + + + - - + + - + - +	1111100110101

以 $n=7$ 和 $n=5$ 为例,根据式(7.20)验证计算该两组巴克码的自相关函数:

1)$n=7$

当 $j=0$ 时, $R(0) = \sum_{i=1}^{7} x_i^2 = 1 + 1 + 1 + 1 + 1 + 1 + 1 = 7$

当 $j=1$ 时, $R(1) = \sum_{i=1}^{6} x_i x_{i+1} = 1 + 1 - 1 + 1 - 1 - 1 = 0$

当 $j=2$ 时, $R(2) = \sum_{i=1}^{5} x_i x_{i+2} = 1 - 1 - 1 - 1 + 1 = -1$

同理可计算出当 j 取其他值时,对应的 $R(j)$ 的值如下:

$R(-7) = R(-5) = R(-3) = R(-1) = R(7) = R(5) = R(3) = R(1) = 0$

$R(-6) = R(-4) = R(-2) = R(6) = R(4) = R(2) = -1$

2)$n=5$

采用相同的办法,可以计算出:

$R(0) = \sum_{i=1}^{5} x_i^2 = 1 + 1 + 1 + 1 + 1 = 5$

$R(-5) = R(-3) = R(-1) = R(5) = R(3) = R(1) = 0$

$R(-4) = R(-2) = R(4) = R(2) = 1$

根据这些值,可以画出 7 位、5 位巴克码的 $R(j)$ 与 j 的关系曲线,如图 7.15 所示。

由图中可以看出,两个码组的 $R(j)$ 曲线呈现明显的尖锐单峰特性,而局部自相关函数具有尖锐单峰特性是连贯式插入法群同步码组的主要特点之一。两个码组的 $R(j)$ 曲线在 $j=0$ 时均达到峰值,7 位组的峰值为 7,5 位码组的峰值为 5。通过对其他码组的验算可以知道, $R(j)$ 曲线的峰值与码组的位数相关,位数越多,峰值越高。峰值越高意味着该码组的自相关性越好,在码流中越容易被识别。

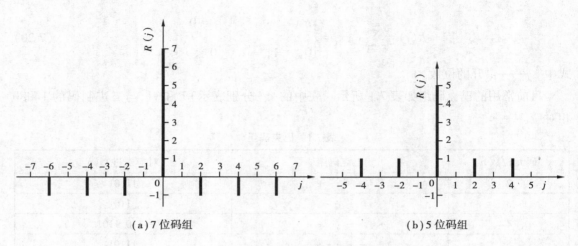

（a）7位码组   （b）5位码组

图 7.15　巴克码的自相关函数

（2）巴克码识别器

巴克码识别器由移位寄存器、相加器和判决电路组成。图 7.16（a）所示为 7 位巴克码识别器的逻辑框图，该识别器由一个 7 位移位寄存器和相加器、判决器组成。移位寄存器有 1,0 两个输出端，当移位寄存器的输入是 1 时，1 输出端输出为 +1,0 输出端输出为 -1；当移位寄存器的输入是 0 时，1 输出端输出为 -1,0 输出端输出为 +1。输入信息码元以串行方式进入移位寄存器，当 7 位巴克码以 1110010 的顺序全部进入移位寄存器后，图中各寄存器的输出均为 1，相加的结果是 +7，判决电路的门限电平为 +6。所以只有当全部 7 位巴克码进入移位寄存器后，相加器的输出才能为 +7，判决电路输出一个正脉冲信号表示一群的开头，如图 7.16（b）所示。

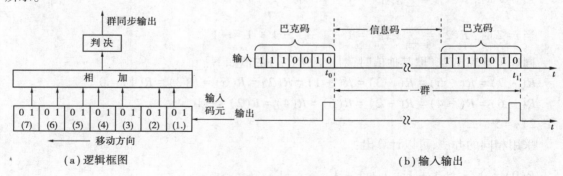

（a）逻辑框图   （b）输入输出

图 7.16　7 位巴克码识别器

在图 7.16（b）中，在 t_0 时刻，7 位巴克码正好全部进入识别器，识别器输出一个正脉冲，在 t_1 时刻，7 位巴克码再次全部进入识别器，识别器再次输出一个正脉冲。在 $t_0 \sim t_1$ 的全部数据就称为一个数据群，识别器输出的正脉冲就是群同步信号。信息码的顺序与巴克码完全相同的概率很小，所以识别器发生误判而输出假同步脉冲的可能性非常小。

7.3.3　间隔式插入法

间隔式插入法又称为间歇式插入法或分散式插入法。与连贯式插入法不同，间隔式插入法的群同步码字不是集中插在信息码流的某个特定位置上，而是以分散的形式均匀插入信息码流中。在接收端通过对该同步码的多次捕获、检测、确认之后,系统才进入同步状态。这种方式较多地用于多路复用的数字通信系统中,如 PCM24 路基群复用设备及一些简单的 ΔM 系统均采用了 0,1 间隔交替插入的方式作为群同步码。由于每帧只插入一位码,很难将它们从信码中识别出来,在接收端必须采用多次捕获、检测的方式,通过对几十帧信号的所有码元进行逐位检测、分析,确认每一帧指定位置处的码元均符合规定的规律后才能确认同步,所以将这种群同步信号的提取方法称为逐码移位法。

逐码移位法的基本原理是接收端开机时处于捕捉状态,当接收到第一个与规定的同步码相同的码元时,先假定其为群同步码,然后按同步周期检测下一帧相应位置的码元,如果连续检测 M 帧(M 一般为数十)均无一例外地符合同步码规律,则可以认定为同步码已找到,电路进入同步状态。如果在上述过程中出现某一位码元不符合同步码规律,则顺次移动一个码元位置,从下一个码元开始按上述规律重新进行检测,检验其是否符合同步码规律。如检测不符合,再顺次移动一位,重新开始检测,如此反复进行。对于结构为 N 个码元一帧的数据流,最多顺次滑动 $N-1$ 位,一定可以找到同步码。

逐码移位法可以用软件方法实现,也可以用硬件方法实现。图 7.17 为用硬件实现逐码移位群同步提取的原理框图。设其中待检测的信号每帧有 N 个码元,每帧的群同步码均为 1,检测 M 帧正确即可确认同步捕获,进入同步状态。

图 7.17 中,从接收到的 PCM 信号中提取出位同步信号后经 N 分频形成本地群同步码,与接收到的 PCM 信号在异或门 G_1 中进行模二加运算。当两个输入端的信号不一致时,G_1 输出一个正脉冲,称为不一致信号,该信号经过倒相器 G_2 倒相后的负脉冲产生两个作用,一个作用是使 M 进制计数器复位,另一个作用是使与门 G_3 关闭一个码元的时间,N 分频器少输入一个位脉冲,使之产生的本地群同步码向后移动一个码元的位置,然后重新开始与接收到的 PCM 信号进行比较。当 G_1 的两个输入端信号一致时,G_1 输出为低电平,G_2 输出为高电平,M 进制计数器对 N 分频器输出的本地群同步码进行计数,当计数到 M 时表明 N 分频器输出的本地群同步码与接收到的 PCM 码有 M 帧在同一位置上码元相同,可以认为已经捕获了输入信号的群同步码元,此时 M 进制计数器输出开门信号,打开与门 G_4,输出群同步信号。M 进制计数器的输出带有锁定功能,在同步建立后输出将被锁定,可以消除随机干扰造成的不稳定,提高了系统的抗干扰能力。

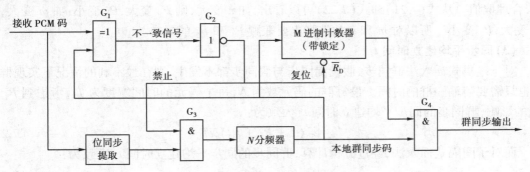

图 7.17 逐码移位群同步提取

间隔式插入法有同步码不占用信息时隙,传输效率较高等优点;但是也有同步捕获时间较长,设备较为复杂等缺点。比较适合于需要进行持续通信的系统。

7.3.4　群同步系统的性能指标

为提高数字通信系统的可靠性，希望群同步系统既不会漏检，也不会错检，同时建立同步的时间还要尽量短。所以经常用漏同步概率 P_1、假同步概率 P_2 和同步平均建立时间 t_s 3 个指标来衡量群同步系统的性能好坏。

（1）漏同步概率 P_1

由于干扰的存在，在接收的同步码组中可能有个别码元会发生错误，从而使识别器漏识别已发出的同步码，这种情况称为漏同步，发生漏同步的概率就称为漏同步概率 P_1。

对于图 7.16 所示的 7 位巴克码识别器，其判决门限电平为+6，如果在传输过程中有一位码元发生错误，则判决电路都将不能正常输出群同步信号。如果将门限电平降为+4，则群同步码中即使发生一位错码也不会被漏检，其漏同步概率 P_1 将大大降低。漏同步概率 P_1 的通式可以写为：

$$P_1 = 1 - \sum_{r=0}^{m} C_n^r P_e^r (1 - P_e)^{n-r} \tag{7.21}$$

式中　P_e——系统误码率；

　　　n——群同步码组的码元数；

　　　m——判决器允许的最大误码数。

（2）假同步概率 P_2

在接收的数字信号序列中，信息码组中有可能出现与同步码组相同的序列，它们会被识别器误认为是同步码而输出假群同步信号，这种情况就称为假同步，发生假同步的概率称为假同步概率，记为 P_2。假同步概率 P_2 的通式为：

$$P_2 = \frac{1}{2^n} \sum_{r=0}^{m} C_n^r \tag{7.22}$$

式中　m,n 的意义与式（7.21）中相同。

由前面的描述可知，当将群同步判决器中的判决电平降低时，漏同步概率 P_1 将大大降低，但此时也会有更多的与同步码组只差一位的信息码组会被误判为同步码，使假同步概率 P_2 增大。由此可见，P_1 和 P_2 对系统的要求是相互矛盾的，在决定判决门限的取值时，必须二者兼顾，合理取值。从式（7.21）和式（7.22）可以看出，如 n 变大，则 P_1 变大，P_2 变小；如 m 变大，则 P_2 变大，P_1 变小。所以对 m 和 n 的选择也要兼顾 P_1 和 P_2 的要求。

（3）同步平均建立时间 t_s

对于连贯式插入法群同步，假设漏同步与假同步都不发生，则在最不利的情况下实现群同步也只需要传输一群的时间。设每群的码元数为 N，每个码元的时间宽度为 T_b，考虑到 P_1 和 P_2 的影响，群同步的同步平均建立时间 t_s 大致为：

$$t_s \approx (1 + P_1 + P_2) N T_b \tag{7.23}$$

而对于间隔式插入法，经过分析计算，群同步的同步平均建立时间 t_s 大致为：

$$t_s \approx N^2 T_b \tag{7.24}$$

比较两式可知，连贯式插入法所需的群同步建立时间要短得多，表明连贯式插入法的可靠性要优于间隔式插入法。这就是连贯式插入法的传输效率虽然较低但仍然得到广泛应用的原因之一。

7.3.5　群同步的保护

对于数字通信系统而言,同步系统的稳定与可靠是十分重要的。通过前节的分析,知道漏同步与假同步是影响同步系统稳定可靠工作的两个主要因素,所以有必要增加群同步系统的保护措施,以提高系统工作的可靠性。下面以连贯式插入法为例讨论群同步系统的保护。

要提高群同步的性能,最好是能够使漏同步概率 P_1 与假同步概率 P_2 都降到最小,而通过前面的讨论,知道 P_1 和 P_2 对判决门限的选择要求是矛盾的。因为只有降低判决门限电平,才能降低漏同步概率 P_1,而如果希望降低假同步概率 P_2,又必须提高判决门限电平。所以,最常用的群同步保护措施就是将工作过程划分为两个不同的状态:捕捉态和维持态。在不同的状态下分别设定不同的判决门限电平,以满足 P_1 和 P_2 对判决门限电平的矛盾需求。

捕捉态时,由于群同步尚未建立,所以不必考虑漏同步问题。此阶段应尽量避免假同步的干扰,相应的保护措施就是提高判决门限电平,降低判决器允许的最大错码数,使假同步概率 P_2 下降。

维持态时,群同步已建立,这时系统需要考虑的主要问题是因偶然因素使系统漏过群同步码而不能识别,使系统误以为失步而错误地转入捕捉态。所以此时就应该尽量避免群同步码被错过,相应的保护措施就是降低判决门限电平,加大判决器允许的最大错码数,使漏同步概率 P_1 下降。

连贯式插入法群同步保护的原理图如图 7.18 所示。图中 G_1,G_3,G_4 和 G_5 是与门,G_2 是或门,状态触发器是高电平输入有效的基本 RS 触发器。N 分频器的复位端输入低电平时复位,输入高电平时进行 N 分频,N 为一帧输入信号的数据长度。n 进制计数器则是复位端为高电平时复位,复位端输入低电平时进行 n 进制计数,n 为规定的进入捕捉态时所需要确认丢失的脉冲个数。群同步识别器的判决门限调整输入为低电平时,其判决门限电平升高,当门限调整输入为高电平时,其判决门限电平降低。

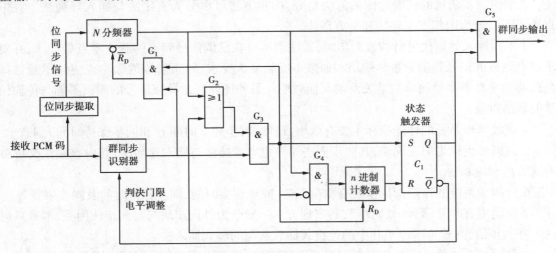

图 7.18　连贯式插入法群同步保护原理图

在群同步尚未建立时,系统处于捕捉态,此时状态触发器处于 0 状态,Q 端输出为低电平,与门 G_5 被关闭,没有群同步信号输出。Q 端输出的低电平同时令群同步识别器取较高的判决门限电平,从而减小了假同步概率 P_2。

一旦群同步识别器捕捉到群同步信号,其输出将变为高电平,该高电平一路进入 G_3 和 G_2 的输出(高电平)相与后输出高电平;另一路在 G_1 中和 G_3 的输出相与,使 G_1 输出高电平,该高电平作用于 N 分频器的复位端,使之开始对位同步信号进行 N 分频,产生本地群同步信号并加至与门 G_5 的输入端。G_3 输出的另一路进入状态触发器的置"1"输入端(S 端),使状态触发器由"0"状态变为"1"状态,保护电路由捕捉态进入维持态。

保护电路进入维持态之后,状态触发器由"0"状态变为"1"状态,Q 端输出为高电平,该高电平一方面打开与门 G_5 输出群同步信号,另一方面降低群同步识别器的判决电平,使漏同步概率 P_1 降低,并维持该状态。在此状态下,若出现识别器无输出的情况,既可能是系统失步,也可能是偶然的干扰。但这种情况并不会使系统立即转换到捕捉态,识别器漏掉的脉冲个数由 n 进制计数器对之进行记录,只有当连续丢失 n 个同步信号时,n 进制计数器输出高电平,进入状态触发器的置"0"输入端(R 端),将状态触发器转为"0"状态,系统才确认失步,并重新转入捕捉态。在这个过程中,如果在 n 进制计数器计满 n 次之前识别器重新有了输出,n 进制计数器将被复位,状态触发器的状态将不会被改变,系统也不会转入捕捉态,从而达到了保护的目的,使系统不会因为偶然的干扰而失步。

间隔式插入法的群同步保护与上述方法相类似,有兴趣的读者可以自行参阅相关资料。

小　结

1.同步又称为定时,是指通信系统的收发双方在时间上步调一致,在相同的时间标准下协调工作。按系统功能划分,同步可以分为载波同步、位同步、群同步和网同步。

2.按照同步信息的获取与传输方法划分,同步方法可以分为直接法与插入导频法。其中直接法可以分为同相正交环法和平方环法。

3.采用插入导频法进行载波同步时,需注意尽量在已调信号频谱的载波零点处插入,并要求该点附近的信号频谱分量尽量小。如果不能满足该要求,导频信号的频率也应该尽量选择与载波频率有着某种简单数学关系的其他频率。另外还要注意导频信号的频谱不能与传输信号的频谱重叠。

4.载波同步系统的性能指标主要有效率、精度、同步建立时间 t_s 和同步保持时间 t_c 4 个。

5.位同步也称为码元同步,其同步方法同样也有直接法与插入导频法,其中直接法又可分为滤波法和锁相法。

6.位同步系统的性能指标主要有相位误差、同步建立时间、同步保持时间及同步带宽等。

7.群同步有时又称为"帧同步",其实现方法一般分为外同步法与自同步法两类,本章只讨论了外同步法,并着重讨论了其中的连贯式插入法与间隔式插入法。

8.群同步系统的性能好坏主要用漏同步概率 P_1、假同步概率 P_2 和同步平均建立时间 t_s 3 个指标来衡量。

9.根据 P_1 和 P_2 对判决门限电平的矛盾需求,将群同步工作过程划分为捕捉态和维持态。在不同的状态下分别设定不同的判决门限电平,是最常用的群同步保护措施。

思考与练习 7

7.1　数字通信系统中有哪几种同步信号,分别加以说明。

7.2　提取同步载波有几种方法? 各有何特点?

7.3　采用插入导频法进行载波同步时,对插入的导频有何要求?

7.4　载波同步提取中为什么会出现"相位模糊"问题? 它对模拟通信与数字通信分别会产生什么影响?

7.5　在图 7.4 中插入的导频信号如果不移相 90°,而直接与已调信号相加输出。试证明在接收端的解调输出中会包含直流分量。

7.6　锁相环被广泛用于载波同步与位同步的提取,与其他提取电路相比较,试说明其有哪些优越性。

7.7　位同步提取电路有哪几种常见形式? 各有何特点?

7.8　数字锁相环由哪几个主要部件组成? 主要功能是什么?

7.9　连贯式插入法与间隔式插入法有什么区别? 各有什么特点?

7.10　什么是漏同步与假同步? 它们是如何引起的? 怎样减小其发生概率?

7.11　简述巴克码识别器的工作原理。

7.12　简述群同步保护的基本原理。

7.13　如果 7 位巴克码前后全为"1"序列,加在图 7.16(a)所示电路的输入端,设各移位寄存器起始状态均为 0,试画出该识别器的相加器输出波形和判决输出波形。

项目 **8**

通信网

【项目描述】

本项目主要包含通信网的概念、基本原理、分类与结构等内容。通过对本项目的学习,掌握通信网的原理与应用。

【项目目标】

知识目标:

- 了解通信网的概念与分类;
- 了解通信网的业务与发展方向;
- 了解通信网的基本原理。

技能目标:

- 掌握通信网的交换技术;
- 掌握通信网的信令与协议;
- 掌握通信网的拓扑结构。

【项目内容】

任务 8.1 通信网概述

8.1.1 通信网的定义

最基本的通信系统是在两个点之间通过信道建立连接,但这不能称为通信网。只有将一定数量的节点(含终端设备和交换设备)和连接节点的传输链路按一定拓扑结构通过交换系统相互有机地结合在一起,构成能够实现两个或多个规定点间信息传输的通信体系,才能称之为通信网。也就是说,通信网用于完成很复杂的通信功能,由相互依存、相互制约的许多要素组成有机的整体。其功能就是要适应网内不同用户相互呼叫的需要,以用户满意的程度传输网内任意两个或多个用户之间的信息。

通信网通常是由硬件系统和软件系统构成。其中,硬件系统的构成要素是终端设备、传输链路和交换设备。终端设备又称为用户设备,是用户与通信网之间的接口设备,可把用户的消息与收发的电信号相互转换;传输链路是指传输电信号的信道,包括有线、无线、光缆等线路。各节点之间的传输链路又包括中继线和用户线两类,其中交换设备间的传输链路称为中继线路(简称中继线),用户终端设备与交换设备之间的传输链路称为用户路线(简称用户线);交换设备是在终端之间和局间进行路由选择、接续控制的设备。通信网内必须有交换设备才能使网内任意两个终端用户相互接续。

而各种协议、信令方案、路由方案、编号方案、网络结构、质量标准和资费标准等均属于软件的范畴。其用途是使通信网协调一致地工作。

8.1.2　通信网的分类与发展

从不同角度可以将通信网进行如下分类:按业务内容可分为电报网、电话网、广播电视网、数据网等;按服务地区范围可分为本地网、长途网、国际网等;按服务对象可分为公共网、专用网等;按传输的信号形式可分为模拟网、数字网等。

通信网的功能是信息的传输,而随着社会的发展与进步,信息的形式也在不断地发生变化,与之相对应的通信业务的种类也在随之发生变化。从最初的电报到电话,再到后来的文字、图像、视频等信号的传输,直到今天互联网的数字全媒体传输。未来的智能化通信将成为通信业务的主要业务形式,新的业务将随着人类社会信息化程度的提高不断地涌现。

电报、电话相继问世后,工业发达国家先后着手建立电报和电话通信网。电话网发展迅速,到 20 世纪初在一些国家内已具有相当规模。以后出现的非电话业务,如载波电报、传真电报、用户电报等,大多是以已有的电话网为基础而建立的。随着社会经济的迅速发展,人们对信息服务的要求不断提高,通信的重要性越来越突出,人类社会也逐步进入信息化社会。通信网也随之在规模和容量上逐步扩大,并不断扩充新功能,发展新业务,以满足人民群众日益提高的要求。电子计算机的广泛应用,在世界上兴起了数据通信的浪潮,建起了大量的专用数据网。

从通信网的构成要素来看,终端设备正在向数字化、智能化、多功能化发展;传输链路正在向数字化、宽带化发展;交换设备则从电路交换的硬交换技术向数据交换、综合业务数字交换等软交换技术发展。总之,未来的通信网正在向着数字化、综合化、智能化和个人化的方向发展。

①数字化。数字化就是在通信网中全面使用数字技术,包括数字传输、数字交换和数字终端等。由于数字通信具有容量大、质量好、可靠性高等特点,所以数字化成为通信网的发展方向。在传输设备方面除了在对称电缆和同轴电缆上开通数字通信外,还广泛采用光纤、微波以及卫星通信进行数字通信。在交换设备方面,数字交换技术已经全面取代模拟交换技术。

②综合化。综合化就是把来自各种信息源的业务综合在一个数字通信网中传送,为用户提供综合性服务,目前已有的通信网一般是为某种业务单独建立的,如电话网、传真网、广播电视网和数据网等。随着多种通信业务的出现和发展,如果继续各自单独建网,就会造成网络资源的巨大浪费,面且给用户带来使用上的不便。因此需要建立一个能有效支持各种话务和非话业务的统一的通信网,它不但能满足人们对电话、传真、广播电视、数据和各种新业务的需要,而且能满足未来人们对信息服务的更高要求,这就是综合业务数字网。

③智能化。智能化就是在通信网中更多地引进智能因素,建立智能网。其目的是使网络结构更具灵活性,使用户对网络具有更强的控制能力,以有限的功能组件实现多种业务。随着

人们对各种新业务需求不断的增加,必须不断修改交换机的软件,这需耗费一定的人力、物力和时间,因而不能及时满足用户的需要。智能网将改变传统的网络结构,对网络资源进行动态的分配,将大部分功能以功能单元形式分散在网络节点上,而不是集中在交换局内。每种用户业务可由若干个基本功能单元组合而成,不同业务的区别在于所包含的基本功能单元不同和基本功能单元的排序不同。智能网以智能数据库为基础,不仅能传送信息,而且能存储和处理信息,在网络中可方便地引进新业务,并使用户具有控制网络的能力,还可根据需要及时、经济地获得各种业务服务。

④个人化。个人化就是实现个人通信,即任何人在任何时间都能与任何地方的另一个人进行通信,通信的业务种类仅受接入网与用户终端能力的限制,而最终将能提供任何形式的业务。这是一种理想的通信方式,它将改变以往将终端/线路识别作为用户识别的传统方法(如传统电话网分配给电话线的用户号码),而采用与网络无关的唯一的个人通信号码。个人号码不受地理位置和使用终端的限制,适用于有线和无线系统,给用户带来充分的终端移动性和个人移动性,用户可在携带终端连续移动的情况下进行通信以及能在网络中的任何地理位置上,根据用户的要求选择或配置任意移动的或固定的终端进行通信。个人通信的发展目前已处在一个比较成熟的阶段,世界上大多数国家正在使用的移动通信系统都将进入第5代移动通信系统,各种话务与非话务通信都可以实现。而即将到来的理想的个人通信系统,将是个万物互联的通信网络。

8.1.3　通信网的技术标准

通信网是为用户服务的,应能迅速、准确、安全、经济地传递信息。为此,必须规定某些技术标准。技术标准一般包括传输标准、接续标准和稳定标准3个大类。

①传输标准(准确性):表示通信的再现质量,电话通信用清晰度等指标来量度,电报、数据通信用误码率来量度。

②接续标准(迅速性):表示接通的难易程度,用呼损率和延迟时间来量度。

③稳定标准(安全性):表示在发生故障和异常现象时维持通信的程度,用可靠性、可用性等指标来量度。

任务8.2　通信网的基本原理

8.2.1　通信网的基本要求

通信网必须满足一定的要求,才能达到令人满意的通信服务质量,才能继续生存和发展。以下是对通信网的一些基本要求。

(1)接通的任意性和快速性

对通信网最基本的要求是网内任意两个用户都可以在需要的时候互相通信,这就是接通的任意性。接通不但应是任意的,而且也应是快速的,否则接通了也可能无意义。在通信中,时间因素很关键,如果在需要的时候不能马上接通,就不具有任意性。影响快速接通的原因,可能是转接次数太多或是某些环节中出现了阻塞。若要通信网完全不出现阻塞,往往是不经济的,有时也是不可能的。对于紧急用户,可以借助于直通电路、租用专线来解决。当通信网内部用户都是紧急用户时,可以采用全连接网;也可以采用优先制来适应,但是这样会使一般用户的接通率降低(即呼损率增加)。对于接通的快速性,可以规定一个时限,平均能在这个时限内接通,就可以认为已满足快速性的要求。实际中这一时限的确定应根据需求和成本综合考虑。

(2)可靠性

通信网的可靠性是在概率的意义上衡量平均故障间隔时间或平均运行率是否达到要求。为了提高可靠性,一是要求运行的每台设备要达到一定的可靠性;二是要从系统设计上考虑,采用备用信道和设备。这样必然要增加投资成本和维护费用。通常要根据实际通信业务的性质和需要来综合考虑。在军用通信网中,中断通信的损失往往是无法估量的。所以,这类通信网的要求极高,其相应的费用预算也很高。民用通信网在可靠性要求上通常低一些。但随着社会的发展,技术不断进步,成本不断降低,以及信息交换价值的提高,对通信的要求也不断提高。因而,对可靠性的要求也在不断提高。此外,由于呼损而产生等待也被视为可靠性不高。例如,发生了某些线路故障,导致通路不足而引起的呼损,完全是由于系统的可靠性不高引起的。

(3)一致性

任何通信系统都必须有一个统一的质量标准,才能保证一定的通信质量。即在通信网中,两用户之间无论是远还是近,无论是子系统还是全程指标均应满足规定的最低质量指标。通常要求所有网内通信的质量都应高于这个指标,以保证任意两地的用户都能通过通信网络正常通信。

(4)透明性

通信网的透明性是指所有信息都可以在网内传递,不加任何限制。理想的通信网,应保证用户任何形式的信息都能在网内传递,而没有过高的要求和限制,这是一个较难实现的要求。为了能够更大地发挥通信网的作用,透明性应对用户提出尽量少的要求。

(5)灵活性

通信网建成后便于扩容、增加新业务、与其他网络互联互通,这样的通信网就具有较好的灵活性。同时,灵活性还应包括网络的过载能力,当网内的业务量超过网络的设计容量时,应具备一定的适应能力。根据现有网络的运行情况,网内业务的总通过量与用户的总需求有以下的关系:当话务量远小于网络的设计容量时,总通过量随话务量的增加面按线性规律上升;当话务量进一步增加时,通过量的上升就减缓,即被拒绝的部分逐渐增大;当话务量再增加时,总通过量达到饱和点且随话务量的增加而下降,这就出现了拥塞现象。此饱和点称为拥塞点,它是衡量网络是否过载的一个标准。一个优良的通信网应能尽量避免或推迟拥塞现象。

(6)经济性

如果一个通信网造价太高或维护费用太高,这个网再好也是很难实现的。通信网的经济性不仅是技术问题,还与社会问题等一系列的人为因素有关。在设计通信网时,应根据当时的社会条件、技术条件、需求条件、经济条件等综合考虑。

8.2.2 通信网的交换技术

通信网的功能是把网中任一节点的信息准确而又迅速地传送到任何其他的节点上。在通信网的数据通信中,线路的延迟在总数据处理中有着关键的影响。提高传输效率的有效方法是通过交换手段,使终端设备间的通信充分分享公共的通信线路和设备。通信网络中通常使用的交换技术有电路交换、存储转发交换和综合交换3种。

(1)电路交换

电路交换是指根据通信需要在一对站点之间建立电气连接的过程。在连接被拆除之前,该电路不得被其他站点使用。电路交换分为电路建立、数据传送、电路拆除3个阶段。

在数据传送之前,必须建立一条端到端的电路,例如A站向网络发一请求,要求与B站接通。根据某种规则的路由选择算法,通过网络交换节点的转接,该请求传送到B站。若B站同意连接,就沿已建立的链路向A站发回应答信号,此时,电路连接即可完成。此后A站可通过已建立的链路向B站发送数据,B站也可向A站发送数据。数据传送完成后,拆除电路。

(2)存储转发交换

通信中也可采用存储转发交换方式进行通信,采用这种方式的交换机设有缓冲存储器,输入线路送来的数据首先在缓存器中存储,等待输出线路空闲,一旦空闲就送出。存储转发交换分为报文交换和分组交换两种。

1)报文交换

报文交换不需要在两个站点之间建立一条专用的电路。这种技术在接受报文后,先存储起来等待有适当的输出线路时再转发发出去。这是一种"存储转发"的转换方式,欲发送一份报文(信息的一个逻辑单元)的站点,把一个目的地址附加到报文上,然后通过网络一个节点一个节点地传送到目的地。整个报文在每个节点都被接收,并作短暂存储,然后转发到下一节点。

2)分组交换

分组交换是试图结合报文交换和电路交换的优点而尽量克服它们的缺点的一种交换方式。

在电路交换中,交换设备和信道在接通时间内只能为一对用户服务,这就降低了交换设备和信道的利用率。在报文交换中,虽然可以利用缓冲存储器提高信道和交换设备的利用率,但由于报文长度的随机性,设计时如果按最长报文考虑存铺单元,必定要扩大缓冲存储器的容量。为此,设法将每份较长的报文分解成若干较短的"报文分组"或打成若干个"信息包",这样报文以"分组"为单位在各节点之间传送比较灵活。"分组"可自由选择路径,因而既压缩了缓存器的容量又缩短了网络的延迟时间。虽然"分组"加上了交换时所需要的呼叫控制和差错控制信息,增加了系统的额外工作,但它的优点仍是明显的。

(3)综合交换

为了提高通信设备和线路的利用率,综合交换把电路交换和报文交换方式结合在一个系统中。这种交换方式具有对多种通信业务量的适应性好,通信设备和线路利用率高,网络传输可靠性高等优点。

8.2.3 通信网的信令与协议

终端机、信道和交换设备是构成通信网的硬件设备,但是光有这些硬件设备并不能保证网络正常通信。为了保证网络有条不紊地工作,通信双方必须遵守一些事先规定好的规则或约定,如电话网中的信令和计算机网中的协议。此外还应规定一些标准,这些是通信网的软件。只有这样才能保证通信网高质量、协调一致地工作,从某种意义上说,没有这些规定,就不能形成完备的通信网。要建成全球性的通信网,这些规定应该是全球统一的。为此,国际标准化组织(ISO)和国际电信联盟(ITU)制定了一系列规定。下面介绍电话信令和计算机通信协议。

(1)电话信令

1)基本概念

在通信系统中,为使全网有轶序地工作,除了传输用户信息之外,还需要一些用来保证正常通信所需要的控制信号。信令就是这样的控制信号。严格地说,信令是一个允许程控交换、网络数据库、网络中其他智能节点交换下列有关信息:呼叫建立、监控(Supervision)、拆除(Teardown)、分布式应用进程所需的信息(进程之间的询问/响应或用户到用户的数据)、网络管理信息的系统。目前广泛应用的信令是 No.7 信令。

2)信令分类

从采用的技术而言,信令分为两大类,即随路信令方式(CAS:Channel Associated Signalling)和公共信道信令方式(CCS:Common Channel Signalling)。

随路信令方式是将信令信息和其他相关的语音信息在同一个信道中传送。公共信道信令方式是一种由专用公共信道集中传送所有话路的呼叫信令和其他信息的局间信令方式。信令网采用数字编码的消息传送信令信息,具有传送速度快,信道利用率高,信令容量大,编码灵活,可以在通话的同时传送信令等特点。其结构、路由规则不受业务网的限制,可独立规划和发展,本质上是一个专用的信令传送分组交换系统。公共信道信令采用数字编码方式和软件控制技术,信令的传送速度和容量都大大优于随路信令系统。

公共信道信令有其自身独立的信令网,不但可传送与电路相关的呼叫接续信令,而且可传送与电路无关的数据和控制信息、支持分布式网络数据库的数据检索和操作,是移动通信网、智能网和电信管理网必备的支撑系统。其可靠性要求高,有完善的信令网管理功能。图 8.1 是公共信道信令方式的信令传输系统功能框图。

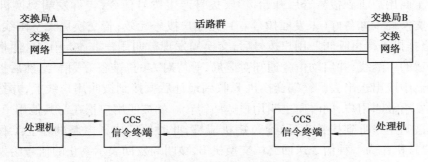

图 8.1　公共信道信令方式的信令传输

由图 8.1 可看出,局间的公共信道信令链路由两端的信令终端设备和它们之间的数据链路组成,是一种双向链路。

信令终端可在处理机的控制下完成对多个话路信令消息的处理和传送。公共信道信令以分组方式传送。信令终端完成同步和差错控制以保证信号的正确发送和可靠接收。

图 8.1 中交换网络 A、B 之间以时分方式共享一条信令链路。因此,在信号单元中通过一个特定的标记识别该信号单元传送的信令消息属于哪一个话路。

3)信令传输流程

传统的电话网以电路交换为主,用户之间的呼叫一般要通过一个或几个交换机。图 8.2

说明了两个交换机间的用户通话过程。

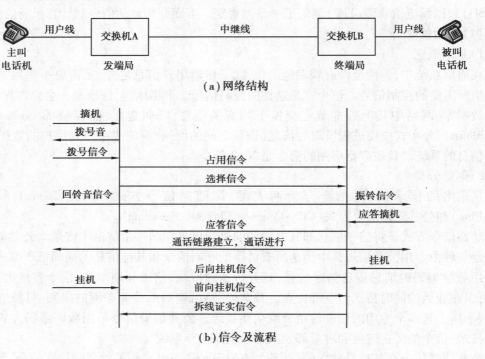

（a）网络结构

（b）信令及流程

图 8.2　电话通信信令基本流程

　　用户线信令包括主叫端与交换局间和交换局与被叫端之间的信号。当主叫端话机摘机，发端交换机 A 收到信号后，给主叫用户以拨号音（一般是 400 Hz 的连续音）应答，表示交换局已准备好。主叫用户听到拨号音后开始拨号，拨号产生拨号信令，告诉发端交换机 A 被叫用户地址。若交换局未准备好（未发回拨号音），则用户拨号无效；若交换局无空闲线路，则发回忙音，用户应挂机等待再呼叫。用户拨号后，交换局发现被叫用户非本局用户，便根据前几位号码选择合适的中继线，并启动信令通知对应局，等待对方的"准备好"信号，然后把被叫用户地址从暂存器中取出送出去。终端交换机 B 收到地址后就接到被叫用户线上，并把振铃信号通过该线路发给被叫用户，同时向主叫用户送回铃音。如被叫用户正在与其他用户通话，则发回忙音。当被叫用户听到振铃声后，通过摘机应答，此时便完成了电路的建立工程。通话完毕，被叫用户挂机作为一种信令送回终端交换机 B，被叫局发回表示终止的信号给发端交换机 A 若主叫用户也已挂机，便可将本局的线路拆除，并通知发端交换机 A，被叫局就可把本局的线路拆除，并发回复原信号。至此，一次通话完毕。

　　上述信令大致包括 3 部分：一是地址，用来选择接线路径；二是控制或申请信号，如主叫摘机表示申请通话；三是状态信号，如主叫局的拨号音和被叫局的"准备好"信号都是状态信号。此外，还有如从被叫用户摘机到主叫用户挂机这段时间的记录用于计费等一些管理用的规定。在长途通信中，还有路由选择和状态互换通报等控制信号。

　　信令应具有完整性和节约性，所谓完整性是说，不论设备出现什么故障，都应用适当的信号表示和应答，使端机能作出正确的反应。例如，占线和空闲是用忙音和振铃表示的，但拨错号就没有规定，所以真正做到完整是不容易的。所谓节约性，就是信令占用信道时间不宜过长,否则就会降低信道的利用率。此外信令也不宜太复杂,以便于实施。

4)No.7 信令

No.7 信令是 CCITT 在 20 世纪 80 年代规定的,用于替代 No.6 信令,是一种适用于时分数字程控交换机的公共信令。它不但可以用于电话网、电路交换数据网、数字电信网和综合业务数字网,而且可以在各种交换局与特种服务中心间传送各种数据的信息,因而得到了广泛的应用。

①No.7 信令的特点。No.7 信令具有传送速度快、信令容量大、安全可靠性好、设备经济合理和网络管理信令类型丰富,十分有利于在 PSTN 中推广应用各种新业务的特点。

a.传送速度快,No.7 信令是在 64 kbit/s 的传输信道上传送的,因此其传送速度比起随路信令以及 No.6 信令的 4.8 kbit/s 快得多。

b.安全可靠性好,在 No.7 信令中,对送出去的信息采用循环冗余校(CRC),可发现传输过程中的任何错误。这大大提高了信令传送的可靠性。

c.经济节约性好,采用 No.7 信令后,可省去随路信令中大量的多频信号收发码器,因而可节约很多费用,使采用 No.7 信令后的交换机成本比采用随路信令的低。

d.十分有利于在 PSTN 中推广应用各种新业务,IN 和 N-ISDN 需要传送端到端的和电路无关的消息,这在随路信令是无法实现的,No.7 信令能解决,因此 IN 和 N-ISDN 之所以能推广应用,完全是依靠了 No.7 信令。

②工作原理。No.7 信令采用了分级结构,整个系统被划分为 7 层 4 个不同的功能级,每级都有自己的作用和功能。功能级之间具有特定的接口,形成模块化结构。No.7 信令总体功能分为两部分,即信息传递部分(MTP)和用户部分(UP)。作为一个传递系统,消息传递部分为正在通信的用户之间提供可靠的传递信令消息的功能。用户部分是指使用消息传递部分进行传递信令消息的功能实体,可以由多个用户部分模块组成。根据需要选择相应功能模块。构成实用系统按功能级的概念,消息传递部分(MTP)可进一步划分为 3 个功能级,即数据链路功能级、信令链路控制功能级和信令网功能级,如图 8.3 所示。

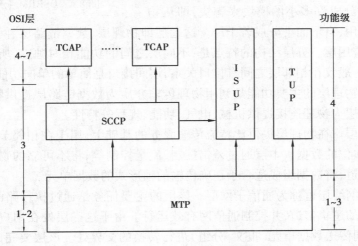

图 8.3　No.7 信令的四级和七层结构

为了便于理解功能级的概念,以建立电话呼叫连接传送一次信令消息来简述各级的工作过程。

首先第四级的电话用户部分(TUP)将相关信令消息装配成规定的格式,向第三级发出发送请求。

第三级是信令网管理级,主要功能是信令消息处理和信令网管理。信令网管理包括信令业务管理、信令链路管理和信令路由管理。在请求发送前,链路管理负责验证链路是否处于可用状态。根据第四级交付来的目的地址,路由管理在路由表中选择合适的路由,附加上发送端地址交付给第二级。

第二级是信令链路控制功能级,主要功能是信令消息的定界、定位、误差检测、误差监视、流量控制等功能。在发送第三级的信令消息前,第二级首先应先建立链路,以便同步工作。一旦链路处于正常定位状态,再将第三级来的消息进行装配,如加帧头、插零、生成校验码等,形成 No.7 信令规定的标准信息单元格式交付到第一级传送。

第一级是信令数据链路级,规定一条信令链路的物理、电气、功能等特性及接入方式。在第二级之前提供对称的全双工数据通道,以信道规定的帧格式实行比特传输。

信令消息传送到对方后,经过四级功能相反的处理,最终实现(TUP)消息传递。

(2)计算机通信协议

计算机通信协议的作用与电话网的信令相同。计算机通信采用的交换方式为分组交换方式,与电话信令有明显的不同。在通信过程中,对一个过程可以制订某一个规则。但从全网看来,制订一套标准协议显然是有利的。网络协议一般采用层次结构。在 1980 年原 CCITT 提出了 X.25 建议后,一般采用五级的网络层次。在 1982 年以后,ISO 又提出了七层结构模型(OSI RM),如图 8.4 所示。所谓分层是将全部问题分成许多小的模块来解决,即从物

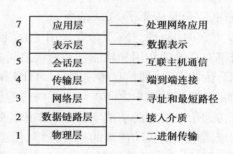

图 8.4　OSI RM 七层结构模型

理连接到具体应用,自下而上分成若干层。这七层即物理层、数据链路层、网络层、传输层、对话层、表示层和应用层。分层结构的特点是,不同层之间的功能相对独立,所有低层功能是其上一层的基础,一般仅在相邻层之间有接口关系,层间接口是简单的单向功能依赖关系。

①物理层。物理层的主要功能是利用物理传输介质为数据链路层提供物理连接,透明地传输比特流。该层为物理连接提供机械、电气、功能、规程等特性。

②数据链路层。在物理层提供比特流传输服务的基础上,用于在相邻节点间建立数据链路,传送以帧为单位的数据。本层通过差错控制、流量控制等,将不可靠的物理传输信道变成无差错的可靠信道,将数据组成适合于正确传输的帧形式的数据单元。

③网络层。网络层也称为通信子网层。该层的主要任务是通过执行路由选择算法,为进网报文提供具体的逻辑信道,并控制通信网有效运行。由于这一层处在用户子网与通信子网的界面上,是不同传送数据单元(报文/分组)进行转换的交界处。该层要完成路由选择、拥塞控制、网络互联等功能,是 OSI RM 中最为复杂的一层。

④传输层。设立传输层的目的是为网内的通信实体建立端到端的差错控制、顺序控制、流量控制、管理多路复用等。它对高层屏蔽了下层数据通信的细节,是计算机通信体系结构中最

关键的一层。

⑤会话层。设立会话层的主要目的是提供一个面向用户的连接服务,即提供一种有效的方法,组织和协调两个会话用户间的对话,并管理他们之间的数据交换。为此,会话层的服务工作就要在两个会话用户之间建立一种对话连接,并能支持正常的数据交换。也就是说,对话连接和对话服务是会话层提供的主要服务。具体的面向用户的服务包括标识识别、履行注册手续、对话管理、设置校验点、故障恢复等。

⑥表示层。表示层主要用于处理在两个通信系统中交换信息的表示方法。它包括数据格式的变换、数据加密和解密、数据压缩和恢复等功能。目的是使存在差异的设备能互相通信、提高通信效率和增强保密性等。

⑦应用层。应用层是 OSI RM 中的最高层,直接为用户服务,是发送和接收用户应用进程和进行信息交换的执行机构。它为应用进程访问 OSI 环境提供手段。因此,应用层必须提供应用进程可直接使用的所有 OSI 服务。应用层直接为用户提供的功能包括:网络的完整透明性、操作用户资源的物理配置、应用管理和物理管理、分布式信息服务等,以实现把不同的任务自动地分配到不同的计算机中去执行,使之充分发挥网络的优越性。

任务 8.3　通信网的结构与分类

8.3.1　通信网的基本术语

(1)节点

节点就是网络单元。网络单元是网络系统中的各种数据处理设备、数据通信控制设备和数据终端设备。

节点分为转节点和访问节点,转节点的作用是支持网络的连接,它通过通信线路转接和传递信息;访问节点则是信息交换的源点和目标。

(2)链路

链路是两个节点间的连线。链路分"物理链路"和"逻辑链路"两种,前者是指实际存在的通信连线,后者则是指在逻辑上起作用的网络通路。链路容量是指每个链路在单位时间内可接纳的最大信息量。

(3)通路

通路是从发出信息的节点到接收信息的节点之间的一串节点和链路。也就是说,它是一系列穿越通信网络而建立起的节点到节点的链路。

8.3.2　通信网的拓扑结构

所谓拓扑结构是指网络中各个节点相互连接的形式。在通信网中常用的拓扑结构有总线型拓扑、星形拓扑、环形拓扑、树形拓扑(由总线型演变而来)以及它们的混合型拓扑结构。

拓扑结构图是指由网络节点设备和通信介质构成的网络结构图。网络拓扑定义了各种计算机、打印机、网络设备和其他设备的连接方式。换句话说,网络拓扑描述了线缆和网络设备的布局以及数据传输时所采用的路径。网络拓扑会在很大程度上影响网络如何工作。

网络拓扑包括物理拓扑和逻辑拓扑。物理拓扑是指物理结构上各种设备和传输介质的布局。常用的物理拓扑如图 8.5 所示，主要有总线型、星形、环形、树形、网状型和混合型等几种。

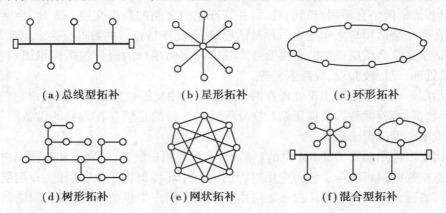

(a) 总线型拓补　　　　　(b) 星形拓补　　　　　(c) 环形拓补

(d) 树形拓补　　　　　(e) 网状拓补　　　　　(f) 混合型拓补

图 8.5　通信网的拓扑结构

（1）总线型拓扑

总线型拓扑是一种基于多点连接的拓扑结构，将网络中的所有设备通过相应的硬件接口直接连接在共同的传输介质上。总线拓扑结构使用一条所有 PC 都可访问的公共通道，每台 PC 只要连一条线缆即可。在总线型拓扑结构中，所有网上微机都通过相应的硬件接口直接连在总线上，任何一个结点的信息都可以沿着总线向两个方向传输扩散，并且能被总线中任何一个结点所接收。由于其信息向四周传播，类似于广播电台，故总线型网络也被称为广播式网络。总线有一定的负载能力，因此，总线长度有一定限制，一条总线也只能连接一定数量的结点。最著名的总线拓扑结构是以太网（Ethernet）。

总线布局的特点是：结构简单灵活，非常便于扩充；可靠性高，网络响应速度快；设备量少，价格低，安装使用方便；共享资源能力强，非常便于广播式工作，即一个结点发送所有结点都可接收。

在总线两端连接的器件称为端结器（末端阻抗匹配器、或终止器），主要与总线进行阻抗匹配，最大限度地吸收传送端部的能量，避免信号反射回总线产生不必要的干扰。

总线型网络结构是目前使用最广泛的结构，也是最传统的一种主流网络结构，适合于信息管理系统、办公自动化系统领域的应用。

总线型拓扑结构的优点是：

①总线结构所需要的电缆数量少。

②总线结构简单，又是无源工作，有较高的可靠性。

③易于扩充，增加或减少用户比较方便。

④布线容易。

总线型拓扑结构的缺点是：

①总线的传输距离有限，通信范围受到限制。

②故障诊断和隔离较困难。

③分布式协议不能保证信息的及时传送，不具有实时功能。

④所有的数据都需经过总线传送，总线成为整个网络的瓶颈。

⑤由于信道共享,连接的节点不宜过多,总线自身的故障可以导致系统的崩溃。所有的PC必须共享总线,如果某一个节点出错,并不会影响整个网络,但如果总线出现故障就会影响整个网络。

（2）星形拓扑

星形拓扑结构是一种以中央节点为中心,把若干外围节点连接起来的辐射式互联结构,各结点与中央结点通过点与点方式连接,中央结点执行集中式通信控制策略,因此中央结点相当复杂,负担也重。这种结构适用于局域网,特别是近年来连接的局域网大都采用这种连接方式。这种连接方式以双绞线或同轴电缆作连接线路。在中心放一台中心计算机,每个臂的端点放置一台PC,所有的数据包及报文通过中心计算机来通信,除了中心机外每台PC仅有一条连接。这种结构需要大量的电缆,星形拓扑可以看成一层的树形结构,不需要多层PC的访问权争用。星形拓扑结构在网络布线中较为常见。

以星形拓扑结构组网,其中任何两个站点要进行通信都要经过中央节点控制。中央节点的主要功能有:为需要通信的设备建立物理连接,为两台设备通信过程中维持这一通路,在完成通信或不成功时,拆除通道。

在文件服务器/工作站（File Servers/Workstation）局域网模式中,中心点为文件服务器,存放共享资源。由于这种拓扑结构,中心点与多台工作站相连,为便于集中连线,目前多采用集线器（HUB）。

星形拓扑结构的优点:

①集中控制,控制简单。

②故障诊断和隔离容易。

③方便服务。

④网络延迟时间短,误码率低。

星形拓扑结构的缺点:

①电缆长度和安装工作量可观。

②中央节点的负担较重,形成瓶颈。中央节点出现故障会导致整个网络的瘫痪。

③各站点的分布处理能力较低。

④网络共享能力较差,通信线路利用率不高。

（3）环形拓扑

环形网中各结点通过环路接口连在一条首尾相连的闭合环形通信线路中,就是把每台PC连接起来,数据沿着环依次通过每台PC直接到达目的地,环路上任何结点均可以请求发送信息。请求一旦被批准,便可以向环路发送信息。环形网中的数据可以是单向也可是双向传输。信息在每台设备上的延时时间是固定的。由于环线公用,一个结点发出的信息必须穿越环中所有的环路接口,信息流中目的地址与环上某结点地址相符时,信息被该结点的环路接口所接收,而后信息继续流向下一环路接口,一直流回到发送该信息的环路接口结点为止。特别适合实时控制的局域网系统。在环行结构中每台PC都与另两台PC相连,每台PC的接口适配器必须接收数据再传往另一台。因为两台PC之间都有电缆,所以能获得好的性能。最著名的环形拓扑结构网络是令牌环网（Token Ring）。

环形拓扑结构的优点：

①结构简单。

②增加或减少工作站时，仅需简单的连接操作。

③可使用光纤，传输距离远。

④电缆长度短。

⑤传输延迟确定。

⑥信息在网络中沿固定方向流动，两个结点间仅有唯一的通路，大大简化了路径选择的控制。

环形拓扑结构的缺点：

①环网中的每个结点均成为网络可靠性的瓶颈，任意结点出现故障都会造成网络瘫痪。

②故障检测困难。

③环形拓扑结构的媒体访问控制协议都采用令牌传达室递的方式，在负载很轻时，信道利用率相对来说就比较低。

④由于信息是串行穿过多个结点环路接口，当结点过多时，影响传输效率，使网络响应时间变长。

⑤由于环路封闭，故扩充不方便。

（4）树形拓扑

树形拓扑从总线拓扑演变而来，形状像一棵倒置的树，顶端是树根，树根以下带分支，每个分支还可再带子分支。它是总线型结构的扩展，是在总线网上加上分支形成的，其传输介质可有多条分支，但不形成闭合回路。树形网是一种分层网，其结构可以对称，联系固定，具有一定容错能力，一般一个分支和结点的故障不影响另一分支结点的工作，任何一个结点送出的信息都可以传遍整个传输介质，也是广播式网络。一般树形网上的链路相对具有一定的专用性，无须对原网做任何改动就可以扩充工作站。它是一种层次结构，结点按层次连结，信息交换主要在上下结点之间进行，相邻结点或同层结点之间一般不进行数据交换。把整个电缆连接成树型，树枝分层每个分至点都有一台计算机，数据依次往下传，优点是布局灵活。但是故障检测较为复杂，PC 环不会影响全局。

树形拓扑的优点：

①连结简单，维护方便，适用于汇集信息的应用要求。

②易于扩展。

③故障隔离较容易。

树形拓扑的缺点：

①资源共享能力较低，可靠性不高，任何一个工作站或链路的故障都会影响整个网络的运行。

②并且各个节点对根的依赖性太大。

（5）网状拓扑

网状拓扑又称作无规则结构，结点之间的联结是任意的，没有规律，就是将多个子网或多个局域网连接起来构成网际拓扑结构。在一个子网中，集线器、中继器将多个设备连接起来，而桥接器、路由器及网关则将子网连接起来。根据组网硬件不同,主要有 3 种网际拓扑。

1)网状网

在一个大的区域内,用无线电通信链路连接一个大型网络时,网状网是最好的拓扑结构。通过路由器与路由器相连,可让网络选择一条最快的路径传送数据。

2)主干网

通过桥接器与路由器把不同的子网或 LAN 连接起来形成单个总线或环型拓扑结构,这种网通常采用光纤做主干线。

3)星状相连网

利用一些叫作超级集线器的设备将网络连接起来,由于星型结构的特点,网络中任一处的故障都可容易查找并修复。

网状拓扑的特点是系统可靠性高,比较容易扩展,但是结构复杂,每一结点都与多点进行连结,因此必须采用路由算法和流量控制方法。目前广域网基本上采用网状拓扑结构。

(6)混合型拓扑

混合型拓扑结构就是两种或两种以上的拓扑结构同时使用。其优点是可以对网络的基本拓扑取长补短,而缺点是网络配置难度比较大。

在实际组网过程中,为了符合不同的要求,拓扑结构不一定采用单一结构,往往都是几种结构的混用。

8.3.3　基本通信网分类

通信网可分为交换网、传输网和接入网 3 种。

(1)交换网

交换网由许多互联的节点构成,所谓节点就是链路的连接点。从一个站点进入网络的数据通过节点到节点的转接到达目的地。一个通信网络由许多交换节点互连而成。信息在这样的网络中经过一系列交换节点,从一条线路交换到另一条线路,最后到达目的地,所以交换网又称为核心网。交换节点转发信息的方式称为交换方式,交换方式可分为电路交换、报文交换和分组交换 3 种。

1)电路交换

电路交换(CS:Circuit Switching)是一种直接的交换技术,是通信网中最早出现的一种交换方式,也是早期应用最普遍的一种交换方式。电路交换技术通过网络节点在通信双方之间建立专用的临时通信链路,即具有实际的物理连接。信道上的所有设备实际上只起开关作用,开关合即信道通,除了线路延时之外,对信息传输没有额外的延时。其通信过程可分为电路建立、信息传输、电路拆除 3 个阶段。

这种交换方式把发送方和接收方用一系列链路直接连通。传统的电话交换系统就是采用这种交换方式。当交换机收到一个呼叫后就在网络中寻找一条临时通路供两端的用户通话,这条临时通路可能要经过若干个交换局的转接,并且一旦建立连接就成为这一对用户之间的临时专用通路,别的用户不能打断。在整个通信期间,不管实际有无信息传输,沿途的交换节点必须负责保持、监视该连接,直到用户明确地发出通信结束的信号,网络才撤销该连接,释放被占用的资源。

电路交换网的结构有单节点网和多节点网的形式,如图 8.6 所示。

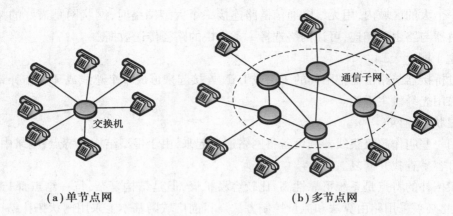

(a)单节点网　　　　　　　　　(b)多节点网

图 8.6　电路交换网结构

图 8.6(a)所示为单节点交换网,其结构为多个终端用户围绕一个电路中心交换节点构成。电路交换设备利用电路交换技术在任何两个欲进行通信的设备之间建立一条专用通道。

如果用户数比较多,相距比较远,可以采用多台交换设备来实现,如图 8.6(b)所示。通过一个或多个节点组成的通信子网来把信息从原点转发到目的点,从而实现通信。通信子网不关心所传输数据的内容,而只是为这些数据从一个节点传到另外一个节点,一直到达目的节点来提供交换的功能,所以通信子网也叫交换网络,组成交换网络节点叫交换节点,交换节点是泛指通信网中各类的交换机。数据在网络中的传输要经过一系列的交换节点,然后从一条线路转换到另外一条线路,最终到达目的地。

图 8.7　空分交换矩阵

早期的电路交换机采用空分交换技术。空分交换是指各对设备之间的通路是按空间划分的。每次连接都要通过接线器建立一条物理通道,每条通道只为两个终端传输服务。图 8.7 所示是具有 m 个入端和 n 个出端的简单纵横交换矩阵,在输入线路和输出线路的交叉点处有接触开关。每个站点分别与一条输入线路和一条输出线路相连,只要适当控制这些交叉触点的通断,就可以完成任意一对入线和出线的连接。这种交换机的开关数量与站点数的平方成正比,具有成本高,可靠性差的缺点,目前已基本上被淘汰了。

时分交换是时分多路复用技术在交换机中的应用,利用时间分隔的方式将低速数据复用成高速数据。

时分交换一般采用 TDM 总线交换、时隙交换(TSI)和时间多路复用交换(TMS)3 种技术来实现。

TDM 总线交换是在时间上分割多个信号并共用一条传输线路的技术。项目 3 所述的PCM30/32 路系统就是一种 TDM 总线交换的技术基础,将 30 个话路时隙和两个信令时隙结合在一起形成一个基帧,共用一条线路传输。

时隙交换(TSI:Time-Slot Interchange)的定义是信号在不同时隙间的换位。在数字程控交换机中,来自不同用户或模拟中继线的话音信号先被转换为数字信号,并被复用到不同的PCM复用线上,然后接入内部数字交换网络。为实现不同用户之间的通话,数字交换网络必须完成不同复用线之间不同时隙的交换,即数字交换网络某条输入复用线上某时隙的内容交换到指定输出复用线上的指定时隙。

时间多路复用交换(TMS:Time Multiplex Switching),上述 TSI 单元只能支持有限数目的连接,而且随着 TS 单元规模的扩大,限于固定的存取速度,TSI 产生的延迟也随之增大。解决这两个问题的办法是使用多个 TSI 单元。现在一个 TSI 只接两个信道,这两个信道的时隙可以互换。但是,为了把某个 TDM 数据流(进入一个 TSI)上的一个信道与另一个 TDM 数据流(进入另一个 TSI)上的信道连接,就需要某种形式的空分多路转换。当然,并不要求把所有的时隙从一个数据流转接到另一个数据流,只是一次转接一个时隙。这种技术称为时间多路复用交换 TMS。

电路交换的特点是建立连接需要等待较长的时间。由于连接建立后通路是专用的,因而不会有别的用户的干扰,不再有等待延迟。在连续传输大量的信息时,这种交换方式的优点很明显。但传输少量而断续的信息时则效率不高。

2)报文交换

这种方式不要求在两个通信节点之间建立专用通路。节点把要发送的信息组织成一个数据包——报文,以报文为数据交换的单位,报文携带有目标地址、源地址等信息,在交换结点采用存储转发的传输方式,在网络中一站一站地向前传送。每一个节点接收整个报文,检查目标节点地址,然后根据网络中的交通情况在适当的时候转发到下一个节点。经过多次的存储——转发,最后到达目标节点,因而这样的网络叫存储——转发网络。其中的交换节点要有足够大的存储空间(一般是磁盘),用以缓冲接收到的长报文。交换节点对各个方向上收到的报文排队,寻找下一个转发节点,然后再转发出去,这些都带来了排队等待延迟。报文交换的优点是不建立专用链路,线路是共享的,因而利用率较高,这是由通信中的等待时延换来的。

报文交换是以报文为数据交换的单位,报文携带有目标地址、源地址等信息,在交换结点采用存储转发的传输方式,因而有以下优缺点:

①优点

a.报文交换不需要为通信双方预先建立一条专用的通信线路,不存在连接建立时延,用户可随时发送报文。

b.由于采用存储转发的传输方式,使之具有下列优点:在报文交换中便于设置代码检验和数据重发设施,加之交换结点还具有路径选择,就可以做到某条传输路径发生故障时,重新选择另一条路径传输数据,提高了传输的可靠性;在存储转发中容易实现代码转换和速率匹配,甚至收发双方可以不同时处于可用状态。这样就便于类型、规格和速度不同的计算机之间进行通信;提供多目标服务,即一个报文可以同时发送到多个目的地址,这在电路交换中是很难实现的;允许建立数据传输的优先级,使优先级高的报文优先转换。

c.通信双方不是固定占有一条通信线路,而是在不同的时间一段一段地部分占有这条物理通路,因而大大提高了通信线路的利用率。

②缺点

a.数据进入交换节点后要经历存储、转发这一过程,从而引起转发时延(包括接收报文、检验正确性、排队、发送时间等),而且网络的通信量越大,造成的时延就越大,因此报文交换的实时性差,不适合传送实时或交互式业务的数据。

b.报文交换只适用于数字信号。

c.由于报文长度没有限制,而每个中间结点都要完整地接收传来的整个报文,当输出线路不空闲时,还可能要存储几个完整报文等待转发,要求网络中每个结点有较大的缓冲区。为了降低成本,减少结点的缓冲存储器的容量,有时要把等待转发的报文存在磁盘上,进一步增加了传送时延。

3)分组交换

在这种交换方式中数据包有固定的长度,因而交换节点只要在内存中开辟一个小的缓冲区就可以了。进行分组交换时,发送节点先要对传送的信息分组,对各个分组编号,加上源地址和目标地址以及约定的分组头信息,这个过程叫做信息的打包。一次通信中的所有分组在网络中传播又有两种方式,一种叫数据报(Datagram),另一种叫虚电路(Virtual Circuit),下面分别叙述。

①数据报。类似于报文交换,每个分组在网络中的传播路径完全是由网络当时的状况随机决定的。因为每个分组都有完整的地址信息,如果不出意外的话都可以到达目的地。但是,到达目的地的顺序可能和发送的顺序不一致。有些早发的分组可能在中间某段交通拥挤的链路上耽搁了,比后发的分组到得迟,目标主机必须对收到的分组重新排序才能恢复原来的信息。一般来说,在发送端要有一个设备对信息进行分组和编号,在接收端也要有一个设备对收到的分组拆去头尾并重排顺序,具有这些功能的设备叫分组拆装设备(Packet Assembly and Disassembly device,PAD),通信双方各有一个。

②虚电路。类似于电路交换,这种方式要求在发送端和接收端之间建立一条逻辑连接。在会话开始时,发送端先发送建立连接的请求消息,这个请求消息在网络中传播,途中的各个交换节点根据当时的交通状况决定选取哪条线路来响应这一请求,最后到达目的端。如果目的端给予肯定的回答,则逻辑连接就建立了。以后发送端发出的一系列分组都走这同一条通路,直到会话结束,拆除连接。与电路交换不同的是,逻辑连接的建立并不意味着别的通信不能使用这条线路,它仍然具有链路共享的优点。

按虚电路方式通信,接收方要对正确收到的分组给予回答确认,通信双方要进行流量控制和差错控制,以保证按顺序正确接收,所以虚电路意味着可靠的通信。当然,它涉及更多的技术,需要更大的开销。这就是说,它没有数据报方式灵活,效率不如数据报方式高。

虚电路可以是暂时的,即会话开始时建立,会话结束后拆除,这叫作虚呼叫;也可以是永久的,即通信双方一开机就自动建立连接,直到一方请求释放才断开连接,这叫作永久虚电路。

虚电路适合于交互式通信,这是它从电路交换那里继承的优点。数据报方式更适合于单向地传送短消息,采用固定的、短的分组相对于报文交换是一个重要的优点。除了交换节点的存储缓冲区可以小些外,也带来了传播时延的减小。分组交换也意味着按分组纠错,发现错误只需重发出错的分组,使通信效率提高。广域网络一般都采用分组交换方式,按交换的分组数收费,而不是像电话网那样按通话时间收费,这当然更适合计算机通信的突发式特点。有些网络同时提供数据报和虚电路两种服务,用户可根据需要选用。

图8.8所示为3种交换方式的比较。图中的A、B、C、D分别表示不同的节点,纵轴自上而下表示时间的变化。图8.8(a)中表示的是电路交换方式,该方式必须先自A节点开始,在A、B、C、D之间逐级向下级申请建立通信链路,最后当D级接到连接申请信号后,向A节点回传

一个同意信号,通信链路就建立了,随后就像在 A 点到 D 点之间建立了一个直通的管道一样,在 A 点到 D 点之间就建立了一个直接的传输链路,开始传输数据。此时,除了传输延迟之外,传输过程中将不存在等待延迟。图 8.8(b)中表示的是报文交换方式,数据传输之前并不需要先建立一个从头至尾的传输链路,可以将待传输的数据装上头尾之后逐级向下一级传输,下一级接收到之后,进行储存、整理,再向下一级传输。整个传输过程类似于一个三级跳的过程,并有一定的传输延迟。图 8.8(c)表示的是分组交换方式,其传输过程与报文交换过程类似。只是在开始传输之前,先将报文分拆成若干个分组,再向下一节点传输。中继交换节点在接收到这些分组之后,对收到的分组拆去头尾并重排顺序以恢复原来的信息。再对信息进行分组和编号,继续发往下一节点,直至到达最终接收端。分组交换与报文交换一样,整个传输过程类似于三级跳,并有一定的传输延迟。

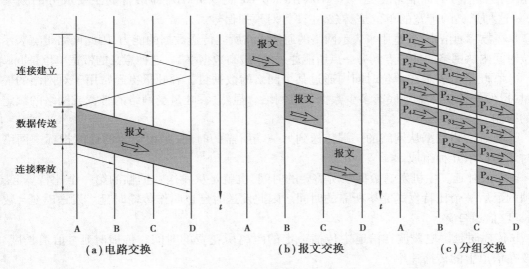

图 8.8 3 种交换方式比较

(2)传输网

1)传输网的定义

传输网是用于传送信息的网络,在通信网中提供信号传送和转换的作用,广义上说,连接各种终端设备和交换设备的所有通道与设备的总和就构成了传输网,传输网是通信网的基础。传输网络内包含两类实体:传输设备(相当于车)和各种线缆(相当于路)以及相关的配套设施。传输设备主要有 SDH 设备、PTN 设备、OTN 设备、WDM 设备和 MSTP 设备等。根据传输媒介的不同,传输网可分为有线传输系统和无线传输系统。有线传输包括了电缆传输和光纤传输,无线传输又包括了移动通信、微波传输、卫星传输等。根据复用方式的不同,传输网又可分为模拟(频分)通信、数字(时分)通信。

传输网在通信网中的位置如图 8.9 所示。

2)传输网的性能指标

传输网有多个性能指标,比如传输速率、带宽、吞吐量、时延、利用率及误码率等。

①传输速率。表现为码元速率和信息速率,传输速率越高表明通信效率越高。但是,在任何信道中,码元的传输速率都是有上限的,超过此上限,就会出现严重的码间串扰问题,可能会使得接收端对码元的识别成为不可能。

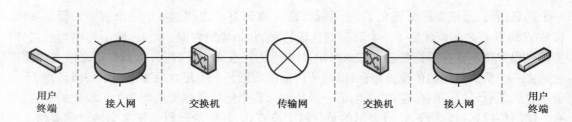

图 8.9　传输网在通信网中的位置

②带宽。通常有两种不同的含义。

a.指信号所包含的各种不同的频率成分所占据的频率范围。例如,在传统的通信线路上传送的话音信号的标准带宽是 3.1 kHz(从 300 Hz 到 3.4 kHz,即语音的主要成分的频率范围)。这种意义的带宽的单位是赫兹,主要针对模拟信号。

b.在数字通信中,带宽用来表示网络的通信线路所能传送数据的能力,因此网络带宽表示在单位时间内从网络的某一点到另一点所能通过的"最高数据率"。这种意义的带宽单位是 bps。

③吞吐量。表示在单位时间内通过某个网络的数据量。吞吐量更经常用于对网络的一种测量,以便知道实际上到底有多少数据通过网络。显然,吞吐量受网络的带宽或网络的额定速率的限制。

④时延。指数据从网络的一端传送到另一端所需的时间,是很重要的性能指标。网络中的时延由以下几种组成。

a.发送时延。主机发送数据帧所需要的时间,也就是从发送数据帧的第一个比特算起,到该帧的最后一个比特发送完毕所需的时间。因此发送时延也叫作传输时延。发送时延=数据帧长度/信道带宽。

b.传播时延。电磁波在信道中传播一定的距离所花费的时间。传播时延=信道长度/电磁波在信道上的传播速率。

c.处理时延。主机收到分组后需要花费一定的时间进行处理,例如分析分组的首部、从分组中提取数据部分、进行差错校验或查找适当的路由等,这就产生了处理时延。

(3)接入网

1)接入网的定义与分类

所谓接入网是指骨干网络到用户终端之间的所有设备。其长度一般为几百米到几公里,因而被形象地称为"最后一公里"。由于骨干网一般采用光纤结构,传输速度快。因此,接入网便成了整个网络系统的瓶颈。接入网的接入方式包括铜线(普通电话线)接入、光纤接入、光纤/同轴电缆(有线电视电缆)混合接入和无线接入等几种方式。其分类如图 8.10 所示。

传统的接入网主要以铜缆的形式为用户提供一般的语音业务和少量的数据业务。随着社会经济的发展,人们对各种新业务特别是宽带综合业务的需求日益增加,一系列接入网新技术应运而生,其中包括应用较广泛的以现有双绞线为基础的光纤/同轴电缆混合网络(HFC:Hybrid Fiber Coaxial)技术,无线本地环路/数字无线本地环路技术 WLL/DWLL(WLL:Wireless Local Loop/DWLL:Digital Wireless Local Loop)及以太网到户技术(ETTH:Ethernet To The Home),光纤到任意地点 FTTx〔x 是 Anywhere 的统称,含光纤到路边 FTTC(Fiber To The Curb)、光纤到户 FTTH(Fiber To The Home)、光纤到办公室 FTTO(Fiber To The Office)、光纤到农村(远端节点)FTTR(Fiber To The Rural)等〕。

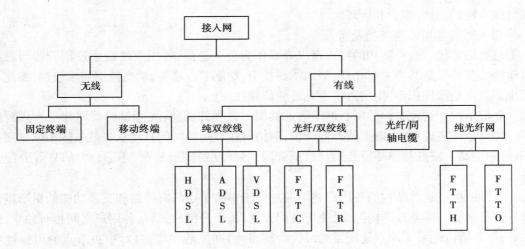

图 8.10　接入网分类

①以双绞线为基础的铜缆技术。这种接入网技术主要是由多个双绞线构成的铜缆组成。主要向用户提供各种业务的技术,主要有数字线对增益(DPG:Digital Pair Gain)、高速率率数字用户线(HDSL:High-speed Digital Subscriber Line)、不对称数字用户线(ADSL:Asymmetric Digital Subscriber Line)、超高速数字用户线路(VDSL:Very High Speed Digital Subscriber Line)等技术。

②光纤/同轴电缆混合网络 HFC。是一种基于频分复用技术的宽带接入技术,其主干网使用光纤,采用频分复用方式传输多种信息,分配网则采用树状拓扑和同轴电缆系统,用于传输和分配用户信息。HFC 是将光纤逐渐推向用户的一种经济的演进策略,可实现多媒体通信和交互式视像业务。

③FTTx+ETTH。一种光纤到楼、光纤到路边、以太网到用户的接入方式。为用户提供了可靠性很高的宽带保证,真正实现千兆到小区、百兆到楼单元和十兆到家庭,并随着宽带需求的进一步增长,可平滑升级实现百兆到家庭而不用重新布线。完全实现多媒体通信和交互式视像业务等业务。

④无线用户环路接入网。又可称为"无线用户接入",是采用微波、卫星、无线蜂窝等无线传输技术,实现在用户线盲点偏远地区和海岛的多个分散的用户或用户群的业务接入的用户接入系统。具有建设速度快、设备安装快速灵活、使用方便等特点。在使用无线传输的情况下,用户接入的成本对传输距离、用户密度均不敏感。因此,对于接入距离较长,用户密度不高的地区非常适用。

2)接入网的特征

根据接入网框架和体制要求,可以归纳出如下几个接入网的重要特征:

①接入网对于所接入的业务提供承载能力,实现业务的透明传送。

②接入网对用户信令是透明的,除了一些用户信令格式转换外,信令和业务处理的功能依然在业务节点中。

③接入网的引入不应限制现有的各种接入类型和业务,接入网应通过有限的标准化的接口与业务节点相连。

④接入网有独立于业务节点的网络管理系统,该系统通过标准化的接口连接 TMN,TMN

实施对接入网的操作、维护和管理。

3）接入网的常用结构类型及特点

①总线形结构。这种结构的接入网以光纤作为公共总线,各用户终端通过耦合器与总线直接连接。其特点是共享主干光纤,节约线路投资,增删节点容易,动态范围要求较高,彼此干扰较小。缺点是损耗积累,用户对主干光纤的依赖性强。

②环形结构。这种结构的所有网络节点共用一条光纤链路,光纤链路首尾相连自成封闭回路。特点是可实现自愈,即无须外界干预,网络可在较短的时间自动从失效故障中恢复所传业务,可靠性高。缺点是单环所挂用户数量有限,多环互通较为复杂,不适合 CATV 等分配型业务。

③星形结构。这种结构的各用户终端通过位于中央节点具有控制和交换功能的星形耦合器进行信息交换。特点是结构简单,使用维护方便,易于升级和扩容,各用户之间相对独立,保密性好,业务适应性强。缺点是所需光纤代价较高,组网灵活性较差,对中央节点的可靠性要求极高。

④树形结构。这种结构类似于树枝形状,呈分级结构,在交接箱和分线盒处采用多个分路器,将信号逐级向下分配,最高级的端局具有很强的控制协调能力。特点是适用于广播业务。缺点是功率损耗较大,双向通信难度较大。

4）接入网与核心网的区别

①接入网具有复用、交叉连接和传输功能,一般不具有交换功能,它提供开放的 V5 标准接口,可实现与任何种类的交换设备的连接。

②接入网支持多种业务,但与核心网相比业务密度低。

③对运行条件要求不高,相对一般放在机房内的核心网设备,接入网设备通常放在户外,因此对设备的性能、温度适应性和可靠性有很高的要求。

④组网能力强,接入网有多重的组网形式。

⑤可采用多种接入技术,如铜线接入、光纤接入、光纤铜轴混合接入、无线接入等。

⑥全面的网管功能,除了通过 Q3 接口与 TMN 相连外,也可通过相关协议接入本地网管系统,由本地的网管中心对它进行管理。

⑦接入网覆盖面积广。接入节点覆盖全国,所有电话接入的地方均能上网。

5）接入网的发展阶段与趋势

接入网发展经历了四个阶段。

第一阶段:纯话音接入,光纤接入。

第二阶段:初步的综合,包括 POTS、ISDN、DDN 等。

第三阶段:宽窄带一体化,如组合型、融合型。

第四阶段:向 NGN 演进,实现与 NGN 的对接,全面过渡到分组网。

随着电信行业垄断市场消失和电信网业务市场的开放,电信业务功能、接入技术的不断提高,接入网也伴随着发展,主要表现在以下几点:

①复杂程度不断增加。不同的接入技术间的竞争与综合使用,以及要求对大量电信业务的支持等,使得接入网的复杂程度增加。

②服务范围扩大。随着通信技术和通信网的发展,本地交换局的容量不断扩大,交换局的数量在日趋减少,在容量小的地方,改用集线器和复用器等,这使接入网的服务范围不断扩大。

③标准化程度日益提高。在本地交换局逐步采用基于 V5.X 标准的开放接口后,电信运营商更加自由地选择接入网技术及系统设备。

④支持更高档次的业务。市场经济的发展,促使商业和公司客户要求更大容量的接入线路用于数据应用,特别是局域网互联,要求可靠性、短时限的连接。

⑤技术更加多样化。尽管目前在接入网中光传输的含量在不断增加,但如何更好地利用现有的双绞线仍受重视,对要求快速建设的大容量接入线路,则可选用无线链路。

⑥光纤技术将更多的应用于接入网。随着光纤覆盖扩展,光纤技术也将日益增多地用于接入网,从发展的角度看,SDH、ATM、IP/DWDM、PTN 等目前仅适用于主干光缆段和数字局端机接口,随着业务的发展,光纤接口将进一步扩展到路边,并最终进入家庭,真正实现宽带光纤接入,实现统一的宽带全光网络结构。

小　结

1.将一定数量的节点(含终端设备和交换设备)和连接节点的传输链路按一定拓扑结构通过交换系统相互有机地结合在一起,构成能够实现两个或多个规定点间信息传输的通信体系称为通信网。

2.通信网通常是由硬件系统和软件系统构成。硬件系统主要包括终端设备、传输链路和交换设备。软件则包含各种协议、信令方案、路由方案、编号方案、网络结构、质量标准和资费标准等。

3.通信网络中通常使用的交换技术有电路交换、存储转发交换和综合交换三种。

4.信令是一个允许程控交换、网络数据库、网络中其他智能节点交换有关呼叫建立、监控(Supervision)、拆除(Teardown)、分布式应用进程所需的信息(进程之间的询问/响应或用户到用户的数据)、网络管理等信息的系统。信令分为随路信令方式(CAS:Channel Associated Signalling)和公共信道信令方式(CCS:Common Channel Signalling)两大类。目前广泛应用的信令是 No.7 信令。

5.拓扑结构是指网络中各个节点相互连接的形式。在通信网中常用的拓扑结构有总线型拓扑、星形拓扑、环形拓扑、树形拓扑以及它们的混合型拓扑结构。

6.通信网可分为交换网、传输网和接入网 3 种。

思考与练习 8

8.1　通信网的定义是什么?

8.2　简述通信系统中硬件与软件的要素及其作用。

8.3　简述通信网的技术标准类别及表征。

8.4　通信网络中通常使用的交换技术有几种?

8.5　通信网中常用的拓扑结构有哪些?

8.6　常用的交换方式有几种?

项目 **9**
卫星通信系统

【项目描述】

本项目主要介绍卫星现代通信系统的技术基础、组成和工作原理，将前述各项目所学各种现代通信技术理论应用于实际。

【项目目标】

知识目标：

- 简单了解微波通信技术；
- 了解卫星通信的基本原理及通信卫星的分类；
- 简单了解卫星通信系统的构成；
- 了解卫星通信系统的多址连接方式；
- 了解几种典型的卫星通信系统。

技能目标：

- 掌握几种多址连接方式的特点。

【项目内容】

任务 9.1　卫星通信的技术基础

卫星通信是在地面微波中继通信的基础上发展起来的，它实际上是将通信卫星作为空中中继站，将地球上某一地球站发射来的无线电信号转发到另一个或几个地球站，实现两地或多地之间的通信。用于实现通信转发功能的人造地球卫星简称通信卫星，使用通信卫星作为中继站来完成的微波中继通信方式就称为卫星通信。由于通信卫星所处的位置很高，所以卫星通信的距离很长，覆盖面也很广。

9.1.1　微波通信概论

通常人们所说的微波是指频率在 300 MHz～300 GHz 范围内的电磁波，利用此频段的电磁波完成的通信就称为微波通信。因微波波长较短，其传播特性是直线传播，即所谓的视距传播，这就要求两个通信点之间无障碍物阻挡。受地球曲率半径的影响和地形地貌的限制，视距通常在 50 km 之内。为延长通信距离,一般采用中继接力方式传输,所以微波通信又称为微波中继通信,微波通信示意图如图 9.1 所示。

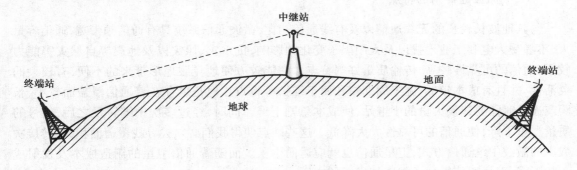

图 9.1　微波通信示意图

根据微波通信系统传输的信号类型不同,微波通信也可分为模拟微波通信系统和数字微波通信系统两种。早期的微波通信系统采用的是模拟通信方式,随着技术的进步,模拟微波通信逐渐被淘汰。数字微波通信逐步成为微波通信的主流。

9.1.2　数字微波通信系统的组成

数字微波通信系统由端站和若干中继站组成,如图 9.2 所示,每一个端站都包含发送端和接收端。

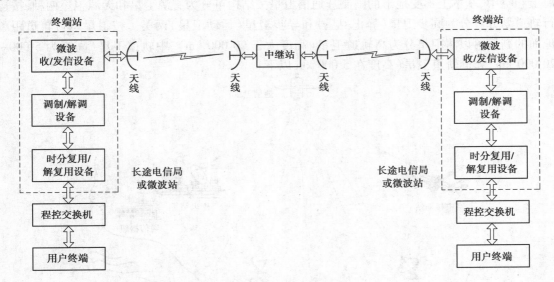

图 9.2　数字微波通信系统组成

从图 9.2 中可以看出:每一个终端站都包含了时分复用/解复用设备、调制/解调设备和微波收/发信设备。都能够完成将从用户终端送来的数字信号经程控交换机交换后,经时分复用后形成数字基带信号,再经数字调制后形成数字中频调制信号,再送入发送设备进行射频调制形成微波信号,最后送入天线向微波中继站发送,也可以完成相反的变化,从而完成双向通信。

微波中继站将接收到的信号处理后向下一站传送,转接方式有再生转接、中频转接和微波转接 3 种, 如此接力传送, 直到接收端。

9.1.3 微波通信网的特点

与其他波长较长的无线通信以及有线通信相比, 微波通信系统具有通信频带宽, 通信容量大, 不易受天电和工业干扰以及太阳黑子变化的影响, 抗水灾、风灾以及地震等自然灾害能力较强, 通信的可靠性较高, 传输质量好等特点。它能较方便地克服地形带来的不便, 有较大的灵活性, 并且有成本较低、施工周期短和便于维护等特点。但是也存在着通信覆盖面较小, 长距离通信时需要建设大量的中继站, 使成本急剧上升。同时, 经过多次中继转发之后, 信号的质量严重下降, 使通信的可靠性大大降低。这些缺点使得我们必须去寻找覆盖面积大、转接次数少的微波中继通信方式, 卫星通信也就应运而生了。而随着通信卫星的制造成本及发射成本的下降, 卫星通信得到了越来越广泛的应用。

任务 9.2 卫星通信的基本原理与分类

9.2.1 卫星通信概论

卫星通信系统的简单示意图如图 9.3 所示, 从图中可以看到卫星通信的范围覆盖了陆地、海上和空中, 基本上不受地形的限制。通信卫星按结构可分为有源卫星和无源卫星两种, 按运行轨道划分可分为同步卫星(静止卫星)和异步卫星(运动卫星)两类。按卫星运行轨道距离地面的高低可以将卫星分为高轨道卫星(高度大于 20 000 km)、中轨道卫星(高度为 5 000 ~ 20 000 km)和低轨道卫星(高度在 5 000 km 以下)。

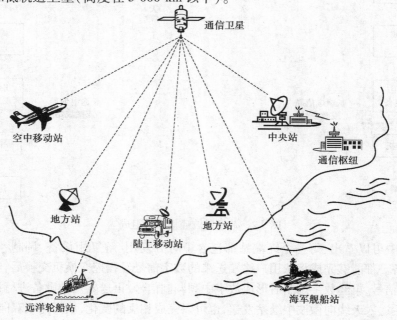

图 9.3　卫星通信系统示意图

　　所谓同步卫星就是卫星位于赤道上空 35 860 km 圆形轨道上,轨道平面就是地球赤道平面,其运行周期和地球的自转周期一致,地球自转一圈,卫星也绕地球旋转一圈。从地面上看就好像静止不动一样,所以又称为静止卫星。由同步卫星做中继站组成的卫星通信系统称为同步卫星通信系统或静止卫星通信系统。

　　图 9.4 是通过 3 颗同步卫星形成覆盖全球的通信网示意图。从图中可以看出,在地球赤道上空等距离分布 3 颗同步通信卫星,每一颗卫星可以覆盖地球表面约 1/3 的面积,3 颗同步卫星可以形成覆盖地球上除了两极地区之外的所有地方的通信系统,两极地区就是同步卫星通信的盲区。同时也可以看到 3 颗卫星之间由于一些地区是共同覆盖的重叠区,在这些重叠区里可以同时看到两颗通信卫星,在这些区域设中继地球站就可以建立两颗卫星间的通信,从而使 3 颗同步卫星就可以建立覆盖全球的卫星通信网。

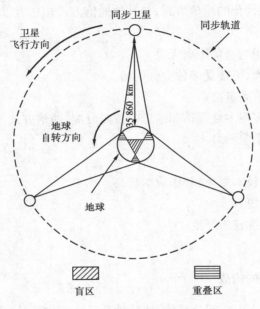

图 9.4　同步卫星全球覆盖示意图

　　异步卫星就是运行周期与地球运行周期不同步的卫星,利用异步卫星进行的通信称为移动卫星通信。异步通信卫星一般都运行在中、低轨道上。

　　同步卫星通信和异步卫星通信相比,各自有不同的特点,所以现在两种通信系统都有使用。同步卫星由于是相对于地球不动的,所以地球站的天线在一次调整定位之后就不需要再调整,从而省略了复杂的跟踪系统,频率也比较稳定。而异步通信卫星由于基本上都运行在中、低轨道上,离地面的距离较近,所以传播损耗小,对地球站的发射功率和接收灵敏度都要求不高,从而使地球站的体积可以做得很小,便于移动。

　　在卫星通信中,工作频段的选择直接影响整个卫星通信系统的通信容量和质量、地球站和卫星转发器的发射功率、天线的尺寸以及设备的复杂程度等。所以在选择卫星通信的工作频段时一般会考虑以下方面:较小的频段内噪声与干扰、较小的传播损耗、尽可能宽的传输频带、现有技术和设备的兼容性等问题。综合以上方面考虑,将卫星通信的工作频段选择在微波频段是比较合适的,因为微波波段有较宽的频带宽度,同时微波通信的技术已非常成熟,现有的设备稍加改造就可以用于卫星通信,同时该频段信号的传输损耗也比较小,信道特性比较稳定。

9.2.2 卫星通信采用频段与特点

(1) 频段

早期的卫星通信主要使用 L 波段(上行中心频率 1 GHz,下行中心频率 2 GHz)和 C 波段(4G/6 GHz),但随着人们通信需求的增长,这两个波段已十分拥挤。而且所需要的天线尺寸较大,不利于卫星通信的普及。所以现在 Ku 波段(11/14 GHz)和 Ka 波段(20/30 GHz)已被开发用于新的民用卫星通信和广播业务。

(2) 特点

卫星通信作为一种现代化的通信方式,与其他通信方式相比有以下特点:

1) 优点

① 通信距离远,且费用与通信距离无关。

② 通信频带宽、容量大,可接受多种业务传输。

③ 信道稳定可靠,通信质量高。

④ 覆盖面积广,可以实现多址通信和信道的按需分配,通信方式灵活。

⑤ 可以自发自收,便于监测。

2) 缺点

① 卫星的发射与控制技术复杂,制作成本较高。

② 卫星的使用寿命较短。

③ 信号延迟与回波干扰较为严重。

④ 存在日凌中断现象。

9.2.3 卫星通信系统的构成

一个卫星通信系统通常由空间分系统、地球站分系统、跟踪遥控指令分系统和监控管理分系统四大部分构成,如图 9.5 所示。下面分别介绍各分系统的功能。

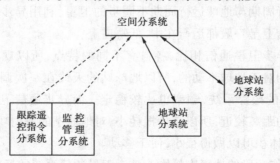

图 9.5 卫星通信系统构成

空间分系统即通信卫星,主要是包括通信卫星上用于完成通信任务的转发器、用于对卫星的运行状态进行控制的星体遥测指令、控制系统和提供后勤保障的能源系统等。通信卫星的主要作用是起无线电中继站的作用,一个卫星可以包含一个或多个转发器,当每个转发器所提供的功率和带宽一定时,转发器越多,卫星的通信容量就越大。

地球站分系统群一般由中央站分系统和若干地面、海上和空中地方站分系统构成。中央站除具有普通地球站的通信功能外,还负责通信系统中的业务调度与管理,对普通地球站进行监测控制与业务转接等。用户通过地球站接入卫星通信系统进行通信,相当于微波中继通信的终端站。一般说来,卫星地球站的天线口径越大,发射和接收能力就越强,功能也越多。

跟踪遥测及指令分系统也称为测控站,它的任务是对卫星进行跟踪测量,控制其准确地进入运行轨道上的预定位置。待卫星运行正常后,定期对卫星运行轨道进行修正和位置保持。

监控管理分系统也称为监控中心,其任务是对已定点的卫星在业务开通前后进行通信性能的监测和控制。例如对卫星转发器功率、卫星天线增益以及各地球站发射信号的功率、频率和带宽以及地球站天线的方向图等基本通信参数进行监控,以保证通信的正常进行。

任务 9.3　卫星通信的多址连接方式

多址连接是卫星通信的一个特点,指的是通信卫星覆盖区内的多个地球站通过共同的通信卫星实现区域内相互连接,同时建立各自的信道而不需要其他的中转连接。

多址连接技术和多路复用技术有很多相似之处,但是又有各自的特点。多址连接技术是多个地面站的射频信号在射频信道中的复用,以达到相互之间多址通信的目的。多路复用技术是多路信号在一个通信站的中频信道上的复用,以达到两个站之间多路通信的目的。

为了保证通过同一通信卫星进行通信的多个地球站的信号之间不相互干扰,就必须让各地球站发出的信号与其他地球站发出的信号之间有比较明显的区别,一般可以考虑从信号的频率、通过时间、信号波束方向和数字信号的码型等方面进行区分,相应地就产生了频分多址(FDMA)、时分多址(TDMA)、空分多址(SDMA)和码分多址(CDMA)等多址连接方式。

9.3.1　频分多址(FDMA)方式

所谓频分多址连接方式,就是按照给不同的地球站分配不同的射频信号频率的方式以区别各自站址的一种多址连接方式。其基本原理是把卫星转发器的可用频带分割成互不重叠的子频带,并在各子频带间预留保护频带。然后把各子频带分配给不同的地球站做载波使用,从而达到区分各地球站的目的。频分多址连接方式如图 9.6 所示。

图 9.6 中的 $f_1, f_2, \cdots, f_k$ 是各地球站发射的载波频率,B_{sat} 是卫星转发器的带宽。频分多址方式是最早投入应用的一种多址通信方式,由于可以直接采用微波中继通信的成熟的技术和设备,具有设备简单、不需要网同步等优点,但也有一些固有的缺点,如容易产生互调干扰和串话。

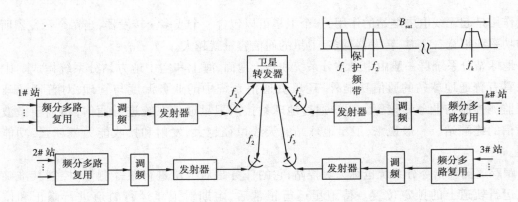

图 9.6　频分多址连接方式示意图

频分多址又可分为多种：

（1）预分配-频分多址（FDM-FM-FDMA）方式

最早使用的频分多址方式是预分配-调频-频分多址（FDM-FM-FDMA）。它是按频率划分，把各地球站发射的信号配置在卫星频带的指定位置上。为了使各载波间互不干扰，它们的中心频率必须有足够的间隔，而且要留有保护频带。这种方式具有技术成熟、设备简单、不需网同步、工作可靠、可直接与地面频分制线路接口、大容量工作时线路效率较高等优点，特别适用站少而容量大的工作场合。但因转发器要同时放大多个载波，而容易产生交调干扰。为了减少交调干扰，只有降低转发器功率运用，而降低了卫星通信的容量。同时各上行信号功率电平要求基本一致，否则会引起强信号抑制弱信号的现象，导致大小站之间不易兼容，以及需要保护频带，使频带利用不充分。

（2）单路单载波-频分多址（SCPC-FDMA）方式

SCPC-FDMA 方式是在每一载波上只传输一路电话，因此又称为单路单载波。这种方式采用了"话音激活"（或称为"话音开关"）技术，不讲话时关闭载波，有话音时才发射载波，从而节省卫星功率，增加卫星通信容量。由于各载波独立工作，可以在一部分载波上进行模拟调制，在另一部分载波上进行数字调制，从而实现数模兼容，提高使用的灵活性。这种系统设计简单、经济灵活、线路易于改动，特别适合站址多、业务量少的场合使用。

单路单载波方式系统既可以采用预分配方式，也可以采用按需分配方式。"单路单载波-脉冲编码调制-按需分配-频分多址"（SPADE）系统就是采用按需分配方式的典型代表。

（3）PCM-TDM-PSK-FDMA 方式

这是一种首先将话音信号进行脉冲编码调制（PCM），然后进行时分多路复用（TDM），使之变成 PDH 系列或 SDH 系列的数字信号，之后进行相移键控调制（PSK），最后以频率区分不同站址（FDMA）的多址通信方式。

9.3.2　时分多址（TDMA）方式

时分多址方式就是利用时间间隙来区分地球站的站址，各地球站的信号只能在规定的时隙通过卫星转发器，系统组成如图 9.7 所示。从图 9.7 中可以看出，一个地球站发射一次信号所占用的时间称为一个时隙，各地球站工作的时隙分别是 ΔT_1，ΔT_2，$\cdots$，ΔT_k，它们按顺序排列,互不重叠,共同组成一个 TDMA 帧。

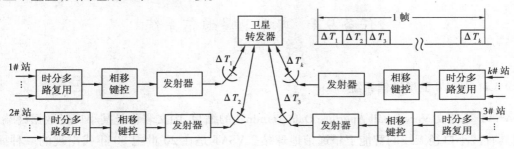

图 9.7 时分多址连接方式示意图

采用 TDMA 方式工作时,转发器在每一时刻转发的都只是一个地球站的信号,这就允许每个地球站使用相同的载波频率,并可利用转发器的整个带宽。在采用单载波工作时,不存在 FDMA 的交调问题,从而可以允许行波管工作在饱和状态,有效地利用卫星转发器的功率和容量。

为使 TDMA 系统中各地球站能够按照指定的时隙传送信号,就需要一个时间基准。一般会安排某个地球站作为基准站,它周期性地向卫星发射射频脉冲信号,通过卫星转发给其他所有地球站,作为系统内各地球站共同的时间标准。各地球站以此为标准,按分配的时隙向卫星发射载波。

9.3.3 码分多址(CDMA)方式

码分多址方式就是利用发射信号的码型来区分各地球站的站址。前面介绍的 FDMA 和 TDMA 方式比较适合于大中容量的干线通信。对于容量小又要求与其他许多地球站进行通信的系统(如军事通信、移动通信等)来说,采用码分多址方式较为适合。

在 CDMA 方式中,每一地面站的发射时间都是任意的,同时所发射的信号往往占用转发器的全部频带,各站所发射信号的时间和频率均可以重叠,各地球站依据码型的不同来区分各自的信号。某一特定码型的信号只有与之相匹配的接收机才能检测出来。

在 CDMA 方式中,目前常用的有两种类型:一种是伪随机码扩频多址(CDMA/DS)方式,又称为直接序列码分多址方式;另一种是调频码分多址(CDMA/FH)方式。

CDMA 方式已在移动通信领域中得到广泛的应用,其工作原理将在介绍移动通信时加以讨论。

9.3.4 空分多址(SDMA)方式

所谓空分多址方式,就是以通信卫星天线不同的波束空间指向来区分不同地球站的站址。各地球站发射的电波在空间上不相互重叠,这样,在不同的区域内各地球站可以同时使用相同的频率工作,而相互之间不会造成干扰,使频率、时间都可以再用,从而可以容纳更多的用户。

空分多址方式有很多优点,如卫星天线增益高,转发器功率可以得到充分的利用,可以与其他多址方式结合使用,提高频带的利用率。但这种方式对卫星的稳定性及姿态控制均有很高的要求,使得卫星的天线和馈线装置比较复杂,一旦出现故障,修复难度较大。

任务 9.4　典型卫星通信系统

9.4.1　VSAT 卫星通信系统

VSAT 是英文 Very Small Aperture Data Terminal 的缩写,中文名称是甚小口径数据终端,是一种具有甚小口径天线的智能卫星通信地球站。VSAT 是在 20 世纪 80 年代出现的一种面向个人用户的新型卫星通信系统,用以支持大范围内的单向或双向综合电信和数据业务。它的出现是卫星通信技术的重大突破,改变了当时卫星通信行业的产品结构和规模,形成了新的组网概念。与传统的卫星通信系统相比,VSAT 网络具有以下特点:

①主要使用 K_u 波段工作,所以天线口径小,设备体积小,重量轻,耗电少,成本低,使用维护简便。可以很方便地安装在家庭或办公室的合适地点,如庭院、阳台、屋顶等处。

②组网灵活,接续方便。可以根据用户需要组合成各种拓扑结构的网络。同时为用户提供多种通信规程与接口,可满足用户新增设备接入的需要。

③智能化管理。VSAT 将通信和计算机技术有机地结合在一起,在中枢站设有主计算机,各 VSAT 小站有小型计算机或微处理器。中枢站通过管理软件对整个 VSAT 通信系统进行管理和控制,可以改变通信网络的结构和容量,对关键电路进行监测和控制。实现网络的智能化管理。

④能满足话音、数据、图像、传真等多种通信业务的需要。

⑤可以方便地建立直接面对用户的通信线路,特别适合于用户分散、业务量适中的边远地区以及用户终端分布范围广的专用和公用通信网。

VSAT 卫星通信系统的组成如图 9.8 所示,通常由一个大型中枢站、通信卫星和大量的 VSAT 小站协同工作,组成 VSAT 网。

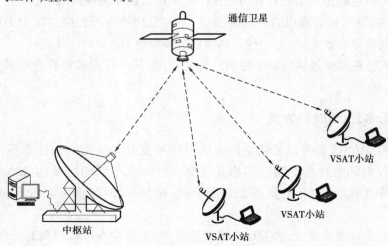

图 9.8　VSAT 卫星通信系统组成示意图

中枢站(Hub earth ststion)也称为主站、中心站、中央站等,是 VSAT 网络的心脏。它与普通卫星通信地球站一样,使用大型天线,并配备有高功率放大器、低噪声放大器、上/下变频器、调制解调器及数据接口设备等。为了对全网进行监测、管理、控制和维护,一般在中枢站内设有网络控制中心,以完成对包括中枢站和各小站在内的所有地球站的工作状况的实时监测与诊断,测试信道质量,负责信道分配、计费等工作。

VSAT 小站由小口径天线、室外单元和室内单元组成。室外单元主要由功率放大器、低噪声放大器、上/下变频器、本振及正交模式转换器等组成。为减少高频馈线的噪声温度,一般把这部分电路安装在室外,故称为室外单元。室内单元包含了两个功能模块:中频调制解调器和基带处理器,中频调制解调器和室外单元相连,基带处理器与用户数据终端相连。

VSAT 通信卫星通常是 K_u 波段(或 C 波段)同步卫星。因为卫星转发器的造价较高,为节约成本,可以采用租用转发器的方式。而地面终端可以根据所用转发器进行设计与配置。

9.4.2　INTELSAT 卫星通信系统

国际通信卫星组织 INTELSAT(International Telecommunication Satellite Organization)是世界上最大的商业卫星组织。目前有 141 个成员国,拥有 25 颗世界上最先进的连接全球进行商业运作的静止轨道卫星通信系统,可为约 200 个国家和地区提供相应国际/区域/国内卫星通信综合业务,具有参与全球竞争的丰富运营经验与财力。该组织积极引入各类卫星通信新业务、新技术,有效地利用卫星轨道、频谱及空间段,以其最佳服务和可靠性誉满全球。INTELSAT 卫星通信系统提供的业务种类有:

①电话业务。电话是卫星通信系统最早提供的业务,容量增长很快。1965 年第一颗晨鸟(Early Bird)卫星仅能提供 240 条电话通道,INTELSAT 第八代卫星和更新一代卫星能提供几十万条电话通道。

②视频广播业务。几乎所有的国际电视节目的传输都是由 INTELSAT 所承担的。在全球视频广播业务方面,INTELSAT 拥有世界上最强的实力。亚特兰大奥运会期间,INTELSAT 投入了 13 颗卫星全力以赴进行 360°连接全球节目快速实时广播,使全球 35 亿电视观众大饱眼福,INTELSAT 卫星系统的优良传输性能对此作出了卓越的贡献。1993 年,INTELSAT 首先在丹麦格陵兰地区大面积成功地使用了传输带宽仅为 5 MHz 的数字压缩电视广播系统。INTELSAT 的数字电视业务带宽需求范围可以从 100 kHz 扩展至 72 MHz,从静止图像、会议电视、卫星新闻采集(SNG),直至 HDTV。

③商业业务。IBS(INTELSAT Business Service)是为满足商业通信的特殊需要而设计的,它是一个数字业务系统。该系统业务包括可视会议电话,高速、低速传真,高速、低速数据,分组交换,电子邮件、电子商务等。很多应用要求高质量的图像和视频。

④多媒体业务。话音、数字形式的视频、音频、数据、文本或图像等各种形式的信息的组合,通常称为多媒体,通过卫星能够以效益高而成本低的方式传送。多媒体非常有益于学校、医院、政府、公司、贸易、工业和乡村社区。如远程教育、远程医疗、电子商务等。亚太地区卫星通信委员会在 1999 年 5 月就多媒体应用办了一次强化培训班。此后,于 1999 年 10 月召开了"通过卫星提供多媒体应用业务的 Internet 协议"区域专家会议,并在 2000 年 3 月提出了"通过卫星的多媒体应用"研究课题。

INTELSAT 新一代卫星系统中引入了宽带 ISDN 同步传输所需的编码调制新技术,以便使卫星电路能支持全球信息高速公路(亦称其为国际信息基础设施)的运行。这一编码调制新技术突破了原有四状态传输的 QPSK 调制模式,上升为 8PSK 调制,并利用多维(6 维)网格编码调制与 R-S(里德-所罗门)外码技术级联,构成功率、频谱利用非常紧凑的有效传输手段。其可支持在一个 72 MHz 标准卫星转发器中传输 B—ISDN/SDH STM-1 的 155 Mb/s 的高速率综合业务,并且运行误码率可低达 10^{-10},即可与光纤传输质量相比拟,亦可利用 ATM 传输以满足未来高速多媒体数据业务的需求。借助这一传输技术,一个单一 INTELSAT 转发器可传输 10 路数字高清晰度电视节目或 50 路常规广播质量的数字电视业务。

这类编码调制技术手段将在 INTELSAT 未来 HDR(高速率数字载波)、IDR(中速率数字载波)、SIBS(超级 INTELSAT 商用专线业务)、SDH/ATM 等高质量新业务传输中全面推广应用。而且,在 INTELSAT 的积极倡导与推进下,ITU-T/R 已建议形成了卫星 SDH 的一整套同步数字传输系列。

为适应未来竞争的需要,INTELSAT 根据其实际市场需求,将在 21 世纪初发射 FOS-2 这一世界上最大的静止轨道卫星。它具有 92 个 36 MHz 转发器单元(C 频段 74 个、K_u 频段 18 个),可提供各类 SDH/ATM 综合业务,以逐步替代进入倾轨状态的第 6 代卫星系列。从频段扩展方面来看,INTELSAT 拟采取逐步演进方式,即自然地根据市场需求由 C/K_u、K_u/K_a 向纯 K_a 频段方向迈进。此外,面对复杂的全球电信竞争环境,INTELSAT 一方面进行其自身改革,加强其快速市场响应能力,建立区域支持中心,另一方面拟对视频业务等接近用户的新业务,建立其新的子公司进行运营,加强其竞争灵活性,以期巩固其在卫星通信领域中的主导地位。

9.4.3 INMARSAT 卫星通信系统

国际移动卫星组织 INMARSAT(International Mobile Satellite Organization),前身是国际海事卫星组织 INMARSAT(International Maritime Satellite Organization),成立于 1979 年 7 月,总部设在英国伦敦,中国是创始成员国之一。我们知道,航海通信具有流动性大、范围广的特点。在卫星通信出现以前只能依靠中、短波作为主要通信手段。自 20 世纪 60 年代中期卫星通信正式使用之后,使航海通信的问题得到根本解决。早在 20 世纪 60 年代末,美国的一些公司就曾先后利用 ATS-1、ATS-3 卫星对飞机和商船进行了试验,并取得成功。1971 年,国际电信联盟决定将 L 波段中的 1 535~1 542.5 MHz 和 1 635.3~1 644 MHz 共 16 MHz 分配给航海卫星通信业务。1976 年,美国通信卫星公司(COMSAT)建立了第一个海事卫星通信网——MARISAT,并为海洋船只提供实时和准实时高质量通信业务。在同一时期,国际航海协商组织(IMCO)也着手筹建国际海事卫星通信网的工作,到 1979 年 7 月,正式成立了国际海事卫星组织,并建立了相应的国际海事卫星通信网。1994 年 12 月改名为国际移动卫星组织,英文缩写不变。

INMARSAT 目前拥有 79 个成员国,约在 143 个国家拥有 4 万多台各类卫星通信设备,最初目的是通过卫星为航行在世界各地的船舶提供全球通信服务。近几年,INMARSAT 已将通信服务范围扩大到陆地移动车辆和空中航行的飞机,成为唯一的全球海上、空中和陆地商用及遇险安全卫星移动通信服务的提供者。

INMARSAT 系统主要由空间段、网络控制中心、网络协调站、陆地地球站和移动地球站组成。其中空间段由位于赤道上空 35 780 km 静止轨道的 4 颗工作卫星和一些备用卫星组成。

工作卫星覆盖的特定区域为：大西洋东区（AOR-E）、大西洋西区（AOR-W）、太平洋区（POR）和印度洋区（IOR）。国际海事卫星已经发展了三代，目前服务的卫星属于第三代 INMARSAT-3。网络控制中心位于英国伦敦 INMARSAT 总部的大楼内，它的任务是监视、协调和控制 IN-MARSAT 网络中所有卫星的工作运行情况。每个洋区分别有一个岸站兼作网络协调站（NCS），该站作为接线员对本洋区的移动地球站（MES）与陆地地球站（LES）之间的电话和电传信道进行分配、控制和监视。陆地地球站简称地球站，其基本作用是经由卫星与船站进行通信，并为船站提供国内或国际网络的接口。INMARSAT 系统的每个地球站都有一个唯一的与之关联的识别码。移动地球站是指 INMARSAT 系统中所有的终端系统，用户可通过所选的卫星和地球站与对方进行双向通信。

（1）INMARSAT 海事卫星通信系统

INMARSAT 海事卫星通信系统是利用 INMARSAT 卫星向海上船只提供通信服务的系统。由 INMARSAT 卫星、岸站、船站、网络协调站和网络控制中心组成。卫星与船站之间采用 L 频段，卫星与岸站之间采用双重频段（C 和 L 频段），数字信道采用 L 频段，调频信道采用 C 频段。系统内信道的分配和连接均受岸站和网络协调站的控制。

1）卫星

INMARSAT 采用 4 颗同步轨道卫星重叠覆盖的方法覆盖地球。4 个卫星覆盖区分别是大西洋东区、大西洋西区、太平洋区和印度洋区。目前使用的是 INMARSAT 第三代卫星，拥有 48 dBW 的全向辐射功率，比第二代卫星高出 8 倍。每一颗第三代卫星有一个全球波束转发器和 5 个点波束转发器。由于点波束和双极化技术的引入，使得在第三代卫星上可以动态地进行功率和频带分配，从而让频率的重复利用成为可能，大大提高了宝贵的卫星倍道资源的利用率。为了保证移动卫星终端可以得到更高的卫星 EIRP，相应降低了终端尺寸及发射电平，IN-MARSAT-4 系统通过卫星的点波束系统进行通信，几乎可以覆盖全球所有的陆地区域（除南北纬 75°以上的极区）。

2）网络控制中心

网络控制中心（NOC）设在伦敦国际移动卫星组织总部，负责监测、协调和控制网络内所有卫星的操作运行。依靠计算机检查卫星工作是否正常，包括卫星相对于地球和太阳的方向性，控制卫星姿态和燃料的消耗情况，各种表面和设备的温度，卫星内哪些设备在工作以及哪些设备处于备用状态等。同时网络控制中心对各地球站的运行情况进行监督，协助网络协调站对系统有关的运行事务进行协调。

3）网络协调站

网络协调站（NCS）是整个系统的一个重要组成部分。在每个洋区至少有一个地球站兼作网络协调站，并由它来完成该洋区内卫星通信网络必要的信道控制和分配工作。大西洋区的 NCS 设在美国的 Southbury，太平洋区的 NCS 设在日本的 Ibaraki，印度洋区的 NCS 设在日本的 Namaguchi。

4）M4 地球站

M4（Multi-Media Mini-M）地球站由各国 INMARSAT 签字建设，并由它们经营。它既是卫星系统与地面陆地电信网络的接口，又是一个控制和接入中心。

（2）INMABSAT 航空卫星通信系统

INMARSAT 航空卫星通信系统主要提供飞机与地球站之间的地对空通信业务。该系统由卫星、航空地球站和机载站 3 部分组成。卫星与航空地球站之间采用 C 频段,卫星与机载站之间采用 L 频段。航空地球站是卫星与地面公众通信网的接口,是 INMARSAT 地球站的改装型;机载站是设在飞机上的移动地球站。INMARSAT 航空卫星通信系统的信道分为 P,R,T 和 C 信道,P,R 和 T 信道主要用于数据传输,C 信道可传输话音、数据、传真等。

航空卫星通信系统与海上或地面移动卫星通信系统有明显差异,例如飞机高速运动引起的多普勒效应比较严重、机载站高功率放大器的输出功率和天线的增益受限,以及多径衰落严重等。因此,在航空卫星通信系统设计中,采取了许多技术措施,如采用 C 类放大器提高全向有效辐射功率(EIRP);采用相控阵天线,使天线自动指向卫星;采用前向纠错编码、比特交织、频率校正和增大天线仰角,以改善多普勒频移和多径衰落的影响。

目前,支持 INMARSAT 航空业务的系统主要有以下 5 个:

①Aero-L 系统:低速(600 bit/s)的实时数据通信,主要用于航空控制、飞机操纵和管理。

②Aero-I 系统:利用第三代 INMARSAT 卫星的强大功能,并使用中继器,在点波束覆盖的范围内,飞行中的航空器可通过更小型、更廉价的终端获得多信道话音、传真和电路交换数据业务,并在全球覆盖波束范围内获得分组交换的数据业务。

③Aero-H 系统:支持多信道话音、传真和数据的高速(10.5 kbit/s)通信系统,在全球覆盖波束范围内,用于旅客、飞机操纵、管理和安全业务。

④Aero-H+系统:是 H 系统的改进型,在点波束范围利用第三代卫星的强大容量,提供的业务与 H 系统基本一致。

⑤Aero-C 系统:它是 INMARSAT-C 航空版本,是一种低速数据系统,可为在世界各地飞行的飞机提供存储转发电文或数据报业务,但不包括航行安全通信。

目前,INMARSAT 的航空卫星通信系统已能为旅客飞机操纵、管理和空中交通控制提供电话、传真和数据业务。从飞机上发出的呼叫,通过 INMARSAT 卫星送入航空地球站,然后通过该地球站转发给世界上任何地方的国际通信网络。

小　结

1.利用微波(频率在 300 MHz~300 GHz 范围内)完成的通信就称为微波通信。微波的传播特性是直线传播,即所谓的视距传播。视距通常在 50 km 之内,所以为完成长距离通信,通常采用中继接力方式传输。

2.使用通信卫星作为中继站来完成的微波中继通信方式称为卫星通信,用于实现通信转发功能的人造地球卫星简称通信卫星。一个卫星通信系统通常由空间分系统、地球站分系统、跟踪遥控指令分系统和监控管理分系统四大部分构成。

3.通信卫星按结构可分为有源卫星和无源卫星两种,按运行轨道划分可分为同步卫星(静止卫星)和异步卫星(运动卫星)两类。按卫星运行轨道距离地面的高低可以将卫星分为高轨道卫星(高度大于 20 000 km)、中轨道卫星(高度在 5 000 km 到 20 000 km 之间)和低轨道卫星(高度在 5 000 km 以下)。

4.卫星通信的多址连接方式有频分多址(FDMA)、时分多址(TDMA)、空分多址(SDMA)和码分多址(CDMA)等方式。

思考与练习 9

9.1　卫星通信与微波中继通信有何关系？

9.2　简述卫星通信系统的构成及工作原理。

9.3　通信卫星主要有哪几个种类？分别加以说明。

9.4　卫星通信系统由哪几个分系统组成？试分别说明各自的作用。

9.5　什么是多址连接？卫星通信中有几种多址连接方式？各有什么特点？

项目 ***10***

光纤通信系统

【项目描述】

本项目介绍光纤通信系统的基础概论、系统组成和工作原理,以及通信用光器件、光端机的原理与应用,简单讨论光纤通信系统的发展方向。

【项目目标】

知识目标:

- 了解光纤通信的特点与应用;
- 了解光纤与光缆的原理与结构;
- 了解几种通信用光器件的基本原理与用途;
- 了解光端机的原理与应用;
- 了解光纤通信的发展趋势。

技能目标:

- 掌握光纤、光缆、光器件和光端机等基本工作原理。

【项目内容】

任务 10.1　光纤通信系统概论

电通信是以电作为信息载体实现的通信,光通信则是以光作为信息载体而实现的通信。与电通信类似,光通信也可以分称"无线通信"和"有线通信"两类,前者是以大气作为信息传递的导波介质;后者则是以光纤作为信息传递的导波介质。

所谓光纤通信就是以光波作为信息载体,以光导纤维作为传输介质的通信技术。在最近的二十几年中,光纤通信得到了极大的发展,与卫星通信和微波接力通信一起,成为现代远距离干线通信的三大支柱。首先简单回顾一下光纤通信的发展历史,了解光纤通信的特点和应用的范围。

(1) 光纤通信的发展

无线的光通信方式在很久以前就已经得到了广泛的使用,如古代就有的"烽火台"和现代仍在使用的"旗语""信号灯"等。该方式由于传输的距离较近,受信道特性影响较大等原因,现在已基本上被淘汰。只在海军舰艇间联络等个别情况下有一些应用。

而光纤通信作为一种新的通信方式,其大规模应用的时间虽然很短,但是却给世界通信业带来了巨大的变化。其实早在 1880 年贝尔就发明了以光作为载体来传输话音的"光电话",但由于光源和传输介质均不能达到理想的要求,使得"光电话"始终没有真正地投入使用,其后的光通信技术基本上就处于停滞状态。但"光电话"证明了光通信的可能性,其设计思想奠定了现代光通信的技术基础。

1960 年,美国人梅曼发明了第一台红宝石激光器,由于激光具有波谱宽度窄、方向性极好、亮度极高、频率和相位较一致等特点,而成为理想的光通信光源。使沉睡已久的光通信技术再次成为人们关注的焦点。但是由于当时未能找到合适的载体,使光通信并未真正地投入使用。

1966 年英籍华裔学者高锟(C. K. Kao)和霍克哈姆(C. A. Hockham)发表了一篇关于光传输介质的论文,指出了利用光纤进行信息传输的可能性和技术途径,奠定了光纤通信的基础。在此后的几年间,光导纤维的损耗从最初的 1 000 dB/km 以上开始迅速降低,1970 年研制成功损耗为 20 dB/km 的光纤;1972 年损耗降到了 4 dB/km,1973 年损耗降到 2.5 dB/km,1974 年损耗降低到 1.1 dB/km。1976 年光纤的损耗降到了 0.47 dB/km。在此后的十年间,波长为 1.55 μm 的光纤的损耗逐步降低,1999 年是 0.20 dB/km,1984 年是 0.157 dB/km,1986 年是 0.154 dB/km,已接近光纤损耗的最低理论极限值。

与此同时,光纤通信的光源也得到了实质性的发展。1970 年研制成功室温条件下连续振荡的镓铝砷(GaAlAs)双异质结半导体激光器(短波长),虽然只有短短几个小时的寿命,但其奠定了半导体激光器的发展基础,所以意义十分重大。此后半导体激光器的寿命逐步增加,1973 年寿命达到 7 000 h。1977 年寿命达到 10 万 h,完全满足实用化的要求。由于光纤和半导体激光器的技术进步,使 1970 年成为光纤通信历史上具有里程碑意义的一年。

此后光纤通信经历了试验、推广和大规模应用的 3 个阶段,从 1976 年的第一套实用光纤通信系统的现场试验开始,到 1980 年美国标准化 FT-3 光纤通信系统投入商业应用,到今天短短的 40 多年时间里,已形成了由若干海底光缆组成的包围全球的国际通信网和覆盖各国国内的干线光纤通信网。

(2)光纤通信的特点

光纤通信与以往传统的电缆通信或微波通信相比,具有以下特点:

1)通信容量大

载波的频率越高,通信容量就越大。因为目前用于光纤通信的光波频率比微波频率高 $10^3 \sim 10^4$ 倍,所以通信容量可增加 $10^3 \sim 10^4$ 倍。一根光纤至少可以同时传输 3 万多路电话。

2)传输损耗低

目前光纤的传输损耗已经可以做得非常小,在 1.31 μm 和 1.55 μm 时,损耗可降到 0.5 dB/km 和 0.154 dB/km。中继距离延长到 100 km,比微波中继和使用电缆、波导传输的中继距离大大延长。

3)泄漏小,保密好

光波在光纤中传输时几乎不向外泄漏,所以保密性能特别好。而且同一光缆中的几根光纤之间也不会发生串信。

4)抗干扰能力强

由于光纤是由非金属材料构成,所以光纤通信系统基本上不会受到各种电磁干扰的影响,特别适用于强电磁干扰环境的通信。

5）线径细、重量轻、便于敷设

光纤的线径比较细，一般单模光纤的外径约为 $100~\mu m$，每公里的重量仅 $40~g$，比起相同通信容量的电缆来说，其尺寸和重量都要小很多，便于运输和敷设。

6）资源丰富

制造光纤的材料是石英，其在地球上的含量十分丰富，几乎可以说是取之不尽，使用光纤可以节约大量的有色金属。

除了以上特点，光纤还具有抗化学腐蚀等优点。但是光纤也有一些诸如质地脆、强度低，切断、连接、分路、耦合的技术难度比较大等缺点。

（3）光纤通信的应用

光纤通信的应用范围主要有以下几个方面：

①通信网。通信网包括由横跨各大洋的海底光缆以及洲际光缆干线组成的全球通信网、各国的公共电信网以及国防、交通等特殊行业的专用通信网。

②构成计算机局域网和广域网。如光纤以太网、路由器之间的光纤高速传输链路。

③有线电视的干线和分配网，特种行业的监控系统、自动控制系统的数据传输。

④综合业务光纤接入网，分为有源接入网和无源接入网，可实现电话、数据、视频及多媒体业务综合接入，实现多样化的社区服务。

（4）数字光纤通信系统的组成

光纤通信系统按照传输信号的类型不同也可以分成模拟光纤通信系统和数字光纤通信系统。现行的光纤通信系统多采用数字光纤通信，所以本任务将以数字光纤通信作为主要的讨论对象。

光纤通信系统的基本组成如图 10.1 所示。主要由电端机（含发送与接收）、光端机（也包含发送与接收）、光中继器和光纤组成。根据所传输信号的类型不同，各部分的作用有一定的差异。但是不论数字光纤通信系统还是模拟光纤通信系统，其系统的基本结构大体上是一致的。下面以数字光纤通信系统为例，对各单元的作用和工作原理做一个简单的讨论。

图 10.1 光纤通信系统的基本组成

数字光纤通信系统中的电端机主要完成 PCM 复接和多路复用，将待传输的信号变换成多路复用的高次群码流，再进行 PAM 或 PWM 调制成电脉冲信号，然后通过激光二极管或发光二极管将该电脉冲信号变成光脉冲，将光信号耦合进入光通道（光纤），以光纤作为路径传送到接收端。如果传输路径较长，还应该在途中增加一个或若干个光中继器。到达接收端以后，通过光电监测器，将光信号还原成电信号，再经过与发送端相反的步骤，最后变换成与输入信号相同的输出信号。

任务 10.2　光纤和光缆

10.2.1　光纤

(1) 光纤的结构与分类

光纤是光导纤维的简称,其在光纤通信系统中的作用是在屏蔽外界干扰的情况下,以尽可能低的损耗和尽可能小的失真将光信号从一端传送到另一端。光纤是由高纯度的石英玻璃拉制而成,直径约为 125 μm,其结构如图 10.2 所示,由纤芯、包层和涂敷保护层组成,成品光纤在最外层往往还有包有缓冲层和套塑层,以保护光纤。纤芯和包层是两种不同折射率的石英玻璃,纤芯的作用是传导光,一般由高纯度的石英玻璃制作,折射率为 n_1。包层的作用是将光线封闭在纤芯中传输,一般由在石英玻璃中掺入一定掺杂剂制成,其折射率为 n_2,一般包层的折射率要小于纤芯的折射率,即 $n_1 > n_2$。所以,只要入射光的入射角足够小,就会在两种介质的分界面上产生全反射,光就会沿着光纤传输,即使经过弯曲的路径也不会产生泄漏。

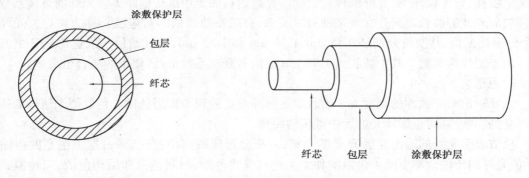

涂敷保护层
包层
纤芯

纤芯　包层　涂敷保护层

图 10.2　光纤结构

根据光纤断面折射率分布的不同,可以将光纤分为阶跃型光纤和渐变型光纤。阶跃型光纤的纤芯和包层的折射率在分界面上成阶跃型分布,界面非常清楚;渐变型光纤的纤芯和包层的折射率分布则呈抛物线型的渐变形式,界面不很分明,结构如图 10.3 所示。

光沿光纤传输时可能存在的电磁场分布形式称为传输模式。根据传输模式的数量分类,又可将光纤分为单模光纤和多模光纤。单模光纤是指只能传输一个最低模式(即基模 E_{11}),其他模式均截止的光纤。而其他光纤即使只传输一种模式,但只要不是基模 E_{11} 的就不能称为单模光纤。而多模光纤可以传输多个模式的光波,即传播的是一个模群。

上述两种光纤的外径均是 125 μm,单模光纤纤芯直径一般是 8~10 μm;多模光纤纤芯的直径一般是 50 μm。

(2) 光纤的传输特性

光纤的特性包括传输特性、光学特性、几何特性、机械特性和温度特性等,本任务仅介绍传输特性。光纤的传输特性主要包含损耗和色散两个指标。

1) 损耗

光信号在光纤中传输的时候有一部分光能会在传输的过程中被吸收或发生泄漏,从而使

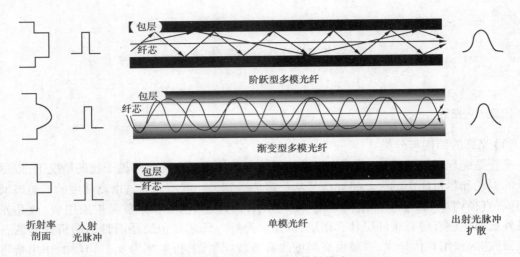

图 10.3　光纤剖面与光传播模式

光能减小,这就是光纤的损耗。光损耗是指光信号在光纤中传输每公里发生的损耗,用衰减系数来衡量光损耗的大小,单位为 dB/km。产生光损耗的原因很多,如吸收损耗、散射损耗、几何缺陷损耗、弯曲损耗等,光纤的损耗限制了光纤通信的无中继传输距离。光纤的衰减系数与所传输的光波的波长之间存在着某种对应关系,衰减系数较低的对应波长称为窗口。光纤有 3 个低损耗窗口,其波长分别是 0.85 μm、1.31 μm 和 1.55 μm,光纤通信一般选用这 3 个波长之一的光波作为载波。其中波长为 1.55 μm 的信号衰减系数最低,使用的场合也最多。

2)色散

光纤输出端光脉冲的宽度大于输入端光脉冲宽度的现象称为色散。色散使光信号的传输速率受到影响,同时也影响光的无中继传输距离。

色散表明光纤的输出光脉冲宽度变宽,一来会形成码间串扰,二来占据了更宽的传输频带,使光纤的传输效率下降。色散的种类主要有模式色散、材料色散和结构色散,三种模式中模式色散对脉冲展宽的影响最大。模式色散的形成原因是因为光纤中传输的不同模式的光波到达输出端的时间不同引起的。在多模光纤中,不同入射角的光会以不同的路径在光纤中传输,大入射角光的传输路径会长于那些小入射角光的传输路径。这样使同一个光脉冲到达输出端所经过的路径长度不同,造成光脉冲的宽度变宽,形成色散。而单模光纤的脉冲展宽主要受材料色散的影响,材料色散对脉冲展宽的影响比模式色散小很多,所以单模光纤的传输带宽要比多模光纤大很多。

光具有波粒二象性,可以看成是一种射线,也可以看成是一种电磁波。当分析光在阶跃型光纤内传输的模式时,可以把光看成射线,用纤芯和包层分界面上的全反射理论分析其导光原理。而当分析光在渐变型光纤中的导光原理时,由于这种类型光纤的纤芯与包层之间没有明显的折射率分界线,无法用全反射理论分析其导光原理,所以需要用电磁波的波动理论来进行分析。

光纤的不同传播模式造成的不同脉冲展宽现象如图 10.3 所示。从图中可以看出,阶跃型多模光纤的出射光脉冲的宽度最大,渐变型多模光纤的出射光脉冲的宽度略小,单模光纤的出射光脉冲的宽度最小。表明多模光纤的色散现象比单模光纤的严重得多,所以单模光纤的传输带宽要大于多模光纤的传输带宽。过去由于造价较高,单模光纤主要应用于长距离主干线和国际长途通信系统中。多模光纤的带宽虽然较窄，但是由于其纤芯的尺寸较大，便于连接，对四次群以下的系统还是比较适用的。现在随着技术的进步，单模光纤的造价越来越低，其应用范围越来越广，多模光纤已逐渐退出历史舞台。

10.2.2　光缆

前面讨论的光纤均是单根的裸光纤，具有线径小、强度差的缺点，不能满足工程安装的需要。在实际使用的过程中往往需要将若干根光纤按一定的方式加上护套和加强材料，在外层加上保护层共同组成光缆，使其具有一定的强度，并能适应不同的使用环境，以保证光纤通信系统稳定可靠地工作。

（1）光纤制成光缆的理由

对于裸光纤，对张力的承受能力很弱，使用中稍微大一点的张力就会使其断裂；裸光纤对弯折的承受力也很弱，转弯半径稍小即会折断；裸光纤的抗冲击能力也很弱，稍遇冲击即可能折断。所以，必须将若干根光纤按一定的方式加上护套和加强材料，在外层加上保护层以组成光缆，使其物理特性得到改善。同时，光缆中的金属线也可以起到传输部分电能的作用。

（2）制作光缆时应考虑的问题

首先要考虑的是机械强度问题，因为制成光缆的首要目的就是提高裸光纤的机械强度，提高其抗张力、抗冲击和抗弯折能力；其次需要考虑的是结构问题，这主要考虑到光缆在架空、水底、地下管道、甚至直接地下埋设等不同的使用环境的适应能力。这些措施一般包括添加金属支撑物、金属护套、塑料保护套、润滑油膏等。

（3）光缆的典型结构

具有代表性的通信光缆的结构有层绞式光缆、单位式光缆、骨架式光缆和带状式光缆。可根据不同的使用环境和要求选用不同结构的光缆。其中层绞式光缆是最经典的光缆，也是应用最广泛的光缆，其结构如图 10.4 所示。

图 10.4　层绞式光缆结构

限于篇幅，在此对其他类型光缆的结构不做详细讨论，有兴趣的读者可自行参阅相关资料学习。

任务 10.3　通信用光器件

10.3.1　光源

能够发出一定波长范围的光波（包括可见光与红外线、紫外线等）的物体统称为光源。其中可见光的波长范围是 $0.39 \sim 0.76\ \mu m$，红外线的波长范围是 $0.76 \sim 300\ \mu m$，紫外线的波长范围是 $6\ nm \sim 0.39\ \mu m$。目前光纤通信中使用的主要是近红外光，光源波长是 $0.85\ \mu m$、$1.31\ \mu m$ 和 $1.55\ \mu m$。

在光纤通信中，对光源的要求如下：

①发射光的波长应与光纤低损耗窗口一致，即中心波长应在 $0.85\ \mu m$、$1.31\ \mu m$ 或 $1.55\ \mu m$ 附近。光谱单色性要好，即谱线宽度要窄，以减少光纤色散对带宽的限制。

②电-光转换效率要高，即要求在足够低的驱动电流下，有足够大而稳定的输出光功率，且线性良好。发射光的方向性要好，以利于提高光源与光纤的耦合效率。

③允许的调制码速率要高或响应速度要快，以满足系统大容量传输的要求。

④发光器件的温度稳定性好、可靠性高、寿命长。

⑤体积小、重量轻、安装使用方便、价格便宜。

根据以上要求，目前在光纤通信中使用最多的光源有发荧光的半导体发光二极管 LED（Light-Emitting Diode）和发出激光的半导体激光二极管 LD（Laser Diode）两种。此外还有一些应用较少的非半导体光源，如固体激光器、气体激光器等。

（1）半导体激光二极管 LD

半导体激光二极管 LD 是光纤通信中应用最多的两大类光源之一，具有发光功率大（亮度高）、发射方向集中（方向性好）、谱线宽度窄（单色性好）和相干性优越等优点，适合于大容量、长距离通信。

半导体激光二极管根据各种不同的条件可以进行不同的分类。如根据内部结构不同，可分为异质结激光器和条形结构激光器；根据采用的半导体材料不同，可分为 GaAlAs/GaAs 激光器和 InGaAsP/InP 激光器；根据发出的光波长不同，可分为可见光激光器和远红外激光器；根据输出模式的数量可分为单模激光器和多模激光器；根据发光原理可分为分布反馈激光器和量子阱激光器；根据激光的出射方向的不同可分为表面发射激光器和微腔激光器等类型。

在半导体激光器件中，性能较好，应用较广的是具有双异质结的电注入式 GaAs 二极管激光器。其结构如图 10.5 所示。

图 10.5（a）为激光二极管的符号，与结构无关。图 10.5（b）为短波长双异质结激光二极管的结构。图中上下两个电极分别为激光二极管的正负极，①②③区域分别为 3 种不同类型的半导体材料，其中的①②之间和②③之间分别构成了两个异质结，所以称为双异质结激光二极管。①区和③区是限制层，能将电子和光子限制在有源层②区中。而高能级的电子在有源层②区中跃迁到低能级与空穴结合，从而释放出光子，发生自发辐射发光。在有源层②区的两侧分别安装了两块平行的反射镜（一块是全反射镜，另一块是半反射镜）组成谐振腔。在自发辐

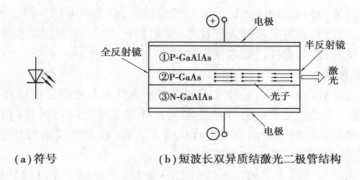

(a) 符号   (b) 短波长双异质结激光二极管结构

图 10.5   半导体激光二极管

射发光过程中,产生的向着侧面的光子被两个限制层①区和③区吸收,而方向与两块反射镜表面垂直的光子则在谐振腔的两块反射镜之间来回反射,这是一种正反馈,最后形成稳定的激光振荡,其能量不断增强,达到一定的能级后从半反射镜中射出稳定的激光束。

(2)半导体发光二极管 LED

发光二极管 LED 是光纤通信中应用较多的另一类光源,具有结构简单、成本低廉、价格便宜、对温度不太敏感、线性好等特点,适合于中低速近距离和模拟传输。

发光二极管的发光原理与激光二极管的相同,所用的材料也是一样的,不同的是结构上激光二极管有谐振腔,而发光二极管没有。LD 发出的是激光,而 LED 因为没有谐振,只有自发辐射,所以发出的是荧光。由于没有谐振腔,发出的是多频光,光谱宽度较大(30~40 nm),发散角较大,达 40°~120°。常用的 LED 有两类:表面发光二极管和边发光二极管。

10.3.2   光检测器

光检测器是实现光-电转换的关键器件,其作用是在光接收机或中继器中,将接收到的光信号转换成电信号,目前用于光纤通信系统的光检测器有 PIN 光敏二极管和雪崩光敏二极管(APD)。光检测器的性能,特别是响应度和噪声直接影响光接收机的灵敏度。对光检测器的要求如下:

①波长响应要和光纤低损耗窗口一致。

②响应度高,在一定的接收光功率下,能产生最大的光电流。

③响应速度快,满足高速数据流的传输要求。

④噪声要尽可能低,能接收极微弱的光信号。

⑤具有良好的温度特性及稳定性。

⑥性能稳定、可靠性高、寿命长、功耗和体积小。

光检测器通常按工作的光电效应分为两类,一类是按外光电效应工作的,如光电倍增管;另一类是按内光电效应工作的,如半导体光电二极管。发生外光电效应时,入射光的能量很大,能将光敏材料的内部电子激发到材料的外面来,这些电子称为光电子。而发生内光电效应时,入射光的能量较小,并不能直接激发出光电子,而仅能将部分的内部电子从较低能级提升到较高能级。

10.3.3   光无源器件

一个完整的光纤通信系统,除光纤光缆和光有源器件之外,还需要许多光无源器件,这些器件对光纤通信系统的构成,功能的扩展或性能的提高,都是不可缺少的。虽然对各种器件的特性有不同的要求,但是普遍要求插入损耗小,反射损耗大,工作温度范围宽,性能稳定,寿命长,体积小,价格便宜,许多器件还要求便于集成。

(1)连接器和接头

光纤的连接通常有两种方法,一种是需要将两根光纤永久地固定连接在一起时,一般采用熔接的方法,形成一个光纤接头。另一种是实现光纤与光纤之间可拆卸(活动)连接的器件,主要用于光纤线路与光发射机输出或光接收机输入之间,或光纤线路与其他光无源器件之间的连接,主要由光纤连接器实现。

接头是实现光纤与光纤之间的永久性(固定)连接,主要用于光纤线路的构成,通常是使用光纤熔接机在工程现场实施。热熔接的光纤接头的平均损耗一般小于 0.05 dB/个。

连接器是光纤通信领域最基本、应用最广泛的无源器件,根据所连接的光纤数量可分为单纤(芯)连接器和多纤(芯)连接器两种。其特性主要取决于结构设计、加工精度和所用材料。

单纤连接器结构有许多种类型,其中精密套管结构设计合理、效果良好,适宜大规模生产,因而得到很广泛的应用,精密套管连接器的结构简图如图 10.6 所示。其包括用于对中的套管、带有微孔的插针和端面的形状(图中画出的端面是平面)。光纤固定在插针的微孔内,两支带光纤的插针用套管对中实现连接,要求光纤与微孔、插针与套管精密配合。对低插入损耗的连接器,要求两根光纤之间的横向偏移在 1 μm 以内,轴线倾角小于 0.5°,普通的 FC 型连接器,光纤端面为平面。对于高反射损耗的连接器,要求光纤端面为球面或斜面,实现物理接触(PC 型或 APC 型)型,如图 10.7 所示。PC 型和 APC 型连接器可以大幅度提高反射损耗,抑制反射波对光源的影响。

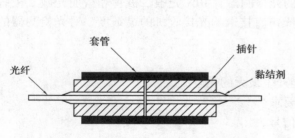

图 10.6　精密套管光连接器结构简图

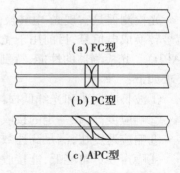

(a)FC型

(b)PC型

(c)APC型

图 10.7　光连接器的光纤端面

套管和插针的材料一般可以用铜或不锈钢,但插针材料用 ZrO_2 陶瓷最理想,ZrO_2 陶瓷机械性能好、耐磨,热膨胀系数和光纤相近,使连接器的寿命(插拔次数)和工作温度范围(插入损耗变化 ± 0.1 dB)大大改善。

(2)光耦合器与光隔离器

耦合器是一种重要的光无源器件,其功能是把一个输入的光信号分配给多个输出,或把多个输入的光信号组合成一个输出,这种器件对光纤线路的影响主要是附加插入损耗,还有一定的反射和串扰噪声,耦合器大多与波长无关,与波长相关的耦合器称为波分复用器/解复用器。

常用的耦合器有 T 形耦合器、星形耦合器、定向耦合器等类型,它们有其各自不同的功能与作用,可根据需要选用。

光隔离器是一种能够保证光波只能正向传播的器件,主要放在激光器或光放大器的后面,以避免光纤中由于各种因素产生的反射光再次进入激光器而使激光器的性能变差。

光耦合器与光隔离器的应用可以在图 10.11 所示的掺铒光纤放大器(EDFA)中看到具体的呈现。

(3)光环形器

光环形器与光隔离器的工作原理基本相同,只是光隔离器一般是两端口器件,而光环形器则为多端口器件,如图 10.8(a)所示,典型如 3 个端口光环形器,当光从 1 端口输入时,光几乎无损地从 2 端口输出,其他端口几乎没有光输出;当光从 2 端口输入时,光几乎无损地从 3 端口输出,其他端口几乎没有光输出;当光从 3 端口输入时,光几乎无损地从 1 端口输出,其他端口几乎没有光输出;以此类推,对于有 N 个端口的光环形器,每一个端口输入的光信号均会无损地传输到下一个端口输出,从而形成一个环形的连续通道。

光环形器用于双向光纤通信系统中时,作为一种关键器件,可以完成正反向传输光的分离任务,如图 10.8(b)所示。

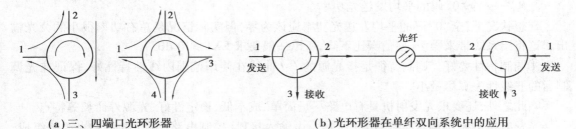

(a)三、四端口光环形器　　　　　(b)光环形器在单纤双向系统中的应用

图 10.8　光环形器的原理与应用

(4)光开关

光开关是一种重要的光无源器件,它能够控制光信号的通断或光路的切换,其在光网络中的作用是转换光路,实现光交换。

光开关一般分为机械开关和电子开关两类。机械式光开关是利用电磁铁或步进电机驱动光纤、棱镜或反射镜等光学元件实现光路转换。这类开关的优点是插入损耗小,串扰小,适合各类光纤,技术成熟。缺点是开关速度慢,体积较大,不利于集成化;电子式光开关则是利用电光效应、磁光效应或声光效应来实现光路转换。与机械式光开关的特点相反,电子式光开关的优点是开关速度快,体积小,便于集成化。而缺点则是插入损耗大,串扰大,只适合于单模光纤。

除了以上这些,还有许多其他的光无源器件,如光衰减器、光波长转换器、光滤波器等。

任务 10.4　光端机

光端机是光发射机和光接收机的总称,其主要功能是完成光-电和电-光的转换。由于光纤通信一般都是双向的,所以光发射机和光接收机往往都是做在一起的。光端机除了可以发射与接收光波之外,还具有一些辅助功能,如公务联络、监控、告警、倒换、区间通信等。

10.4.1 光发射机

光发射机的作用是将电信号转变成光信号,然后送入光纤中发射出去。对光发射机的要求有:

①有合适的输出光功率。光发射机的输出光功率是指耦合进光纤的功率,也称为入纤功率。入纤功率越大,可传输的距离越长,但太大的功率也会使光纤工作在非线性状态,对通信产生不好的影响。所以,光发射机的输出功率 0.01～5 mW 是比较合适的安排。

②高度稳定的输出光功率。光发射机的输出光功率最好能够保持在 5%～10% 的稳定度,以使光发射机的工作状态稳定。

③有较好的消光比。所谓消光比是指全"1"码的平均发送光功率和全"0"码的平均发送光功率之比,如式(10.1)所示:

$$EXT = 10 \lg \frac{P_{11}}{P_{00}} \quad (dB) \tag{10.1}$$

式中　P_{11}——全"1"码的平均发送光功率;

　　　P_{00}——全"0"码的平均发送光功率。

理想状况下,全"0"码的平均发送光功率应该为零,但实际情况是总有功率很小的荧光输出。这将给系统带来噪声,使信噪比下降,所以一般要求 $EXT \geqslant 10$ dB。

④调制特性要好。调制特征是指光源的 *P-I* 曲线在使用范围内线性特性好,保证在光调制后的非线性失真尽量小。

除此之外,还要求光发射机具有电路尽量简单、成本低、稳定性好、光源寿命长等特点。

光发射机的基本组成如图 10.9 所示。由输入接口、控制电路、驱动电路和光源等组成。前面三个部分主要完成把电信号转换成合适的驱动信号,以驱动光源发光的任务。而光源是实现电-光转换的关键器件,在很大程度上决定着光发射机的性能。

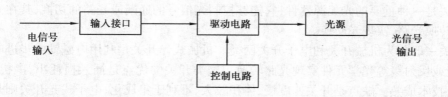

图 10.9　光发射机的基本组成

10.4.2 光接收机

光接收机的作用是把从光纤传来的光信号恢复成原来的电信号,数字光接收机的基本组成如图 10.10 所示,由光检测器、前置放大、主放大器、均衡滤波、判决器等组成。

光检测器把光信号转换成电信号送入前置放大器,前置放大器的噪声对接收机整体的灵敏度影响很大,所以前置放大器应是精心设计和制作的低噪声放大器。主放大器的作用除提供足够的增益外,它的增益还受 AGC 电路的控制,使输出信号的电平在一定的范围内不受输入信号电平变化的影响。均衡滤波的作用是保证判决时不存在码间串扰,时钟恢复电路提取同步信号以后,对接收到的信号进行抽样判决,以恢复与发送端相同的数据流。

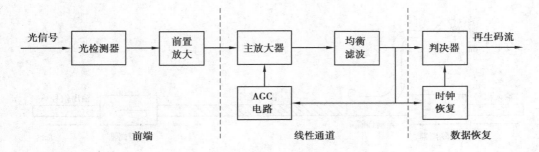

图 10.10 数字光接收机的组成

10.4.3 光中继器

在远距离光纤通信中,发送光的功率、光接收机的灵敏度、光纤的损耗和色散等因素的制约,使长距离传输的光信号出现幅度衰落、波形失真等问题,从而限制了光端机之间的传输距离。为了延长通信距离,在长距离的光纤通信系统中必须设置光中继器。光中继器的作用就是接收已经衰减的光信号,将其放大、整形之后再送入光纤继续传输。

实用的光中继器有两种形式:光电中继和光放大。光电中继的原理比较简单,就是一套光接收机和一套光发射机的结合,只是中间省略了码型变换的步骤。由光接收机将接收到的微弱光信号放大,转换成电信号后进入光发射机,驱动发光器件发出光波进入下一段光纤。

光电中继器同时需要一套光接收机和一套光发射机,使设备的复杂程度提高、成本上升,而可靠性和稳定性却在下降。光—电—光的转换过程又容易引起信号的失真,其中的电处理部分由于受到最大通信容量的限制,更是形成了影响系统传输容量的电子瓶颈。所以光电中继方式越来越不适应时代的要求。而近年来兴起的一种光放大器,可以在光域内对光信号进行放大,无须将光信号转换成电信号就可以完成光中继的任务,即全光中继器。全光中继器克服了光电中继器的很多缺点,正在得到越来越广泛的应用。

在现有的光放大器中,掺铒光纤放大器(EDFA)的应用最多。因其具有宽频带、高增益、低噪声、高输出等优点,不但可以作为光中继器,还可以做成光发射机功放和光接收机前置放大。

掺铒光纤放大器由掺铒光纤、泵浦光源、光耦合器和光隔离器组成,如图 10.11 所示。掺铒光纤放大器利用掺入石英光纤中的铒作为增益介质,在泵浦光的激发下,实现光信号的放大。泵浦光由半导体激光器提供,当只有泵浦光输入掺铒光纤时,掺铒光纤接收强输入光(泵浦光)的能量,当某一频率的信号光入射时,会产生受激辐射,产生和入射光子同频、同相、同方向的光子,而且所辐射的光随输入光信号的变化而变化,相当于对输入的光信号进行了放大。在输入端和输出端各有一个光隔离器,目的是使光信号单向传输。泵浦激光器用于提供能量。耦合器的作用是把输入光信号和泵浦光耦合进掺铒光纤中,通过掺铒光纤的作用把泵浦光的能量转移到输入光信号中,实现输入光信号的能量放大。

掺铒光纤放大器的主要优点有:

①工作波长正好处于光纤通信的最佳波段内(1.5~1.6 μm)内;其主体是一段掺铒光纤,与传输光纤的耦合损耗很小,可达 0.1 dB。

②增益高,为 30~40 dB;饱和光输出功率大,为 10~15 dBW;增益特性与光偏振状态无关。

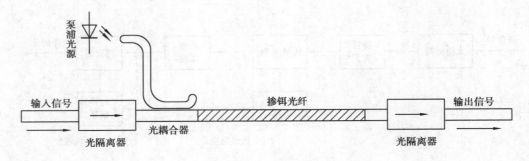

图 10.11　掺铒光纤放大器

③噪声指数小,一般为 4~7 dB,用于多信道传输时,隔离度大,串扰小,适用于波分复用系统。

④频带宽,在 1.55 μm 窗口,频带宽度为 20~40 nm,可进行多信道传输,有利于增加传输容量。

如果加上 1.31 μm 掺镨光纤放大器(PDFA),频带可以增加一倍。所以"波分复用+光纤放大器"被认为是充分利用光纤带宽增加传输容量最有效的办法。

任务 10.5　光纤通信的发展趋势

对光纤通信而言,超高速度、超大容量和超长距离传输一直是人们追求的目标,而全光网络也是人们不懈追求的梦想。

(1)超大容量、超长距离传输技术

波分复用(WDM)技术极大地提高了光纤传输系统的传输容量,在未来跨海光传输系统中有广阔的应用前景。近年来波分复用系统发展迅猛,目前 1.6 Tbit/s 的 WDM 系统已经大量商用,同时全光传输距离也在大幅扩展。提高传输容量的另一种途径是采用光时分复用(OTDM)技术,与 WDM 通过增加单根光纤中传输的信道数来提高其传输容量不同,OTDM 技术是通过提高单信道速率来提高传输容量,其实现的单信道最高速率达 640 Gbit/s。仅靠 OTDM 和 WDM 来提高光通信系统的容量毕竟有限,可以把多个 OTDM 信号进行波分复用,从而大幅提高传输容量。偏振复用(PDM)技术可以明显减弱相邻信道的相互作用,由于归零(RZ)编码信号在超高速通信系统中占空较小,降低了对色散管理分布的要求,且 RZ 编码方式对光纤的非线性和偏振模色散(PMD)的适应能力较强,因此现在的超大容量 WDM/OTDM 通信系统基本上都采用 RZ 编码传输方式,WDM/OTDN 混合传输系统需要解决的关键技术基本上都包括在 OTDM 和 WDM 通信系统的关键技术中。

(2)光孤子通信

光孤子是一种特殊的 ps(皮秒)数量级的超短光脉冲,由于它在光纤的反常色散区,群速度色散和非线性效应相互平衡,因而经过光纤长距离传输后,波形和速度都保持不变。光孤子通信就是利用光孤子作为载体实现长距离无畸变的通信,在零误码的情况下信息传递可达万里之遥。

光孤子技术未来的前景:在传输速度方面采用超长距离的高速通信、时域和频域的超短脉冲控制技术以及超短脉冲的产生和应用技术,使现行速率 10~20 Gbit/s 提高到 100 Gbit/s 以上;在增大传输距离方面采用重定时、整形、再生技术和减少 ASE,光学滤波使传输距离提高到 100 000 km 以上;在高性能 EDFA 方面是获得低噪声高输出 EDFA。当然实际的光孤子通信仍然存在许多技术难题,但目前已取得的突破性进展使人们相信,光孤子通信在超长距离、高速、大容量的全光通信中,尤其在海底光通信系统中,有着光明的发展前景。

(3)全光网络

未来的高速通信网将是全光网。全光网是光纤通信技术发展的最高阶段,也是理想阶段,传统的光网络实现了节点间的全光化,但在网络结点处仍采用电器件,限制了目前通信网干线总容量的进一步提高,因此真正的全光网已成为一个非常重要的课题。

全光网络以光节点代替电节点,节点之间也是全光化,信息始终以光的形式进行传输与交换,交换机对用户信息的处理不再按比特进行,而根据其波长来决定路由。

(4)解决全网瓶颈的手段——光接入网 FTTH 技术

随着全网的光纤化进程继续向用户侧延伸,端到端宽带连接的限制越来越集中在接入段,目前 ADSL 的上下行连接速率无法满足高端用户的长远业务需求。尽管 ADSL 和 VDSL 技术有望缓解这一压力,但其速率和传输距离的继续大幅度提高是受限的,不能指望有本质性突破。显然,随着光纤在长途网、城域网乃至接入网主干段的大量应用,符合逻辑的发展趋势是将光纤继续向接入网的配线段和引入线部分延伸,最终实现光纤到户(FTTH)。

FTTH 接入方式比现有的 DSL 宽带接入方式更适合一些已经出现或即将出现的宽带业务和应用,包括电视电话会议、可视电话、视频点播、IPTV、网上游戏、远程教育和远程医疗等。

其他方面,如光交换技术、PTN 技术、OTN 技术、新的光电器件等都是当前光纤通信方面的重点发展方向。

小　结

1.光通信是以光作为信息载体而实现的通信。光纤通信是以光波作为载体,以光导纤维作为传输介质的通信技术。光纤通信具有通信容量大;传输损耗低泄漏小,保密好;抗干扰能力强;线径细、重量轻、便于敷设;资源丰富等特点。

2.光纤通信系统主要由电端机、光端机、光中继器和光纤组成。光纤是由高纯度的石英玻璃拉制而成,直径为 125 μm,由纤芯、包层和涂敷层组成。根据光纤断面折射率分布的不同,可以将光纤分为阶跃型光纤和渐变型光纤。

3.光纤的传输特性主要包含损耗和色散两个指标。

4.将若干根光纤按一定的方式加上护套和加强材料,在外层加上保护层就组成了光缆。

5.光纤通信中使用最多的光源有发荧光的半导体发光二极管 LED(Light-Emitting Diode)和发出激光的半导体激光二极管 LD(Laser Diode)两种。

6.常用的光无源器件有连接器、耦合器、隔离器、环形器、光开关等。除此以外,还有许多其他的光无源器件,如光衰减器、光波长转换器、光滤波器等。

7.实用的光中继器有两种形式:光电中继和光放大。现有的光放大器中,因掺铒光纤放大器(EDFA)具有宽频带、高增益、低噪声、高输出等优点,不但可以作为光中继器,还可以做成光发射机功放和光接收机前置放大。

思考与练习 10

10.1　什么是光通信？什么是光纤通信？光纤通信有何特点？

10.2　简述数字光纤通信系统的组成和各部分的作用。

10.3　什么是光纤？常用的光纤有几种类型？各有何特点？

10.4　什么叫光纤的色散现象？色散现象对光纤通信有何影响？

10.5　光纤通信中常用的半导体光源有哪些？它们之间有何区别？

10.6　光纤通信中，光端机的作用是什么？

10.7　简述掺铒光纤放大器（EDFA）的组成、工作原理、作用和特点。

【项目描述】

本项目简要介绍移动通信的发展历史,以及不同阶段数字移动通信系统的组成、工作原理和关键技术,并讨论移动通信技术的发展趋势。

【项目目标】

知识目标:

- 了解移动通信系统的基本概念;
- 了解移动通信技术的发展简史;
- 了解几种常见移动通信系统的构成及特点;
- 了解移动通信技术的发展趋势。

技能目标:

- 掌握几代数字移动通信系统的特点。

【项目内容】

任务 11.1　移动通信概论

随着科学技术的发展,物质生活的改善,人们对通信的要求越来越高。其中一项要求就是随时随地都能够保持通信联络。这就促进了移动通信技术的产生和发展。

(1)移动通信的基本概念

所谓移动通信(Mobile Communication,简称 MC)就是通信的双方或者一方处于运动状态之中,或者是暂时处于某一非确定位置上进行的通信。由于移动通信几乎集中了有线与无线通信的最新技术成果,其传递的信息不仅仅限于语音信号,同时还包括了数据、传真、图像和多媒体等信息。使得移动通信和卫星通信、光纤通信一起,并称为现代通信的三大支柱。

以常见的蜂窝式移动电话网为例说明移动通信系统的组成,移动通信系统的构成如图11.1所示。从图中可以看到,一个移动电话网(PLMN)主要是由移动交换机(MSC)和很多基站(BS)构成,通常一个基站由收发信机和天馈系统组成,其天线发射的无线电波覆盖的区域称为一个服务小区。很多服务小区相连成片,就构成了移动通信系统的网络覆盖区。该系统可以实现车载台和手持机等移动终端（MS）之间的通信。同时移动网通过中继线与市话网（PSTN）相连，从而实现移动终端与固定电话之间的通信。

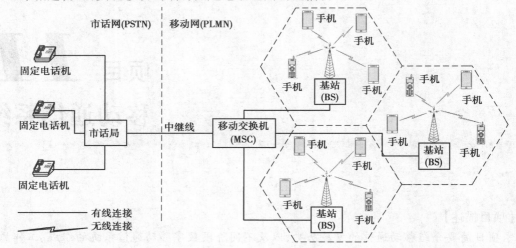

图 11.1　移动通信系统的构成

（2）移动通信发展简史

1865 年英国物理学家麦克斯韦预言了无线电波的存在，1888 年德国物理学家赫兹用实验证明了电磁波的存在，到了 1895 年，意大利人马可尼用实验证明了无线电通信的可行性，并于 1901 年实现了横跨大西洋的无线电通信，使人类掌握了实现移动通信的能力。

现代意义上的移动通信试验开始于 20 世纪 20 年代的美国，刚开始是供军、警使用。经过不断地探索与实践，AT & T 公司于 1946 年在美国的 25 个主要城市开通了移动电话业务，这些系统采用频率调制，大区制，覆盖半径约 50 km，每一信道的带宽为 120 kHz，最多允许 12～20 个用户同时通话。1947 年贝尔实验室提出了蜂窝小区制进行频率再用的设想，1949 年美国联邦通信委员会（FCC）正式确认移动通信是一种新型电信业务。在欧洲，法国等国随后也陆续推出了公用移动电话系统。从 20 世纪 40 年代中期至 60 年代初期，完成了从专用网向公用移动网的过渡，并采用人工接续方式解决了移动电话网与公用市话网之间的互连问题，但当时通信网的容量较小。

在 20 世纪 60 年代中期至 70 年代后期，人们改进和完善了移动通信系统的性能，包括直接拨号、自动选择信道等，并实现了与公用电话网的自动接入。这时的系统仍采用大区制，但通信容量较以前有了很大的提高。

20 世纪 70 年代末期，随着半导体和计算机技术的迅猛发展，蜂窝系统可以实现的复杂程度大大提高了。贝尔实验室开发了 AMPS 系统，并于 1983 年投入商业运营，这是历史上第一个真正意义上可随时随地通信的大容量蜂窝移动通信系统。它采用频分复用技术，可在整个服务覆盖区域内自动接入公用电话网，该系统比以前的系统具有更大的容量和更好的通话质量。与此同时，欧洲和日本也纷纷建立了自己的蜂窝移动通信网，这些系统虽然各有不同的名称，但都是双工 FDMA 模拟调频系统，均属于第一代蜂窝移动通信系统（1st-generation，1G）。

随着人们对蜂窝移动通信业务需求的快速增长，第一代移动通信用户的数量急剧增加，在短短几年的时间里，就导致了信道阻塞概率提高、呼叫中断率上升、蜂窝系统干扰加大等严重问题的产生。使得人们在 20 世纪 80 年代初期开始了第二代蜂窝移动通信系统（2nd-

generation,2G)的开发。1990 年以后,以 TDMA 为基础的数字蜂窝移动通信系统相继投入使用,如欧洲的 GSM、美国的 D-AMPS 和日本的 JDC 等,其中最具代表性的系统是欧洲的 GSM。和模拟移动通信系统相比,TDMA 数字蜂窝移动通信系统具有频谱利用率高、系统容量大、保密性好、标准化程度高、便于与计算机连接等诸多优点。

1993 年美国高通(Qualcomm)公司提出以 CDMA 为基础的数字蜂窝移动通信系统建议,该建议后来被美国电信工业协会(TIA)批准为过渡标准,即 IS-95。IS-95 具有抗多径衰落、系统容量大、软切换、可以利用话音激活技术、可实现分集接收等优点,是介于 2G 和 3G 之间的过渡标准,也有人称之为 2.5G 移动通信系统。

随着人们对多媒体业务和高速数据传输需求的增加以及移动用户数量的急剧上升,2000 年后,2G 的速度与容量上限逐渐面临瓶颈,2G 蜂窝移动通信系统已不能适应现实的需要。新一代的将无线通信与国际互联网等多媒体通信结合的蜂窝移动通信系统——3G 应运而生。21 世纪初期,欧美发达国家先后发放了 3G 运营牌照,到了 2007、2008 年 3G 通信开始全面普及开来。而随着智能手机的发展,人们对移动互联网的需求越来越高,人们对网络传输速度的要求也越来越高,移动流量需求上升。2008 年时,3GPP 提出了长期演进技术（Long Term Evolution,LTE）作为 3.9G 技术标准。2011 年,长期演进技术升级版（LTE-Advanced）成了正式的 4G 技术标准。而各种新技术、新材料的应用,使移动通信快速进入地进入我们的生活,对移动互联网、人工智能、大数据、云计算和物联网的需求使人们对移动通信的网络速率提出了更高的要求。目前,能够满足人与物、物与物之间的通信,实现万物互联,推动社会发展需要的 5G 移动通信技术已趋向成熟,5G 的理论传输速率从 4G 的 100 Mbps 提高到 10 Gbps,比 4G 快 100 倍,即将进入全面商用阶段。

中国移动通信业务发展迅速,从 1987 年 10 月广州开通 900 M 模拟蜂窝移动电话系统(TACS)开始,移动通信系统经历了 1G、2G、3G、4G 的发展历程,1995 年开通了 GSM 网络,并于次年实现了全国漫游。自 2G 时代以后,中国积极开始研发新一代移动通信制式,原邮电部通信技术研究所牵头研发出了中国的 3G 标准——TD-SCDMA。为迎接 2008 年北京奥运会的召开,中国在北京等八个城市开始了 3G 的试商用,从此中国迈入了 3G 时代。中国也在积极进行 4G 移动通信系统的研发工作,并于 2010 年底提出了自己的 4G 标准——TD-LTE,并于 2013 年年底向三大运营商发放了 4G 运营牌照。之后的 5G 标准趋向于全球统一,而中国的华为、中兴等一批世界级的通信企业也积极参与新标准的研发,并在新的 5G 标准中成功地发出了我们中国的声音。

(3)移动通信的特点

相对于其他的通信方式,移动通信有以下特点:

1)电波传播条件恶劣

由于移动通信必须采用无线电波建立联系,信号在传播过程中容易受到地形地物,天气状况等因素的影响。无线电波会发生直射、反射、折射、绕射等情况,形成多径传输,使接收端接收到的合成信号的强度产生起伏,这种现象称为衰落。移动通信的衰落最大可达 30 dB。

2)干扰和噪声严重

其他电台发出的无线电波、天电干扰、工业干扰等都会对移动通信造成干扰,由于干扰源多而杂,所以要求移动通信系统必须有较强的抗干扰能力。

3）存在通信盲区

移动台处于某些特定区域时，由于电波被阻挡、吸收或反射等影响，使移动台不能接收到电波信号，从而形成通信盲区。

4）存在远近效应

由于移动通信是在移动中完成的，移动台距离机站的距离远近就会影响到接收信号的强弱，所以一般要求移动台的发射功率可以自动调整，同时要求移动台有良好的自动增益控制。

5）频谱资源有限

适合于进行移动通信的频谱资源是有限的，而用户数的增加却很快，所以需要采取多种措施来提高信道的利用率，扩大通信容量。

6）组网技术复杂

移动台可以在整个移动通信服务区域自由运动，这就要求系统必须完成两个最基本的功能：一是移动台的定位与跟踪；二是对每一个移动台保持最佳的接入点。同时还要对移动用户提供在非归属服务区之间的漫游等服务。因此，移动通信系统除了具备固定通信网的功能之外，还必须具备许多固定网不具备的功能，使组网技术变得更加复杂。

7）要求

移动台具有体积小、重量轻、耗电少、辐射低、功能多等特点。

（4）移动通信的分类

按照不同的分类标准，移动通信有不同的分类方法。

1）按使用环境分

可分成陆地、海上、空中 3 类不同的移动通信系统。对于一些特殊的使用环境，如矿井、水下、太空等有各自的移动通信系统。

2）按用户类型分

可分为民用和军用两类，其中民用系统又分为公用和专用移动通信系统两类。

3）按传输的信号类型分

可分为模拟和数字两类移动通信系统。

4）按照组网方式分

可分为大区制和小区制。

5）按多址连接方式分

可分为 FDMA 方式、TDMA 方式和 CDMA 方式 3 种。

6）按使用设备的种类分

可分为公共网自动拨号移动电话系统（如蜂窝移动电话系统）、无绳电话系统、无线寻呼系统、集群调度移动电话系统、专用网调度电话系统、泄漏电缆通信系统、无中心选址个人系统等。

（5）移动通信设备的工作方式

移动通信设备的工作方式按无线电通信工作划分可分为单向通信方式、双向通信方式和中继通信方式 3 种。按设备使用频率的方式划分可分成为单频单工方式、双频单工方式、双频双工方式和中继转发方式四种。

其中单频单工方式是指通信双方使用同一频率，一部终端机不能同时完成发射和接收，即在接收时不能发射，在发射时不能接收。双频单工方式是指通信双方的收发频率有一定间隔，但并不同时完成收发操作,由手工完成收发切换的称为单工方式,由双工器自动完成收发切换的称为半双工方式。双频双工方式是指收发使用两个不同的频率,每一终端都可以同时完成发话和收话。

(6)蜂窝移动通信系统的组网技术

移动通信组网所涉及的问题比较多,其中比较关键的问题有频率资源的有效利用与管理;区域覆盖和信道配置等。当然移动通信的组网还有许多其他的如网络结构与信令,越区切换与位置管理等技术问题,限于篇幅在此就不一一讨论了。有兴趣的读者可以自行参阅相关书籍。这里只论述频率资源的利用和管理以及区域覆盖两个问题。

移动通信是利用无线电波在空中的传播来传递信息的,所有用户使用的是同一个空间。如果有两个以上的用户在同一时间、同一地点使用了相同的频率,就会相互干扰。所以无线电频率就成了一种看不见的特殊资源,对这种资源如何进行管理并加以有效利用,使更多的用户能够从中受益,就成了亟待解决的问题。在国际上,由国际电信联盟(ITU)制订原则,并制订国际频率分配表和使用频率的原则、频率分配和登记、无线电业务的分类等。国内则由国家无线电管理委员会对无线电频率资源的使用进行统一规划和管理。

频率的有效利用是根据其时间、空间和频率域的三维特性,从这 3 个方面采用多种技术来提高利用率。时域内的频率有效利用的方法是在同一地区内,所有用户共用多个信道,其中一个用户使用时占用一个信道,用完后则释放出来供大家共用。空间上的利用措施则是在某一地域使用某一频率之后,在间隔一定距离的另一区域重复使用该频率,只要在电波辐射的方向和功率方面控制得当,完全可以避免相互之间的干扰。而频域内的利用措施则可以从两个方面入手:一是控制信道的带宽,在一定的带宽内容纳尽量多的载波信道;另一种方法是应用宽带多址技术,使一个载波信道可以容纳尽量多的用户信息。

移动通信网的区域覆盖方式有大区制和小区制。大区制是指一个基站覆盖整个服务区,由基站负责移动台的控制和联络,服务半径通常为 20~50 km,要求发射机的功率较大,基站的天线要架设得很高,以保证大区中的移动台能正常接收基站发出的信号。在一个大区中,同一时间每一无线信道通常包括一对收、发频率,只能被一个移动台使用,否则将产生严重的同频干扰。因此,大区制组网的频谱利用率低,能容纳的用户数量少。大区制的优点是组网简单、投资少、见效快,适用于用户较少的地区。

小区制是将整个移动通信服务区划分为许多个小区,在每一个小区内设置一个基站,负责与小区中的移动台的无线连接,各基站统一接到一个移动交换中心,由移动交换中心统一控制各基站协调工作,并与有线网相连接,使移动用户进入有线网。在移动通信过程中,电波传播损耗随移动距离的增大而增大,因此,在小区制中,可以应用频率再用技术,即在相邻小区中,分配频率不同的信道;而在非相邻的间隔一定距离的小区中,分配相同的频率。由于相距较远,同时使用相同频率的信道也不会产生明显的同频干扰,因为采用的小区的形状是正六边形的蜂窝形状,所以就称为蜂窝小区。相应的通信就是蜂窝通信。小区群的组成如图11.2 所示。图中每一个六边形表示一个小区,

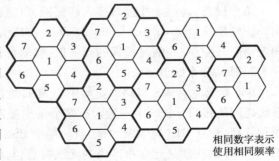

相同数字表示
使用相同频率

图 11.2　蜂窝移动通信系统小区群的组成

一个数字表示使用一个频率组,七个小区构成一个区群(Cluster),每一频率组在这个区群中利用之后,在其他区群中的相应小区中又可以重复使用,这就是频率再用。

在蜂窝移动通信中,小区分得越多,即小区的数目越多,整个通信系统的容量就越大。但小区范围也不能分得过小,如果小区范围过小,一方面使基站数目太多,建网成本增大;另一方面,移动台快速移动时,要频繁进行越区切换,使得因越区切换造成掉话的概率也随之增大,降低通信质量。在模拟移动通信系统中,控制系统进行越区切换操作的速度较慢,小区半径一般限制在 2 km 以下。在数字移动通信系统中,控制系统进行越区切换的速度较快,小区半径可以减小到 500 m 以下。

任务 11.2　第二代移动通信系统(2G)

采用双工 FDMA 模拟调频系统的第一代蜂窝移动通信系统(1st-Generation,1G)目前在世界各国基本上已处于被淘汰的状态,而且工作原理及特点与现行的数字移动通信系统的共性不大。所以我们将不讨论 1G 系统,而将学习的重点集中在 2G 及以后的数字移动通信系统上。

11.2.1　GSM 移动通信系统

第二代蜂窝移动通信系统(2nd-Generation,2G)中最具代表性的系统是 GSM。GSM 数字蜂窝移动通信系统(简称 GSM 系统)是欧洲邮电联合会(CEPT)为了建立统一的泛欧洲数字移动通信标准,于 1982 年成立的移动通信特别小组(Group Special Mobile)简称 GSM,其任务是起草一个工作在 900 MHz 频段,在全欧洲使用的公共移动通信系统,于 1985 年开始工作,并于 1988 年完成,后来出于商业目的改称全球移动通信系统(Global System for Mobile communications),GSM 的简称不变。GSM 数字蜂窝移动通信系统后来成长为世界上最有影响力的 2G系统,其应用范围远远地超出了欧洲,包括我国在内,世界上先后有 192 个国家和地区采用了GSM 系统,占全球数字蜂窝移动通信市场的 72%。

(1)GSM 系统的网络结构

GSM 系统网络结构图如图 11.3 所示,它由 3 个分系统组成:移动台 MS,基站分系统 BSS和交换网络分系统 NSS。同时还有接口与公众通信网相连。

1)移动台 MS

用户设备,通过无线接口接入蜂窝网,以完成所希望的通信业务。移动台包括硬件设备与用户识别模块(Subscrber Identity Module—SIM)。在 SIM 中,存储了与用户鉴权和加密有关的固定信息,还有一些临时数据的当前值,移动台只有与 SIM 相连之后,才能接入 GSM 网络。

2)基站分系统 BSS

BSS 是移动台 MS 与移动交换中心 MSC 之间的桥梁,也是 MS 与 GSM 系统的所有其他分系统之间的接口。BSS 中一般含有多个基站控制器 BSC,BSC 负责对基站收发台 BTS 进行控制和管理,建立 BTS 与 MSC 的联系。每个 BSC 都连接到 MSC 上,通常一个 BSC 控制数百个BTS。BTS 的功能是建立小区内的无线覆盖,与区内的移动台进行无线通信。BTS 可以和 BSC安装在同一位置,也可以分开一定的距离安装,当 BTS 和 BSC 不安装在一起时,通过微波或光缆建立联系。当移动台的越区切换发生在同一 BSC 控制下的两个 BTS 之间时,切换由该 BSC 完成而不是由 MSC 完成,从而减轻了 MSC 的交换负荷。

3)交换网络分系统 NSS

NSS 的主要任务包括移动用户交换、移动性管理、安全性管理以及与固定公众通信网的连接等。其核心是移动交换中心 MSC,其主要功能是向系统提供交换功能,建立移动用户之间的联系以及移动用户与固定用户之间的联系。NSS 中包含三种数据库:归属位置寄存器 HLR、访问位置寄存器 VLR 和鉴权中心 AUC。HLR 是 GSM 系统的中央数据库,其中记录了运营商的信息和其所属的本地用户的归属位置信息,如用户号码、用户类别、访问能力等静态信息和用户漫游时的相关动态信息。VLR 是用于存储来访移动用户的相关信息的数据库。这些数据是从该移动用户的原籍位置寄存器获取并暂存的,以便在该用户来访期间为其他用户呼叫该来访移动用户提供路由信息。AUC 也称为认证中心,其作用是识别用户身份,防止无权用户接入网络及获取服务。NSS 中还包含了标志寄存器 EIR 和操作维护中心 OMC。EIR 是存储着移动设备的国际移动设备识别码(IMEI)的数据库,运营商可以通过它来判断移动设备是合法的还是因失窃而停用的。OMC 则负责对全网进行监控和操作。如系统自检、系统故障诊断与排除、话务量统计与计费等。

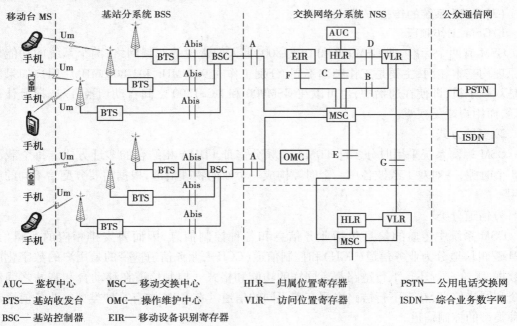

AUC— 鉴权中心	MSC—移动交换中心	HLR—归属位置寄存器	PSTN—公用电话交换网
BTS—基站收发台	OMC—操作维护中心	VLR—访问位置寄存器	ISDN—综合业务数字网
BSC—基站控制器	EIR—移动设备识别寄存器		

图 11.3 GSM 系统网络结构图

(2)GSM 系统中的接口

在实际的 GSM 通信网络中,由于网络规模不同、运营环境不同和设备生产厂家的不同,GSM 系统的结构可以有不同的配置方法。为了保证设备的通用性和系统配置的灵活性,各生产厂家必须严格按照规定的接口标准和相关协议生产各设备的接口。使运营商无论购买任何生产商的设备都可以方便地组成 GSM 通信系统。

①Abis 是 BTS 与 BSC 之间的接口,用于传输业务信息和控制信息,是 GSM 系统的标准

接口。

②A 接口为 BSC 和 MSC 之间的接口,用于完成基站分系统 BSS 和移动交换中心 MSC 之间的通信连接,也是 GSM 的标准接口。

③Um 接口(空中接口)是移动台 MS 与基站收发信机 BTS 之间的无线电通信接口。该接口传递的信息除业务信息外还包括无线资源管理、移动管理和接续管理等。

④B 接口是 MSC 与 VLR 之间的内部接口,用于 MSC 向 VLR 询问有关移动终端当前位置信息或者通知 VLR 有关 MS 的位置更新信息等。

⑤C 接口是 MSC 和 HLR 之间的接口,用于传输路由选择和管理信息。

⑥D 接口是 HLR 和 VLR 之间的接口,用于交换移动终端位置和用户管理信息,保证移动终端在整个服务区内能建立和接受呼叫。

⑦E 接口是相邻服务区的不同 MSC 之间的接口。用于移动终端从一个 MSC 控制区移送到另一个 MSC 控制区时交换有关信息,以完成越区切换。

⑧F 接口是 MSC 与 EIR 之间的接口,用于交换相关的管理信息。

⑨G 接口是两个 VLR 之间的接口,当采用临时移动用户识别码(TMSI)时,此接口用于向分配 TMSI 的 VLR 询问此移动用户的国际移动用户识别码(IMSI)。

(3)GSM 系统的传输方式

1)GSM 工作频段

GSM 有两个标准,即 GSM900 和 DCS1800,即人们常说的双频网络,两个系统的功能与工作原理均基本相同,主要是工作频率不同,分别工作在 900 MHz 和 1 800 MHz。用户如果使用的是双频手机,即使在通话中,也可以在 GSM900 和 DCS1800 之间自动切换,以选择最佳信道通话,而用户毫无察觉。

2)多址方式

GSM 蜂窝系统采用时分多址 TDMA 和频分多址 FDMA 相结合的多址方式。每个载波包含 8 个时隙,一对双工载波各用一个时隙构成一个双向物理信道,根据需要分配给不同的用户使用。

3)信道分类

GSM 系统中传递的信息包括业务信息和各种控制信息,因而要安排相应的逻辑信道。GSM 逻辑信道分为业务信道(TCH)和控制信道(CCH),业务信道携带的是用户的数字化语音或数据,无论上行还是下行链路都有同样的功能和格式。控制信道在移动台和基站之间传输信令和同步信息,在上下行链路之间有着不同的信道。在 GSM 中有 6 种类型的业务信道和很多种类型的控制信道。

11.2.2　GSM 系统的新发展——GPRS

GPRS 是通用分组无线业务的简称,是 GSM Phase2.1 规范实现的内容之一,能提供比现有的 9.6 kbit/s 更高的数据率。所以 GPRS 被认为是 2G 向 3G 转化的重要阶段,也称 GPRS 为 2.5G 标准。GPRS 采用与 GSM 相同的频段、频带宽度、突发结构、调制标准、跳频规则以及相同的 TDMA 帧结构。因此,在 GSM 的基础上构建 GPRS 系统时,原有的 GSM 系统中的绝大部分硬件都不需要改动,只需要作软件升级。

1) GPRS 的主要特点

①GPRS 采用分组交换技术，高效传输高速或低速数据和信令，提高了对网络资源和无线资源的利用率。②定义了新的 GPRS 无线信道，且分配方式十分灵活，每个 TDMA 帧可分配 1～8 个无线接口时隙。时隙能为移动用户所共享，且上行链路和下行链路的分配是独立的。③支持中、高速率数据传输，可提供最大为 171.2 kb/s 的数据传输速率。④GPRS 网络接入速度快，提供了与现有数据网的无缝连接，实际上 GPRS 系统不需要拨号，收发数据可以立即进行。⑤GPRS 支持基于标准数据通信协议应用，可以和 TCP/IP 网、X.25 网互联互通。支持特定的点到点(PTP)和点到多点(PTM)服务，以实现一些特殊应用，如：远程信息处理。GPRS 也能提供短消息业务。⑥GPRS 既能支持间歇的突发式数据传输，又能支持大流量的数据传输。

2) GPRS 的业务

GPRS 所提供的业务可分为 3 类：①承载业务，支持用户与网络接入点之间的数据传输，包括点对点业务、点对多点业务两种。②用户终端业务，提供完全的通信业务能力，包括终端设备能力。用户终端业务可以分为基于 PTP 的用户终端业务和基于 PTM 的用户终端业务。基于 PTP 的用户终端业务包括：会话、报文传送、检索等；基于 PTM 的用户终端业务包括：分配、调度、会议、预订发送等。③附加业务，包括：主叫线路识别、主叫线路识别限制、连接线路识别、连接线路识别限制、无条件呼叫转移、移动用户遇忙呼叫转移、无应答呼叫转移、无法到达的移动用户呼叫转移、呼叫等待、呼叫保持、多用户业务、封闭式的用户群、资费信息通知、禁止所有呼叫、禁止国际呼出、禁止所有呼入等。

3) GPRS 业务的具体应用

主要有下列几种：①信息业务，向用户提供天气预报、航班信息、股票价格、新闻、娱乐、交通信息等。②交谈，与 Internet 上的聊天组功能相同。③网页浏览、收发 E-mail 和文件传送等。④文件共享，是不同地方的人们同时共享相同的文件，使协同工作更加便利。⑤传送静止图像。⑥接入远程局域网。

11.2.3　CDMA 数字蜂窝移动通信系统

CDMA 是 Code Division Multiple Access 的缩写，是一种以扩频技术为基础的调制和多址接入技术，因其具有保密性能好、抗干扰能力强的优点而首先应用于军事通信、卫星通信等领域。直到 1993 年 7 月由美国高通(Qualcomm)公司开发的 CDMA 蜂窝移动通信系统被采纳为北美数字蜂窝标准，并定名为 IS-95 标准，CDMA 才正式进入商用通信市场。先后在美国、日本、韩国、中国等国家建立了 CDMA 数字蜂窝移动通信系统。

CDMA 系统是以扩频调制技术和码分多址接入技术为基础的数字蜂窝移动通信系统。在 CDMA 系统中，不同用户传输的信息是靠各自不同的编码序列来区分的，各个不同的用户信号在时间域和频率域是重叠的，依靠各自不同的编码序列(地址码)相互区分。

所谓扩频技术在项目 6 已经论述过，是用一个带宽远大于信号带宽的高速伪随机码对需要传送的数字信号进行编码调制。使原数据信号的带宽被扩展，再经过载波调制并发射出去。接收端使用完全相同的伪随机码，做与发送端相反的变换，即解扩。

(1) CDMA 系统的结构

CDMA 系统的结构如图 11.4 所示。从图中可以看出，CDMA 数字蜂窝移动通信系统的网络结构与 GSM 数字蜂窝移动通信系统的网络结构大部相似。但是 CDMA 系统在交换网络分系统部分也多出了一些分组交换的功能模块和接口,并在公共通信网部分多了一个因特网的接口。下面分别加以介绍。

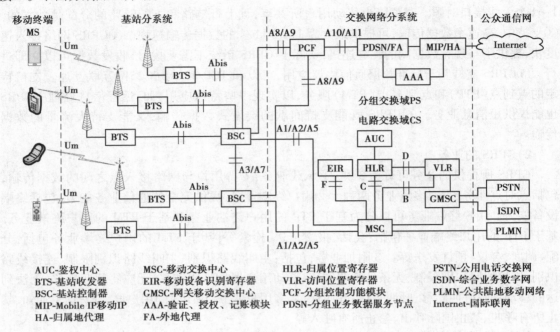

图 11.4 CDMA 系统网络结构图

1)CDMA 系统的功能模块

在 CDMA 网络结构中,比 GSM 系统增加了一个分组交换域 PS。这样,CDMA 系统就可以直接接入 Internet,比 GSM 系统的语音通信加简单短信的功能大大地前进了一步。CDMA 系统增加的几个模块的功能简介如下:

PCF:Packet Control Function 分组控制功能模块。PCF 是无线域中和分组域接口的设备。如果是系统传输的是数据业务时,MSC 触发 PCF 和 PDSN 建立连接。

MSC:Mobile Switching Center 移动交换中心。移动网络完成呼叫连接、越区切换控制、无线信道管理等功能的设备,同时也是移动网与公用电话交换网(PSTN)、综合业务数字网(ISDN)等固定网的接口设备。

PLMN:Public Land Mobile Network 公共陆地移动网络。由政府或它所批准的经营者,为公众提供陆地移动通信业务目的而建立和经营的网络。该网路必须与公众交换电话网(PSTN)互连,形成整个地区或国家规模的通信网。PSTN:Public Switched Telephone Network 公共交换电话网络。即我们日常生活中常用的电话网。

ISDN:Integrated Services Digital Network 综合业务数字网。除了可以用来打电话,还可以提供诸如可视电话、数据通信、会议电视等多种业务,从而将电话、传真、数据、图像等多种业务综合在一个统一的数字网络中进行传输和处理。

GMSC:Gateway Mobile Switching Center,网关移动交换中心。其功能是从 HLR 查询到被叫 MS 目前的位置信息,并根据此信息选择路由。

HLR：Home Location Register 归属位置寄存器。用于保存用户的基本信息，如 SIM 卡号、手机号码、签约信息等。以及动态信息，如当前的位置、是否关机等。

VLR：Visiting Location Register 访问位置寄存器。用于保存用户的动态信息和状态信息，以及从 HLR 下载的用户签约信息。

AUC：Authentication Center 鉴权中心。为认证移动用户的身份、产生相应鉴权参数的功能实体。

EIR：Equipment Identity Register 设备标识寄存器。可以在移动通信中识别移动台（手机）的 IMEI，从而实现通过网络追踪器追踪被盗手机。

PDSN：Packet Data Serving Node 分组业务数据服务节点。

MIP：Mobile IP 移动 IP

AAA：Authentication，Authorization，and Accounting 验证、授权、记账模块。用于验证用户是否可以获得访问权、授权用户可以使用哪些服务、记录用户使用网络资源的情况。

HA：Home Agent 归属地代理。负责和 PDSN/FA 建立 Mobile IP 隧道。确定用户目前的登录地，拦截从网络发送给终端的数据，封装在 Mobile IP 隧道中传送给 PDSN/FA，负责解封装从反向隧道中传来的用户数据，路由到 Internet。

FA：Foreign Agency 外部代理。

外部代理 FA 是指一个可以在移动节点移动到某个外地网络时，充当移动节点的连接点的路由器，相当于移动主机访问网络的一个路由器，为移动主机提供 IP 转交地址和 IP 选路服务（前提是 MS 须有 HA 登记）。

2）CDMA 系统的接口

A1 接口：承载 BSS 和 MSC 之间有关基站管理部分和直接传递部分的信令信息，包括与呼叫处理、移动性管理、无线资源管理、鉴权和加密有关的信令消息。

A2 接口：承载基站侧与 MSC 侧交换网络之间的 PCM 数据。

A3 接口：用于支持当移动台处于业务信道状态时所发生的 BSS 之间的软切换（BSC 互连），A3 接口被划分成两部分：A3 信令接口和 A3 业务接口。

A5 接口：承载基站侧与 IWF 之间电路数据的传输。

A7 接口：支持当移动台处于还没有控制在业务信道状态时所发生的 BSS 之间的切换，并支持移动台在进行 BSS 之间软切换时需要建立新的业务时的控制流程。

A8/ A9 接口是 BSC 和 PCF 间的连接。A8 是数据接口，A9 是信令接口。

A10/A11 接口是 PCF 和 PDSN 之间的连接，也称为 RP 接口。A10 为数据接口，A11 为信令接口，信令接口负责 RP 通道的建立、维持和拆除，数据接口负责用户数据的传输。

（2）CDMA 系统的特点

与 GSM 移动通信系统相比，CDMA 系统有以下特点：

1）大容量

根据理论计算及现场实验表明，由于 CDMA 系统的频率复用系数远大于其他制式的蜂窝移动通信系统，同时还使用了话音激活和扇区化等技术。使 CDMA 通信系统的容量是模拟移动通信系统的 10~20 倍，是 TDMA 数字移动通信系统的约 4 倍。

2）软容量

在 CDMA 系统中，同一频道内的不同用户是靠码型来区分的，其标准信道数是以一定的输入、输出信噪比为条件。在允许最小信噪比条件下,增加用户会使信噪比下降,但不会中断通信。这样就避免了在 FDMA 和 TDMA 系统中出现的信道拥堵导致通信中断的现象。人们把这种在一个扇区,小区信道可扩容的现象称为软容量。但是这种软容量是以降低通话质量为代价换来的,而且不允许信噪比降低到极值以下。

3)软切换

在 FDMA 和 TDMA 系统中,用户越区切换时是先断开原来的连接,再建立新的连接,这种先断后通的切换称为硬切换。硬切换有时会引起乒乓噪声,严重时会造成通信的中断。而在 CDMA 系统中,各小区使用相同的频率,以不同的码型相互区别。当移动用户越区切换时,只需要调整相应的码型而不需要进行收发频率切换。这样就可以先建立新的通话连接,然后再断开旧的通话连接。这种先通后断的切换称为软切换。软切换的切换时间短,不会中断通信,也不会造成乒乓噪声。

4)话音激活

在 CDMA 系统中,同一小区内的所有用户占用相同带宽,共用同一无线频道。这样每一用户都会出现对其他用户的干扰,称为多址干扰。用户越多,多址干扰就越严重,这就限制了用户数的发展。话音激活技术就是解决这一矛盾的方法之一。

通过对通话时间的统计分析表明,双工通信时,停顿和听对方讲话的等待时间在 65% 以上。所谓话音激活技术就是采用相应的编码和功率调整技术,使用户发射机的发射功率根据用户的语音大小、强弱、有无进行调整。这样就可以使多址干扰降低 65%。也就是说,当系统容量一定时,采用话音激活技术,大约可使系统容量增加 3 倍。

5)远近效应与功率控制

如果小区中所有用户都以相同功率发射信号,则靠近基站的移动台的发射信号到达基站时就会比远处的移动台发射的信号强,这就导致了强信号掩盖弱信号的现象发生。这就是所谓的远近效应。CDMA 系统通过正向功率控制和反向功率控制的方法,使无论远近的所有移动台的接收信号功率以及发射到达基站的信号功率基本相等。这就保证了基站接收到的每一个移动台的信号功率足够大,同时又避免了对其他移动台的干扰。

基于以上特点,CDMA 成为最具竞争力的多址技术,是第三代移动通信系统所选用的多址方式。目前使用面较广的是北美的 IS-95 标准,又称为窄带 CDMA 标准。其使用频段是 800 MHz(上行 824~849 MHz,下行 869~894 MHz),信号带宽为 1.25 MHz,被称为 2.5 代数字移动通信。

11.2.4　数字无绳电话系统

严格意义上来说,无绳电话(Cordless Telephone)系统并不属于真正意义上的移动通信系统。因为数字无绳电话系统没有自身独立的交换网络,而是依托 PSTN 以无线方式接入公用电话网所形成的一种通信网络结构。在本地网或本地网的局部范围内向用户提供无线语音、数据通信服务。

最早的无绳电话出现于 20 世纪 70 年代的英国,又称为 CT-1 系统,是一种在室内使用的模拟无绳电话,由座机和手机两部分组成。座机连接在固定电话网上,与手机之间通过 FM 方式传输模拟语音信号。使用手机通话时,用户可以在座机附近的一个小范围内自由移动。

后来无绳电话逐渐向着网络化和数字化发展,从室内扩展到室外,从小型专用系统扩展到大型公用系统,形成以 PSTN 为依托的多种网络结构。比较典型的代表有英国的 CT-2 数字无绳电话系统,泛欧数字无绳电话系统 DECT(Digital European Cordless Telecommunication),日本的个人手持电话系统 PHS(Personal Handphone System)和北美的个人接入通信系统 PACS(Personal Access Communication System)。在我国,个人通信接入系统 PAS(Personal Access System)俗称"小灵通",曾经有过迅速的发展。

小灵通以无线方式接入公用电话网,在本地网或本地网的局部范围内向用户提供无线语音、数据通信服务,与固定电话采用相同的费率标准,并实行单向收费,所以获得了相当多用户的青睐,特别是经济相对欠发达地区的用户,能够以固话的价格,享受本地移动电话的方便。

但同时,小灵通也因其功能少、覆盖差、性能差、不能漫游等缺陷,使其发展受到限制。在我国,自 2011 年开始,小灵通已逐渐退出移动通信市场。其腾出来的频谱资源被第三代移动通信系统(3G)所占用。

任务 11.3　第三代移动通信系统(3G)

11.3.1　3G 的发展历史

第一代模拟蜂窝移动通信系统(1G)基本上已完全被以 GSM 和 IS-95 窄带 CDMA 为代表的第二代数字蜂窝移动通信系统(2G)取代,但是 2G 系统也存在着一些无法克服的缺陷,如:

①没有全球统一的标准,无法实现全球漫游。

②只能提供语音通信、短消息和低速 Internet 服务,业务种类单一。

③系统容量不足,如 GSM 系统在原有 900 MHz 频段的基础上又扩充了 1 800 MHz 频段后,仍不能满足用户的增长需要,从而造成通信质量的下降。

随着技术的进步和市场需求的增长,人们开始研发新一代的支持高速数据传输的蜂窝移动通信系统——第三代移动通信技术(3rd-generation,简称 3G),3G 服务能够同时传送声音及数据信息,速率一般在几百 kb/s 以上。3G 系统的目标是实现:无论任何人(Whoever)在任何时候(Whenever)和任何地方(Wherever)都能和另一个人(Whomever)进行任何类型(Whatever)的信息交换,即所谓"5W"通信。

由国际电信联盟(ITU)提出的第三代移动通信系统的标准是"国际移动通信 2000(IMT-2000)"。IMT-2000 是一系列标准的总称,包括概念和目标、业务框架、无线接口、工作频带、网络过渡要求、安全性能、无线传输技术等诸多方面。

IMT-2000 具有以下的特点:

①通用性。首次实现全球移动通信系统的完全统一和互联互通,向用户提供无缝的全球漫游服务,允许用户在不同国家和地区之间使用同一个移动终端和号码。

②高速率。更高的信息传输速率:向静止用户和行人提供 2 Mb/s 的信息速率,向高速行驶的车辆提供 384 kb/s 的信息速率。而 2G 系统可以提供的信息速率是 9.6~28.8 kb/s。

③灵活性。IMT-2000 基于三种不同的多址方式(FDMA、TDMA 和 CDMA),提供 5 种可能的无线接口规范。

④兼容性。IMT-2000 提供了与现有的 2G 系统的兼容,以保证现有的 2G 用户向 3G 的平

滑过渡。

　　⑤可扩展性。IMT-2000采用模块化设计,使系统具有可扩展性,保证用最小的投入来适应用户数量的增长和覆盖区域的变化以及新业务的出现。

　　⑥广泛的支持。世界各国电信业已达成协议,必须支持IMT-2000。

　　2000年5月,ITU正式确定了3个第三代移动通信系统标准——分别是中国电信技术研究院提交的TD-SCDMA,美国提交的CDMA2000和欧洲提交的WCDMA。2007年,WiMAX亦被接受为3G标准之一。

　　WCDMA全称为Wideband CDMA,也称为CDMA Direct Spread,意为宽频分码多重存取,这是基于GSM网发展出来的3G技术规范,是欧洲提出的宽带CDMA技术,它与日本提出的宽带CDMA技术基本相同。该标准提出了GSM(2G)-GPRS-EDGE-WCDMA(3G)的演进策略,使这套系统能够架设在现有的GSM网络上,对系统提供商而言可以较轻易地过渡,因此WCDMA具有先天的市场优势。该标准是世界上采用的国家及地区最广泛、终端种类最丰富的一种3G标准,有超过500个WCDMA运营商在200个以上的国家和地区开通了WCDMA网络,3G商用市场份额超过80%。中国联通在2009年开始了WCDMA网络的商业运行,提供的业务包括可视电话、无线上网、手机上网、手机电视、手机音乐多种信息服务,其服务品牌为"沃"。

　　CDMA2000是由窄带CDMA(CDMA IS-95)技术发展而来的宽带CDMA技术,也称为CDMA Multi-Carrier,它是由美国为主导提出,可以从原有的窄带CDMA结构直接升级到3G,建设成本低廉。由于之前使用CDMA的地区较少,只有北美、日、韩和中国大陆及香港地区,所以CDMA2000的支持者不如WCDMA多。不过CDMA2000的研发技术却是各标准中进展最快的。该标准提出了从CDMA IS-95(2G)-CDMA20001x-CDMA20003x(3G)的演进策略。CDMA20001x被称为2.5代移动通信技术。CDMA20003x与CDMA20001x的主要区别在于应用了多路载波技术,通过采用三载波使带宽提高。中国电信于2008年收购了中国联通的CDMA网络,并在此基础上于2009年正式升级开通了CDMA2000的3G网络,其服务品牌为"天翼",可以提供无线宽带、手机影视、爱音乐、天翼LIVE、189邮箱、综合办公、全球眼、天翼对讲等服务。

　　TD-SCDMA的全称为Time Division-Synchronous CDMA(时分同步CDMA),该标准是由我国独立制定,拥有完全自主知识产权的3G标准。1999年6月29日,由原邮电部电信科学技术研究院(大唐电信)向ITU(国际电信联盟)提出,并于2000年5月被ITU正式公布为第三代移动通信标准。TD-SCDMA具有辐射低的特点,被誉为绿色3G。该标准将智能天线、联合检测、动态信道分配等当今国际领先技术融于其中,具有较高的频谱效率并能有效支持非对称的移动数据业务。另外,由于中国内地庞大的市场,使该标准受到世界各大主要电信设备厂商的重视,全球一半以上的设备厂商都宣布支持TD-SCDMA标准。该标准提出不经过2.5代的中间环节,由2G直接向3G过渡,非常适用于GSM系统向3G升级。中国移动的3G网络即是建立在TD-SCDMA基础上的,在2008年8月北京奥运会期间进行了小规模的试运行,并于2009年正式开通商业运行网络。中国移动的3G服务品牌为"G3",能够提供可视电话、视频留言、视频会议、多媒体彩铃、数据上网等业务功能。

　　WiMAX的全名是微波存取全球互通(Worldwide Interoperability for Microwave Access),又称为802.16无线城域网,是又一种为企业和家庭用户提供"最后一英里"的宽带无线连接方案。将此技术与需要授权或免授权的微波设备相结合之后,由于成本较低,将扩大宽带无线市场,改善企业与服务供应商的认知度。2007 年 10 月 19 日,国际电信联盟在日内瓦举行的无线通信全体会议上,经过多数国家投票通过,WiMAX 正式被批准成为继 WCDMA、CDMA2000和 TD-SCDMA 之后的第四个全球 3G 标准。

11.3.2　3G 系统的结构

以 WCDMA 为例,简单说明 3G 系统的结构,WCDMA 系统的结构如图 11.5 所示。

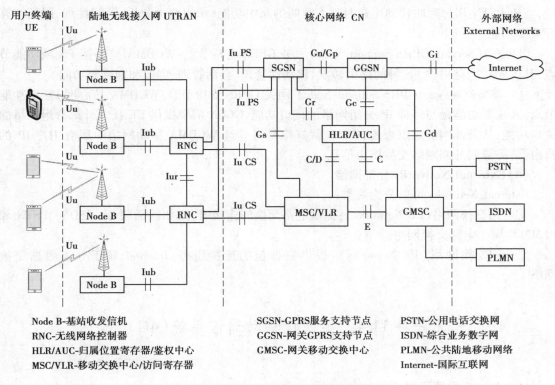

Node B-基站收发信机
RNC-无线网络控制器
HLR/AUC-归属位置寄存器/鉴权中心
MSC/VLR-移动交换中心/访问寄存器

SGSN-GPRS服务支持节点
GGSN-网关GPRS支持节点
GMSC-网关移动交换中心

PSTN-公用电话交换网
ISDN-综合业务数字网
PLMN-公共陆地移动网络
Internet-国际互联网

图 11.5　3G 系统(WCDMA)网络结构图

(1) UE(User Equipment) 用户终端设备

UE 就是我们的手机,它主要包括射频处理单元、基带处理单元、协议栈模块以及应用层软件模块等,为用户提供电路域和分组域内的各种业务功能,包括普通话音、数据通信、移动多媒体、Internet 应用等。

(2) UTRAN(UMTS Terrestrial Radio Access Network) 陆地无线接入网

UTRAN 包括基站(Node B)和无线网络控制器(RNC)两部分。

①Node B:WCDMA 系统的基站(即无线收发信机),包括无线收发信机和基带处理部件。它的主要功能是扩频、调制、信道编码及解扩、解调信道解码,还包括基带信号和射频信号的相互转换等功能。

②RNC(Radio Network Controller):无线网络控制器,主要完成连接建立和断开、切换、宏分集合并、无线资源管理控制等功能。

（3）CN（Core Network）核心网络

CN 负责与其他网络的连接和对 UE 的通信和管理。主要功能实体如下：

①MSC/VLR（Mobile Switching Center/Vistor Location Register）：WCDMA 核心网 CS 域（Circuit Switching Domain）功能节点，其主要功能是提供 CS 域的呼叫控制、移动性管理、鉴权和加密等功能。

②GMSC（Gateway Mobile Switching Center）网关移动交换中心：WCDMA 移动网 CS 域与外部网络之间的网关节点，是可选功能节点，其主要功能是充当移动网和固定网之间的移动关口局，完成 PSTN 用户呼叫移动用户时呼入呼叫的路由功能，承担路由分析、网间接续、网间结算等重要功能。

③SGSN（Serving GPRS Support Node）服务 GPRS 支持节点：WCDMA 核心网 PS 域功能节点，其主要功能是提供 PS 域的路由转发、移动性管理、会话管理、鉴权和加密等功能。

④GGSN（Gateway GPRS Support Node）网关 GPRS 支持节点：WCDMA 核心网 PS 域功能节点，其主要功能是与外部 IP 分组网络的接口功能，GGSN 需要提供 UE 接入外部分组网络的关口功能，从外部网的观点来看，GGSN 就好像是可寻址 WCDMA 移动网络中所有用户 IP 的路由器，需要同外部网络交换路由信息。

（4）External Networks 外部网络

External Networks 可以分为两类：

①电路交换网络（CS Networks）：提供电路交换的连接服务，如通话服务。ISDN 、PSTN 和 PLMN 均属于电路交换网络。

②分组交换网络（PS Networks）：提供数据包的连接服务，Internet 属于分组数据交换网络。

任务 11.4　第四代移动通信系统（4G）

11.4.1　4G 发展历史

随着 3G 技术的成熟与商业应用，用户对移动通信系统提出了更高的要求。第四代移动通信系统 4G（4th-Generation）的诞生已是社会发展的必然趋势。在全球范围内，多个国家和国际组织都已展开了对 4G 技术的研究，中国也有十余家大学、企业和研究机构参与了 4G 的研究。关于新一代移动通信技术的叫法很多，4G 只是一个通用的名称，在 2005 年 10 月的 ITU-RWP8F 第 17 次会议上，ITU 给了 4G 技术一个正式的名称 IMT-Advanced，而任何达到或超过 100 Mbps 的无线数据网络系统都可以称为 4G。IMT-Advanced 标准在 3G 标准已发展的多项标准基础上加以延伸，如 IP 核心网、开放业务架构及 IPv6 等。同时，其规划又必须满足整体系统架构能够由 3G 系统演进到未来 4G 架构的需求。目前，国际上主流的 4G 技术主要是 LTE-Advanced 和 WiMAX 802.16 m 两大体系。而 LTE-Advanced 下又细分成 LTE- Advanced TDD 和 LTE- Advanced FDD 两条分支。

LTE 的全称是"Long term Evolution"，直译为"长程演进"。LTE 分为两种双工模式，分别为 FDD 模式和 TDD 模式，LTE 显著增加了频谱效率和数据传输速率，峰值速率能够达到上行

50 Mbps,下行 100 Mbps。相比 3G 时代 10 Mbps 的下行峰值,速度提升了 10 倍。

LTE-TDD,在我国国内亦称为 TD-LTE,即 Time Division Long Term Evolution(分时长程演进),由包括我国在内的全球各大企业及运营商组成的 3GPP(The 3rd Generation Partnership Project,第三代合作伙伴计划)组织共同制定。LTE 标准中的 FDD 和 TDD 两个模式的实质基本上是相同的,两个模式间只存在很小的差异,其相似度达到了 90% 以上。TDD 即时分双工(Time Division Duplexing)是移动通信技术使用的双工技术之一,与 FDD(Frequency Division Duplexing)频分双工相对应。LTE-TDD 是采用 TDD 版本双工技术的 LTE 技术,LTE-FDD 则是采用 FDD 版本双工技术的 LTE 技术。单从名称上看,TD-LTE 似乎是 TD-SCDMA 的演进版,但实际上二者之间基本没有关系,它们的共同点只是都采用了时分双工模式而已。TD-SCDMA 是以 CDMA(码分多址)技术为基础,TD-LTE 则是以 OFDM(正交频分复用)技术为基础。两者从编解码、帧格式、信令到网络架构等都不一样。

2013 年 12 月 4 日,我国工信部向移动、联通和电信三家运营商同时发放了 TD-LTE 制式的 4G 牌照。然后工信部于 2015 年 2 月 27 日正式向中国联通和中国电信发放了 LTE FDD 标准的 4G 牌照。在 2018 年 4 月 3 日,工信部正式向中国移动发放了 LTE FDD 标准的 4G 牌照。至此,我国的三大电信运营商均获得了 TD-LTE 和 LTE FDD 两张 4G 牌照,4G 网络在我国基本完成全覆盖。

11.4.2　4G 系统结构

4G 网络的结构如图 11.6 所示,主要包含以下几个部分:

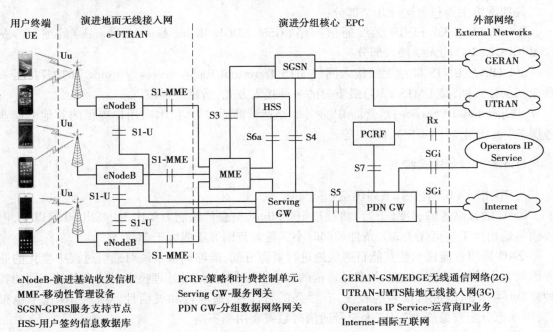

图 11.6　4G 系统网络结构图

(1)用户设备 UE

LTE 的用户设备 UE 实际上就是一个移动设备(ME)。其结构包含移动终端 MT 和终端设备 TE,通用用户识别模块 USIM。USIM 类似于 3G 的 SIM 卡。存储着用户的电话号码,家庭网络身份和安全密钥等信息。

(2)演进地面无线接入网 e-UTRAN

与 3G 网络相比,4G 网络取消了 RNC,将原来 RNC 的功能分散到 eNodeB 和网关中,将 eNodeB 直接接入 EPC,使 LTE 网络结构更加扁平化,降低了用户可感知的时延,大幅提升用户的移动通信体验。

(3)演进分组核心 EPC

4G 的 EPC(Evolved Packet Core,演进分组核心网)取消了 CS(电路域)。全 IP 支持各类技术统一接入,实现固网和移动融合,灵活支持 VoIP 及多媒体业务,实现了网络全 IP 化。

EPC 实现了控制与承载的分离,MME 负责移动性管理、信令处理等功能,Serving-GW 负责媒体流处理及转发等功能。

图示的 EPC 的体系结构中有几个组件未表现出来,以免使网络图过于复杂。图中 EPC 各网元的功能如下:

①MME:主要负责信令处理及移动性管理。

②SAE-GW:包括 Serrving-GW 和 PDN-GW,Serrving-GW 和 PDN-GW 接受 MME 的控制,承载用户面数据。

③HSS:用于存储用户签约信息的数据库。

④PCRF:策略和计费控制单元。

(4)外部网络

外部网络主要包含这样几个部分:

①GERAN:GSM/EDGE 无线通信网络(GSM/EDGE Radio Access Network)的缩写。是 GSM/EDGE(2G)的无线接入部分。

②UTRAN:UMTS 陆地无线接入网(UMTS Terrestrial Radio Access Network)的缩写,是一种全新的接入网,是 UMTS (3G)最重要的一种接入方式,适用范围很广。

③Operators IP Service:运营商 IP 业务。指运营商通过 IP 技术向用户提供的其他电信业务服务,如 IP 电话(Vo-IP)、IPTV 等。

11.4.3　4G 的主要特点

与 3G 相比,4G 主要有下列优点:

①4G 的最高传输速率(下行)将超过 100 Mbps,信息传输能力要比 3G 高出 50 倍以上,但传输质量相当于甚至优于 3G,条件相同时小区覆盖范围等于或大于 3G。

②4G 采用智能技术使其能自适应地进行资源分配,能够调整系统对通信过程中变化的业务流量大小进行相应的处理,并满足通信的要求,采用智能信号处理技术对信道条件不同的各种复杂环境都可以进行信号的收发,有很强的智能性、适应性和灵活性。虽然 3G 速率也很高,但动态分配资源能力欠佳,大流量通信时系统利用率不高。

③在容量方面,可能在目前 FDMA,TDMA 和 CDMA 的基础上引入空分多址(SDMA)。通过 SDMA 可采用自适应波束,将无线电波定点连接到某一个用户,使无线系统容量提高 1~2 个数量级。

④4G 将支持交互式多媒体业务,如视频会议,无线互联网,有相当的安全性,支持下一代

的 Internet(IPv6)和所有的信息设备,包括信息家电等,能通过中间支持和提供用户定义的多种多样的个性化服务,可创造出许多消费者难以想象的应用。

⑤4G 系统网络将是一个完全自治、自适应的网络,突破蜂窝组网的概念,达到更完美的覆盖。核心网将全面采用分组交换(信元交换),使网络可根据用户的需求分配带宽,达到满足系统变化和发展的要求。

⑥可在不同接入技术(包括蜂窝、无绳、WLAN、短距离连接及有线)之间进行全球漫游与互通,实现无缝通信,让所有移动通信运营商的用户享受共同的 4G 服务。既有水平(系统内)切换,又有垂直(系统间)切换,还可以在不同速率间进行切换。

11.4.4　4G 采用的先进技术

4G 是 3G 技术的进一步演化,是在传统通信网络和技术的基础上不断提高无线通信的网络效率和功能。同时,它包含的不是某一种单项技术,而是多种技术的融合。其核心技术主要包括以下几种:

(1)正交频分复用(OFDM)技术

OFDM 是一种无线环境下的高速传输技术,其主要思想就是在频域内将给定信道分成许多正交子信道,在每个子信道上使用一个子载波进行调制,各子载波并行传输。尽管总的信道是非平坦的,即具有频率选择性,但是每个子信道是相对平坦的,在每个子信道上进行的是窄带传输,信号带宽小于信道的相应带宽。OFDM 技术的优点是可以消除或减小信号波形间的干扰,对多径衰落和多普勒频移不敏感,提高了频谱利用率,可实现低成本的单波段接收机。

(2)软件无线电

软件无线电的基本思想是把尽可能多的无线及个人通信功能通过可编程软件来实现,使其成为一种多工作频段、多工作模式、多信号传输与处理的无线电系统。也可以说,是一种用软件来实现物理层连接的无线通信方式。

(3)智能天线技术

智能天线具有抑制信号干扰、自动跟踪以及数字波束调节等智能功能,是未来移动通信的关键技术。智能天线应用数字信号处理技术,产生空间定向波束,使天线主波束对准用户信号到达方向,旁瓣或零陷对准干扰信号到达方向,达到充分利用移动用户信号并消除或抑制干扰信号的目的。这种技术既能改善信号质量又能增加传输容量。

(4)多输入多输出(MIMO)技术

MIMO 技术是指利用多发射、多接收天线进行空间分集的技术,它采用的是分立式多天线,能够有效地将通信链路分解成为许多并行的子信道,从而大大提高容量。在功率带宽受限的无线信道中,MIMO 技术是实现高数据速率、提高系统容量、提高传输质量的空间分集技术。

(5)基于 IP 的核心网

4G 移动通信系统的核心网是一个基于全 IP 的网络,可以实现不同网络间的无缝互联。核心网独立于各种具体的无线接入方案,能提供端到端的 IP 业务,能同已有的核心网和 PSTN 兼容。核心网具有开放的结构,能允许各种空中接口接入核心网;同时核心网能把业务、控制和传输等分开。采用 IP 后,所采用的无线接入方式和协议与核心网络(CN)协议、链路层是分离独立的。IP 与多种无线接入协议相兼容,因此在设计核心网络时具有很大的灵活性,不需要考虑无线接入究竟采用何种方式和协议。

（6）IPv6 协议

4G 通信系统选择了采用基于 IP 的全分组的方式传送数据流,因此 IPv6 技术将成为下一代网络的核心协议。选择 IPv6 协议主要基于以下几点的考虑:巨大的地址空间、自动控制、服务质量（QoS）、移动性。

由于 4G 是多种技术的融合,能提供较高速率的数据流量,所以 4G 的网络速率将比以往的系统性能产生较大飞跃,4G 技术支持的终端将是多模式、多频段、支持多业务的智能终端。4G 与 3G 系统的比较如表 11.1 所示。

表 11.1 3G 与 4G 系统比较

特　征	3G	4G
业务特性	优先考虑语音、数据业务	融合数据和 VoIP
网络结构	蜂窝小区	融合结构——包括 Wi-Fi、蓝牙等
频率范围	1.6~2.5 GHz	2~8 GHz,800 MHz
带宽	5~20 MHz	100 MHz
速率	385 Kbit/s~2 Mbit/s	20~100 Mbit/s
接入方式	WCDMA/CDMA2000/TD-SCDMA	MC-CDMA 或 OFDM
交换方式	电路交换/包交换	包交换
移动性能	200 kmph	200 kmph
IP 性能	多版本	全 IP（IPv6）

任务 11.5 第五代移动通信系统（5G）

随着 4G 应用的推广,人们对移动通信的要求越来越高。同时,随着技术的进步,新的移动通信技术的研发也越来越成熟。第五代移动通信技术（5G）也呼之欲出。实际上,在 4G 尚未正式商用之前,世界各个著名大学、研究机构和几大处于领先地位的通信技术企业就已经开始 5G 的研究了。

由土耳其毕尔肯大学埃达尔·阿利坎（Erdal Arıkan）教授提出的 Polar Code,是一种前向错误更正编码方式。基于该理论,他给出了人类已知的第一种能够被严格证明达到信道容量的信道编码方法,并命名为极化码。目前该技术为中国华为公司拥有知识产权,2016 年 11 月 17 日国际无线标准化机构 3GPP 第 87 次会议在美国拉斯维加斯召开,中国华为主推的 Polar Code（极化码）方案最终作为控制信道编码胜出。这标志着中国企业在国际性的标准制订中掌握了一定的发言权。

2018 年 6 月 13 日,3GPP 宣布第五代移动通信标准 5G NR（New Radio）独立组网的冻结,这也意味着 5G 通信技术第一阶段的全功能标准化工作已经完成,首个完整意义的国际 5G 标准正式确立。5G 商用化发展正式进入全面冲刺阶段。然后,在北京、杭州、深圳,中国三大运营商先后建成了自己的 5G 实验站点,工信部也已经完成了 5G 的组网测试,很快就将发布 5G 的频谱牌照,5G 时代的来临指日可待。2019 年 2 月 25—28 日在西班牙巴塞罗那召开的 2019 年世界移动通信大会(MWC19)上,中国的华为、中兴、TCL、OPPO、联想等通信设备巨头均推出了自己的 5G 手机。预计在 2019 年年底将迎来 5G 大规模商用的浪潮。

11.5.1　5G 的应用场景

根据国际通信标准组织 3GPP 的定义,5G 的应用场景可划分为增强型移动宽带(eMBB)、大连接物联网(mMTC)、低时延高可靠通信(uRLLC)3 类。

①eMBB 增强型移动宽带。下载速率理论值将达到每秒 10 Gbps,将是当前 4G 上网速率的 10 倍。

②mMTC 大连接物联网。5G 单通信小区可以连接的物联网终端数量理论值将达到百万级别,是 4G 的十倍以上。

③uRLLC 低时延高可靠通信。5G 的理论延时是 1 ms,是 4G 延时的几十分之一,基本达到了准实时的水平。

11.5.2　5G 的关键技术

要达到上述的 5G 应用场景,需要大规模天线阵列、超密集组网、新型多址、全频谱接入、新型网络结构等关键技术来实现,前三项用于保证 5G 网络速率和覆盖要求,是无线接入的关键技术。

(1)大规模天线阵列 Massive MIMO

大规模天线阵列 Massive MIMO 是实现 5G 网络容量需求的关键技术之一。提高频谱效率是提高 5G 网络容量的一个有效途径,提高频谱效率可通过大规模天线阵列、新型多址、波形等方式实现。

Massive MIMO 采用有源天线技术作为 5G 的标准,与 4G MIMO 相比,有源天线可支持 3D MIMO 和更大的天线阵列,无论天线数量和信号覆盖维度都较 4G 大幅提高,5G Massive MIMO 的天线和通道数量可以达 64 个、128 个,最大天线数量可达 256 个,从而大大提升了频谱的利用率,在天线得到优化的也同时大大降低了部署成本。

(2)超密集组网 UDN(Ultra-Dense Network)

在 5G 时代,由于低频段频谱资源的稀缺,仅依靠提升频谱效率无法满足移动数据流量增长的需求。这样,增加单位面积内微基站密度就成了解决热点地区移动数据流量飞速增长的一个有效手段。超密集组网(UDN,Ultra-Dense Network)是基于既有微基站相关的技术,其网络规划特点是根据不同的场景需求,采用多系统、多分层、多小区、多载波方式进行组网,满足不同的业务类型需求。对于移动广覆盖业务场景的网络形态,以宏蜂窝基站簇覆盖为主,支持高移动性,核心网控制功能集中部署,无线资源管理功能下沉到宏蜂窝和基站簇,基站簇场景下,结合干扰协调需求,实现基于独立模块的集中式增强资源协同管理;对于热点高容量业务场景的网络形态,微蜂窝进行热点容量补充,同时结合大规模天线、高频通信等无线技术;核心网控制面集中部署,在干扰严重受限的宏微和微蜂窝簇场景下,资源协同管理和小范围移动性管理下沉至无线侧,用户面网关、业务使能和边缘计算下沉到接入网侧,实现本地业务分流和内容快速分发;对于低时延高可靠业务场景的网络形态,通用控制功能和大范围移动性相关功能集中,小范围移动性管理功能、特定业务特定控制功能下沉至无线侧,用户面网关、内容缓存、边缘计算下沉至无线侧,实现快速业务终结和分发,支持网络控制的设备间直接通信;对于大规模 MTC 业务场景的网络形态,网络控制功能依据 MTC 业务进行定制和裁剪,增加 MTC 信息管理、策略控制、MTC 安全等,简化移动性管理等通用控制模块,用户面网关下沉,增加汇聚网关,实现海量终端的网络接入和数据汇聚服务,在覆盖弱区和盲区,基于覆盖增强技术,提供网络连接服务。

(3)新型多址

未来移动通信技术发展的主要驱动力将是移动互联网和物联网,5G 不仅需要大幅度提升系统频谱效率,而且还要具备支持海量设备连接的能力。此外,在简化系统设计及信令流程方面也提出了很高的要求,这些都将对现有的正交多址技术形成严峻挑战。

以 SCMA、PDMA 和 MUSA 为代表的新型多址技术通过多用户信息在相同资源上的叠加传输,在接收侧利用先进的接收算法分离多用户信息,不仅可以有效提升系统频谱效率,还可成倍增加系统的接入容量。

稀疏码多址接入技术 SCMA 是一种基于码域叠加的新型多址技术,它将低密度码和调制技术相结合,通过共轭、置换以及相位旋转等方式选择最优的码本集合,不同用户基于分配的码本进行信息传输。由于采用非正交稀疏编码叠加技术,在同样资源条件下,SCMA 技术可以支持更多用户连接。同时,利用多维调制和扩频技术,单用户链路质量将大幅度提升。此外,还可以利用盲检测技术以及 SCMA 对码字碰撞不敏感的特性,实现免调度随机竞争接入,有效降低实现复杂度和时延,更适合用于小数据包、低功耗、低成本的物联网业务应用。

图样分割非正交多址接入 PDMA 是以用户信息理论为基础,在发送端利用图样分割技术对用户信号进行合理分割,在接收端进行相应的串行干扰删除,可以逼近多址接入信道的容量界。用户图样的设计可以在空域、码域和功率域独立进行,也可以在多个信号域联合进行。图样分割技术通过在发送端利用用户特征图样进行相应的优化,加大不同用户间的区分度,从而有利于改善接收端串行干扰删除的检测性能。

多用户共享接入方案 MUSA 是一种基于码域叠加的多址接入方案,对于上行链路,将不同用户的已调符号经过特定的扩展序列扩展后在相同资源上发送,接收端采用 SIC 接收机对用户数据进行译码。扩展序列的设计是影响 MUSA 方案性能的关键,要求在码长很短的条件下(4 个或 8 个)具有较好的互相关特性。对于下行链路,基于传统的功率叠加方案,利用镜像星座图对配对用户的符号映射进行优化,提升下行链路性能。

(4)全频谱接入

全频谱接入是以 6 GHz 以下低频段为核心,用于无线覆盖。以 6 GHz 以上高频段为辅助,用于热点区域速率提升。

对于低频段,改变原有静态频谱分配,利用灵活频谱共享技术、认知无线电技术。通过这两项技术,系统不使用固定的频段,而是主动探测频谱使用率,在使用率较低的频谱上进行信息传输,使其能够更高效灵活、智能化地进行频谱资源利用,从而提高频谱利用效率。

对于高频段,采用毫米波通信和可见光通信,拓展 6 GHz 以上丰富的频谱资源。高频段可以使用的空闲带宽大,可提供几十甚至上百的带宽。波束集中,提高能效,方向性好,受干扰影响小。但也存在传输距离问题,所以一般用在热点高容量场景。

（5）新型网络结构

5G 的网络结构采用 C-RAN 接入网架构。C-RAN 是基于集中化处理、协作式无线电和实时云计算构架的绿色无线接入网构架。其基本思想是通过充分利用低成本高速光传输网络，直接在远端天线和集中化的中心节点间传送无线信号，以构建覆盖上百个基站服务区域，甚至上百平方千米的无线接入系统。C-RAN 架构适于采用协同技术，能够减小干扰，降低功耗，提升频谱效率，同时便于实现动态使用的智能化组网，集中处理有利于降低成本，便于维护，减少运营支出。

11.5.3　5G 的特点

①网速变快。用 5G 下载一部高清电影，用时将会很短，甚至不会超过 1 秒。

②云技术的广泛应用。5G 更多的是解决数据问题。高速率对云技术来说是很重要的，未来数据都上传云端，我们的工作、生活和娱乐都交给云。

③物联网的发展。物联网和云计算一样，都是速率和容量的大户。5G 发展后，物联网终端设备也会发生相应的变化，智慧城市、智慧家居、物流等方面也会更加智能，向着万物互联的方向发展。

④无人驾驶技术的成熟。5G 有个很大的特点就是低延时，而这使得自动驾驶成为可能。待 5G 网络建设基本完成后，估计成熟的无人驾驶就可以上路了。

⑤VR 的发展。虚拟现实（VR，Virtual Reality）的概念曾经炒得非常火，但是后来发现以前的移动通信系统数据传播的速度跟不上人的大脑和眼睛的反应时间，两者产生了一个时间差，使我们的身体产生很不舒服的反应。而 5G 的低时延性，将使 VR 的发展瓶颈得以突破。

小　结

1.移动通信（Mobile Communication 简称 MC）就是通信的双方或者一方处于运动状态之中，或者是暂时处于某一非确定位置上进行的通信。

2.移动通信网的区域覆盖方式有大区制和小区制。大区制的频谱利用率低，能容纳的用户数量少。但是组网简单，投资少，见效快，适用于用户较少的地区。小区制可以应用频率再用技术，小区分得越多，整个通信系统的容量就越大，但小区范围也不能分得过小。

3.第 3 代移动通信系统（简称 3G）的目标是实现：无论任何人（Whoever）在任何时候（Whenever）和任何地方（Wherever）都能和另一个人（Whomever）进行任何类型（Whatever）的信息交换，即所谓"5W"通信。

4.4G 采用的先进技术主要有正交频分复用（OFDM）技术、软件无线电、智能天线技术、多输入多输出（MIMO）技术、基于 IP 的核心网和 IPv6 协议等。

5.5G 的应用场景可划分为增强型移动宽带（eMBB）、大连接物联网（mMTC）、低时延高可靠通信（uRLLC）三类。

6.5G 关键技术包括大规模天线阵列、超密集组网、新型多址、全频谱接入、新型网络结构等。

7.我国的移动通信经历了 1G、2G、3G、4G 的发展历程，并正向着 5G 发展。

思考与练习 11

11.1 什么是移动通信? 移动通信有什么特点?

11.2 蜂窝移动通信系统中采用大区制和小区制各有何优缺点?

11.3 GSM 数字蜂窝移动系统由哪几部分组成? 各部分的功能是什么?

11.4 CDMA 移动通信系统的基本原理是什么? CDMA 系统有哪些优点?

11.5 3G 移动通信系统的目标是什么?

11.6 3G 系统中的 UTRAN 是什么? 由几个部分组成? 各部分的作用是什么?

11.7 4G 系统中的 MIMO 技术是什么? 有何作用?

11.8 5G 的应用场景有几种类型? 各有何特点?

项目 **12**
计算机通信与网络

【项目描述】

本项目主要介绍计算机通信与网络的基本概念,并介绍了计算机网络的结构、组成与分类。

【项目目标】

知识目标:

- 了解计算机通信的基本概念;
- 了解计算机网络的组成与分类;
- 了解开放系统互连模型;
- 了解国际互联网的基本特点。

技能目标:

- 掌握开放系统互连参考模型的结构。

【项目内容】

计算机通信是计算机技术与通信技术相结合的产物,是把计算机技术中的数据处理、加工、存储和通信技术中的信息传输、交换有机结合而形成的一种全新的通信方式。随着国际互联网——Internet 在各行各业中的广泛应用,计算机通信正在以前所未有的速度渗透人们工作和生活的各领域。

任务 12.1 计算机通信概论

可以说计算机网络发展的历史就是计算机通信的发展历史。在第一台电子计算机诞生后的大约十年时间里,计算机技术与通信技术之间基本上没有什么太大的关联。在 1954 年设计出了具有收发功能的终端设备之后,人们以一台或几台大型计算机为中心,将许多终端设备与之连接构成面向终端的远程联机集中处理计算机系统,构成计算机网络的第一代雏形。

20 世纪 60 年代末期出现了以资源共享为目的的计算机通信网,其中以美国国防部高级研究计划局于 1968 年提出的 ARPA(Advanced Research Projects Agency)计算机网络方案为代表,开辟了一个计算机技术的新领域——网络化与分布处理技术。1969 年 ARPAnet 最初建立时只有四个节点,但却是计算机通信网络发展的一个重要里程碑,自那以后计算机网络开始迅速发展,70 年代 APRA 网络节点已发展到 50 个,主计算机超过 100 台,网络覆盖美国本土及欧洲部分地区。

1972 年,ARPAnet 在首届计算机后台通信国际会议上首次与公众见面,并验证了分组交换技术的可行性,由此,ARPAnet 成为现代计算机网络诞生的标志。

自 20 世纪 70 年代中期开始,国外的一些主要计算机厂商纷纷推出了自己的网络体系结构,但这些网络技术规范只在本公司同构型设备基础上互联。网络通信市场的这种混乱状况,使用户在组网时无所适从,投资得不到有效的保障。为此,当时的国际电报电话咨询委员会——CCITT(后改名为国际电信联盟标准化部门——ITU-T)公布了基于分组交换技术的公用数据网的重要建议——X.25 规程,其后又作了多次修改和补充。各国电信运营部门纷纷据此兴建了各自的公用数据网(PDN),提供各类计算机系统的接入。我国也于 1993 年建成了 X.25 分组交换公用数据网(PSPDN)。

随着网络技术的不断发展,各家公司的网络体系各自为政,封闭性强,造成不同的系统间难于互联互通的矛盾也日渐突出,为此国际标准化组织(ISO)公布了开放系统互联 OSI(Open System Interconnection)参考模型(OSI-RM),提出了七层结构的网络协议标准,并于 1984 年 5 月批准为国际标准,即 ISO 7498。新一代的网络技术、网络互联、网络管理和系统集成相应随之兴起。

1983 年,ARPAnet 分裂为两部分:ARPAnet 和纯军事用的 MILnet。该年 1 月,ARPA 把 TCP/IP(Transport Control Protocol/Internet Protocol)协议作为 ARPAnet 的标准协议,其后,人们称呼这个以 ARPAnet 为主干网的网际互联网为 Internet,TCP/IP 协议簇便在 Internet 中进行研究、试验,并改进成为使用方便,效率极好的协议簇。

1986 年,美国国家科学基金会 NSF(National Science Foundation)在政府的资助下,用 TCP/IP 协议在全国建立了按地区划分的计算机广域网,并将这些地区网络和超级计算中心相联,最后将各超级计算中心互联起来,建立了 NSFnet 网络。并于 1990 年 6 月彻底取代了 ARPAnet 而成为 Internet 的主干网。从此,Internet 便在全球各地迅速普及开来。

任务 12.2　开放系统互连(OSI)参考模型

所谓"开放系统互连"是指国际标准化组织(ISO)公布的开放系统互连 OSI 参考模型(OSI-RM),该模型于 1984 年 5 月被批准为国际标准 ISO 7498。美国政府在 1988 年规定政府部门采购的计算机产品必须遵循 OSI 的相关标准,我国相关部门也于 1989 年正式选定 OSI 标准作为我国网络建设的主攻方向,目前世界各大计算机公司的产品几乎全部支持 OSI 标准。

OSI 参考模型是一个分层结构的网络协议标准,它将网络系统提供的通路划分成定义明确、功能分明的不同层次,每一层次执行各自的规定任务,每一层向上层提供规定的服务,在完成本层任务时接受下层提供的服务。各层的功能相对独立,层间通过接口相互连接,网络用户间按协议进行相互通信。OSI 参考模型共分 7 层,其结构如图 12.1 所示。

物理层是七层模型的最底层,使设备之间的物理接口,该层的基本特性是:机械特性、电气特性、功能特性和过程特性,其功能是在计算机等开放系统之间建立、保持和断开物理连接。

数据链路层是 OSI 参考模型的第二层,其作用为屏蔽物理层的特性,向网络层提供高可靠传输的数据链路,确保数据通信的正确性。该层主要解决数据传输管理和流量控制的问题。

网络层是七层模型的第三层,是管理和控制通信子网的重要层次,其主要功能有:路由选择和中继、激活和终止网络连接、数据的分段与合段、差错的检测与恢复、排序、流量控制、拥塞控制、数据链路复用及网络层管理。

传输层是七层模型的第四层,是计算机通信网络体系结构中最关键的一层,起着承上启下的作用。它汇集下三层功能,向高层提供完整的、无差错的、透明的、可按名寻址的、高效低费用的端到端通信服务。该层的主要功能有传输连接管理服务与数据传输服务。

会话层是七层模型的第五层。所谓会话是指两个用户按协商好的规程,为面向应用进程的信息处理而建立的临时联系。该层的主要任务是在两个会话服务用户之间建立一组对话连接,并以同步方式提供信息交换和有序的对话连接、释放。在数据流中设置同步点,当传输出现问题时,可以利用设置的同步点,从最近的一个同步点开始重新同步而不需从头开始。

表示层是七层模型中的第六层,它接受会话层的服务,并向应用层提供尽可能多的通用功能服务,以简化应用层实体之间的通信。正是因为应用层使用了表示层提供的这些服务,应用层实体间的通信才成为可能。

应用层是 OSI 参考模型的最高层,是开放体系中直接向应用进程或用户提供服务的唯一层次。它作为两个应用进程之间进行通信的窗口,通过应用层协议和表示层服务来完成信息的交换。该层的软件包括系统管理和应用管理软件、分布式信息服务以及第三方软件商提供的应用程序。

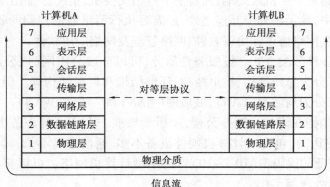

图 12.1　OSI 参考模型

当两个用户进行通信时,信息从发送端的应用层开始,逐次经过发送端的表示层、会话层、传输层、网络层、数据链路层后,在物理层将信息转换为适合物理介质传输的信号,通过物理介质将信号传送到接收端,再逐次经过接收端的物理层、数据链路层、网络层、传输层、会话层和表示层,最后在应用层将信息恢复成用户可以接受的形式。

任务 12.3　计算机网络的组成与分类

计算机网络的一般模型由通信子网和用户资源子网构成,如图 12.2 所示。通信子网由电信运营商提供的各种网络组成,支持用户资源子网的接入。用户资源子网包括各种类型的计算机、终端以及数据采集系统,有的请求共享资源,有的提供资源共享。

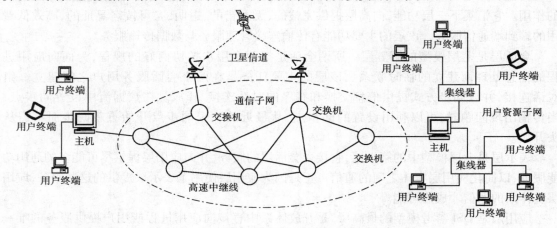

图 12.2　计算机网络组成示意图

从图 12.2 来看,计算机网络由网络节点和通信链路组成,其中网络节点可分为端节点和转换节点。端节点指用户主机或终端,而转换节点指交换机、集线器、路由器等通信设备。

在计算机网络中,除了物理上互连之外,还需要执行网络通信控制的软件,包括网络操作系统、网络通信软件、网络协议和协议软件、网络管理及网络应用软件。

计算机网络有多种分类方式。按服务性质分,可以分成公用网(或公众网)和专用网;按网络拓扑结构分,可分为总线结构、星形结构、环形结构和树形结构等。但最常见的分类方法是按覆盖区域分,可分为局域网(LAN)、城域网(MAN)和广域网(WAN)。

局域网(LAN)是指在诸如一幢办公楼,一所学校或一个小区等小范围内,基本上是由本单位建设、管理与使用的,包含的计算机硬件设备不多、通信距离不长,具有较高的传输速率($10 \sim 100$ Mbps)、较低的误码率($10^{-8} \sim 10^{-11}$)的小型计算机网络。可以完成计算机之间的通信、资源共享和分布处理等工作。

城域网(MAN)的分类使用得不是太多,主要是指覆盖范围在几十至上百平方千米内,能够覆盖一个城市的大型的局域网,从技术层面上说,城域网基本上就是局域网的扩大与延伸,可以由若干个局域网互联构成。但与局域网不同的是,城域网具有开放性,其用户除了可以从本网内部获得高质量的数据服务外,还可以通过城域网访问广域网。

广域网(WAN)是一组在地域上跨越城市、国家以至全球范围的计算机互联网络,其传输介质一般由电信运营商提供。如现在广泛使用的 Internet,就是一个真正意义上的全球互联网,至目前已基本覆盖全球所有国家,其包含的信息几乎包含了世界上现存的所有行业与门类,其信息量是人类历史上从未有过的巨大,对人类社会的生活将产生巨大的影响。

任务 12.4　国际互联网 Internet

Internet 是由英语中的"Inter"和"net"组成,"Inter"的含义是"交互的","net"则是指"网络"。它是一个覆盖全球的巨大的计算机网络体系,所以称为国际互联网,我们又经常习惯性地将其音译为"因特网"。

很难对 Internet 下一个准确的定义,其应用范围主要是通信与信息资源共享。从网络通信的角度来看,Internet 是一个以 TCP/IP 网络协议连接各个国家、各个地区、各个机构的计算机网络的国际互联网络。从信息资源的角度来看,Internet 是一个集各行各业,各国各领域的各种信息资源为一体,供网上用户共享的信息资源网。

Internet 的前身是美国的 ARPAnet 和 NSFnet,1994 年 Internet 由商业机构全面接管后,Internet 从单纯的科研网络演变成为一个世界性的商业网络,从而加速了 Internet 的普及和发展,世界各国纷纷接入 Internet,各种商业应用也逐步加入 Internet,使 Internet 成为现代信息社会的代名词。

我国最早连入 Internet 的单位是中国科学院高能物理研究所,在 1987 年通过 X.25 租用线实现了国际远程联网,并于 1988 年实现了与欧洲和北美地区的 E-mail 通信。1996 年 6 月,中国最大的 Internet 互联子网 CHINAnet 正式开通并投入营运,自后 Internet 逐渐进入普通中国人的工作与日常生活。

时至今日,Internet 已成为覆盖全球的互联网,近 200 个国家和地区开通了 Internet,连接了遍布世界的数千万台计算机和数据库,拥有数以十亿计的网络用户,形成了当今世界最大的信息资源库和覆盖面最广的数据通信网。Internet 正日益成为高效传递信息的方法和途径。

Internet 不仅提供了丰富的信息资源,也提供了丰富的网络通信资源。Internet 提供了电子信箱、文件传输、远程登录等基本服务,以及在基本功能支持下采用某些专用的应用软件或用户接口提供众多的扩充服务,如基于电子信箱功能的公告栏、专题讨论组和电子期刊服务,利用主题词或关键词的索引服务,基于多层菜单的交互检索和万维网(WWW)服务等。另外目前最热门的要数电子商务和 IP 电话了。电子商务需要网上结算和商品配送的支持与配合,在一些发达国家已开展得非常好。IP 电话因其低廉的收费而受到了热烈的欢迎,对传统的长途电话造成了一定的冲击。

Internet 规模的迅速扩展、客户的爆炸性增长和业务应用的广泛渗透,为全球信息化展示了良好的前景,它对全球范围内的经济、IT 产业、商贸、金融、文化、教育、新闻、出版、娱乐、社会管理乃至人们的工作和生活方式都产生并将继续产生巨大的影响。具体表现在以下几个方面。

①Internet 对 IT 产业本身的格局和发展方向起着主导作用,已经并将继续涌现出一大批从事网络设备制造和软件开发、网络运营的厂商以及 ISP(Internet 业务提供商)、ICP(Internet 内容提供商)等生机勃勃的企业。

②Internet 对传统的行业划分和行业经营方式都产生了很大的冲击,电信网、计算机和 CATV 网之间技术的融合和业务的相互渗透使行业分工在有些方面变得逐渐模糊;电子商务、电子金融和电子出版等的出现则改变了传统的行业运作方式。在 Internet 上推出的网上银

行、网上股票交易等业务不仅极大地提高了企业经营效能,而且方便了广大客户。

③Internet 所提供的实时或非实时信息交流环境,尤其是多媒体信息交流可用于"政府上网",通过实现"电子政务"不仅提高了政府的办事效率,同时密切了各级政府与民众之间的沟通;可开办"网上大学""网上医院",以实现远程教学和远程医疗;可提供法律咨询、健康咨询和文件检索等各种信息服务以及 IPTV、VOD 等娱乐服务;可开办"电子商务"来更新传统的经营和销售模式。Internet 亦为"家庭办公"和企业、部门间的协同工作创造了良好的环境。

④下一代 Internet 采用 IPv6 协议,网络地址扩充到 128 位,除了可连接更多的计算机和网络外,还可连接其他设备,如掌上型个人数字助理(PDA)和电视机、冰箱、微波炉等各种信息化家用电器,也包括汽车的故障自检系统、家庭照明系统等,以实现家庭信息化。

⑤移动通信与 Internet 的结合使 Internet"如虎添翼",移动 IP 技术和业务的发展可为用户提供随时随地的上网服务。

随着计算机技术与通信技术的发展,计算机通信在发生着日新月异的变化。正在成为人类进入信息化时代的标志。

小　结

1.计算机通信是把计算机技术中的数据处理、加工与存储和通信技术中的信息传输、交换有机结合而形成的一种全新的通信方式。

2."开放系统互连"是指国际标准化组织(ISO)公布的开放系统互联 OSI(Open System Interconnection)参考模型(OSI-RM),该模型于 1984 年 5 月被批准为国际标准 ISO 7498。该模型包含应用层、表示层、会话层、传输层、网络层、数据链路层和物理层共 7 层结构。

3.最常见的计算机网络分类方法是按覆盖区域分,可分为局域网(LAN)、城域网(MAN)和广域网(WAN)。

4.Internet 是一个覆盖全球的巨大的计算机网络体系,称为国际互联网,常将其音译为"因特网"。

思考与练习 12

12.1　什么是计算机网络? 由哪些部分组成?

12.2　最常见的计算机网络分类方法将网络分为几种? 各有何特点?

附录　通信专业常用英文缩略词

A

ACK	Acknowledge	确认
ADM	Adaptive Delta Modulation	自适应增量调制
ADPCM	Adaptive Digital Pulse Code Modulation	自适应数字脉冲编码调制
ADSL	Asymmetric Digital Subscriber Line	非对称数字用户线路
AIN	Advanced Intelligent Network	高级智能网
AM	Amplitude Modulation	幅度调制
AMPS	Advanced Mobile Phone Systems	高级移动电话系统
ANSI	American National Standards Institute	美国国家标准学会
APC	Adaptive Predictive Coding	自适应预测编码
ARQ	Automatic Repeat Request	自动重复请求
ATM	Asynchronous Transfer Mode	异步传输模式
AUC	Authentication Center	验证中心
AWGN	Additive White Gaussian Noise	加性高斯白噪声

B

BER	Bit Error Rate	误比特率
BFSK	Binary Frequency Shift Keying	二进制频移键控
B-ISDN	Broadband Integrated Services Digital Network	宽带综合业务数字网
BIU	Base Station Interface Unit	基站接口单元

BPSK	Binary Phase Shift Keying	二进制相移键控
BSC	Base Station Controller	基站控制器
BSS	Base Station Subsystem	基站子系统
BTS	Base Transceiver Station	基站收发信机
C		
CAI	Common Air Interface	公共空中接口
CAS	Channel Associated Signalling	随路信令
CCIR	Consultative Committee for International Radiocommunications	国际无线电通信咨询委员会
CCITT	Consultative Committee for International Telegraph and Telephone	国际电话与电报咨询委员会
CCS	Common Channel Signalling	公共信道信令
CDMA	Code Division Multiple Access	码分多址
CIU	Cellular Controller Interface Unit	蜂窝控制器接口单元
CO	Central Office	中心局
Code	Coder/Decoder	编码/解码
CPFSK	Continuous Phase Frequency Shift Keying	连续相位频移键控
CRC	Cyclic Redundancy Code	循环冗余码
CS	Circuit Switching	电路交换
CT 2	Cordless Telephone-2	无绳电话-2
CVSDM	Continuously Variable Slope Delta Modulation	连续可变斜率增量调制
CW	Continuous Wave	连续波
D		
DCS	Digital Communication System	数字通信系统
DCS1800	Digital Communication System-1800	数字通信系统-1800
DCT	Discrete Cosine Transform	离散余弦变换
DDN	Digital Data Network	数字数据网
DECT	Digital European Cordless Telephone	泛欧洲数字无绳电话
DM	Delta Modulation	增量调制

DPCM	Differential Pulse Code Modulation	差分脉码调制
DQPSK	Differential Quadrature Phase Shift Keying	差分四相相移键控
DS	Direct Sequence	直接序列
DSP	Digital Signal Processing	数字信号处理
DS-SS	Direct Sequence Spread Spectrum	直接序列扩频
DTE	Data Terminal Equipment	数据终端设备
E		
EDGE	Enhanced Data Rate for GSM Evolution	增强型数据速率 GSM 演进技术
EIA	Electronic Industry Association	电子工业协会
EIR	Equipment Identity Register	设备识别寄存器
EIRP	Effective Isotropic Radiated Power	有效全向辐射功率
erf	Error Function	误差函数
erfc	Complementary Error Function	余误差函数
ERMES	European Radio Message System	欧洲无线消息系统
ESN	Electronic Serial Number	电子序列号
ETSI	European Telecommunications Standard Institute	欧洲电信标准协会
ETTH	Ethernet To The Home	以太网到户
F		
FBF	Feedback Filter	反馈滤波器
FCC	Federal Communications Commission, Inc.	（美国）联邦通信委员会
FCDMA	Hybrid FDMA/CDMA	混合 FDMA/CDMA
FDD	Frequency Division Duplex	频分双工
FDM	Frequency Division Multiplexing	频分复用
FDMA	Frequency Division Multiple Access	频分多址
FEC	Forward Error Correction	前向纠错
FH	Frequency Hopping	跳频
FH-SS	Frequency HoPPed SPread Spectrum	跳频扩频
FM	Freguency Modulation	频率调制

FN	Frame Number	帧数
FSK	Frequency Shift Keying	频移键控
FTTC	Fiber To The Curb	光纤到路边
FTTH	Fiber To The Home	光纤到户
FTTO	Fiber To The Office	光纤到办公室
FTTR	Fiber To The Rural	光纤到农村（远端节点）
G		
GMSK	Gaussian Minimum Shift Keying	高斯最小频移键控
GSM	Global System for Mobile Communication	全球移动通信系统
H		
HDB	Home Database	归属数据库
HDSL	High-speed Digital Subscriber Line	高速率数字用户线路
HFC	Hybrid Fiber Coaxial	光纤/同轴电缆混合网络
HLR	Home Location Register	归属位置登记
HSS	Home Subscriber Server	归属签约用户服务器
I		
IEEE	Institute of Electrical and Electronics Engineers	电器和电子工程师协会
IF	Intermediate Frequency	中频
IM	Intermodulation	互调
IMSI	International Mobile Subscriber Identity	国际移动用户识别
IMT-2000	International Mobile Telecommunication 2000	国际移动电信 2000
IP	Internet Protocol	互联网协议
IS-54	EIA Interim Standard for U.S.Digital Cellular (USDC)	美国数字蜂窝 EIA 暂行标准
IS-95	EIA Interim Standard for U.S.Code Division Multiple Access	美国码分多址 EIA 暂行标准
ISDN	Integrated Services Digital Network	综合业务数字网
ISI	Intersymbol Tnterference	码间串扰
ITU	International Telecommunications Union	国际电信联盟

J		
JDC	Japanese Digital Cellular	日本数字蜂窝
	(later called Pacific Digital Cellular)	（后称为太平洋数字蜂窝）
JRC	Joint Radio Committee	联合无线委员会
JTC	Joint Technical Committee	联合技术委员会
L		
LAN	Local Area Network	局域网
LD	Laser Diode	半导体激光二极管
LED	Light—Emitting Diode	半导体发光二极管
LOS	Line-of-sight	视距
LSB	Lower Side Band	下边带
LTE	Linear Transversal Equalizer	线性横向均衡器
LTE	Linear Transversal Equalizer	线性横向均衡器
LTE	Long term Evolution	长程演进
M		
MAN	Metropolitan Area Network	城域网
MFSK	Minimum Frequency Shift Keying	最小频移键控
MME	Mobility Management Entity	移动性管理设备
MPSK	Minimum Phase Shift Keying	最小相移键控
MSC	Mobile Switching Center	移动交换中心
MSK	Minimum Shift Keying	最小频移键控
MTSO	Mobile Telephone Switching Office	移动电话交换局
N		
NAK	Negative Acknowledge	否定确认
NBFM	Narrowband Frequency Modulation	窄带调频
N-ISDN	Narrowband Integrated Service Digltal Network	窄带综合业务数字网
NMT-450	Nordic Mobile Telephone-450	北欧移动电话-450
NRZ	No-return to Zero	非归零码

NTT	Nippon Telephone and Telegraph	日本电话电报公司
O		
OFDM	Orthogonal Frequency Division Multiplexing	正交频分复用
OMC	Operation Maintenance Center	操作维护中心
OQPSK	Offset Quadrature Phase Shift Keying	交错四相相移键控
OSI	Open System Interconnect	开放系统互连
OSS	Operation Support Subsystem	操作支持子系统
OTN	Optical Transport Network	光传送网
P		
PACS	Personal Access Communication System	个人接入通信系统
PAS	Personal Access System	个人接入系统
PCM	Pulse Code Modulation	脉冲编码调制
PCN	Personal Communication Network	个人通信网
PCS	Personal Communication System	个人通信系统
PDC	Pacific Digital Cellular	太平洋数字蜂窝
PHP	Personal Handy Phone	个人手提电话
PHS	Personal Handy Phone System	个人手提电话系统
PL	Path Loss	路径损耗(传播损耗)
PLL	Phase Locked Loop	锁相环
PN	Pseudo-noise	伪噪声
POTS	Plain Old Telephone Service	普通老式电话业务
PS	Packet Switch	分组交换
PSD	Power Spectral Density	功率谱密度
PSK	Phase Shift Keying	相移键控
PSTN	Public Switched Telephone Network	公用交换电话网
Q		
QAM	Quadrature Amplitude Modulation	正交调幅
QPSK	Quadrature Phase Shift Keying	正交相移键控

R		
RF	Radio Frequency	射频
RX	Receiver	接收机
RZ	Return to Zero	归零
S		
SDMA	Space Division Multiple Access	空分多址
SIM	Subscriber Identity Module	用户标识模块
SMS	Short Messaging Service	短消息业务
	Service Management System	业务管理系统
SNR（S/N）	Signal-to-Noise Ratio	信噪比
SS	Spread Spectrum	扩频
SSB	Single Side Band	单边带
T		
TACS	Total Access Communications System	全接入通信系统
TDD	Time Division Duplex	时分双工
TDFH	Time Division Frequency Hopping	时分跳频
TDM	Time Division Multiplexing	时分复用
TDMA	Time Division Multiple Access	时分多址
TIA	Telecommuncations Industry Association	电信工业协会
TMN	Telecommunication Management Network	电信管理网络
TMS	Time Multiplex Switching	时间多路复用交换
TSI	Time-Slot Interchange	时隙交换
TX	Transmitter	发射机
U		
UDN	Ultra-Dense Network	超密集组网
USB	Upper Side Band	上边带
V		
VCO	Voltage Controlled Oscillator	电压控制振荡器

VDB	Visitor Database	访问数据库
VDSL	Very High Speed Digital Subscriber Line	超高速数字用户线路
VLSI	Very Large-scale Integration	大规模集成电路
W		
WAN	Wide Area Network	广域网
WARC	World Administrative Radio Conference	世界无线电管理委员会
WDM	Wavelength Division Multiplexing	波分复用
WLAN	Wireless Local Area Network	无线局域网
#		
3GPP	The 3rd Generation Partnership Project	第三代合作伙伴计划

参考文献

[1] 魏东兴.现代通信技术[M].2 版.北京:机械工业出版社,2003.

[2] 张辉.现代通信原理与技术[M].西安:西安电子科技大学出版社,2002.

[3] 刘连青.数字通信技术[M].北京:机械工业出版社,2003.

[4] 任德齐.现代通信技术[M].北京:机械工业出版社,2002.

[5] 高健.现代通信系统[M].北京:机械工业出版社,2002.

[6] 徐澄圻.21 世纪通信发展趋势[M].北京:人民邮电出版社,2002.

[7] 沈保锁.现代通信原理[M].北京:国防工业出版社,2002.

[8] 鲜继清.现代通信系统[M].西安:西安电子科技大学出版社,2003.

[9] 樊昌信.通信原理[M].北京:国防工业出版社,2001.

[10] 曹志刚,钱亚生.现代通信原理[M].北京:清华大学出版社,2000.

[11] John G.Proakis.数字通信[M].3 版.北京:电子工业出版社,2001.

[12] John G.Proakis.通信系统工程[M].2 版.北京:电子工业出版社,2002.

[13] Leon W.Couch,II. 数字与模拟通信系统[M].6 版.北京:电子工业出版社,2002.

[14] Theodore S.Rappaport.无线通信原理与应用[M].北京:电子工业出版社,2000.

[15] Cory beard,William Stallings.无线通信网络与系统[M].北京:机械工业出版社,2017.

[16] Mohammed Farooque Mesiya.现代通信系统[M].北京:电子工业出版社,2014.